朝倉
復刊セレクション

◆基礎数学シリーズ◆

連続群論の基礎

村上信吾
［著］

朝倉書店

小堀　憲
小松醇郎
福原満洲雄
編集

基礎数学シリーズ
編集のことば

近年における科学技術の発展は，極めてめざましいものがある．その発展の基盤には，数学の知識の応用もさることながら，数学的思考方法，数学的精神の浸透が大きい．理工学はじめ医学・農学・経済学など広汎な分野で，数学の知識のみならず基礎的な考え方の素養が必要なのである．近代数学の理念に接しなければ，知識の活用も多きを望めないであろう．

編者らは，このような事実を考慮し，数学の各分野における基本的知識を確実に伝えることを目的として本シリーズの刊行を企画したのである．

上の主旨にしたがって本シリーズでは，重要な基礎概念をとくに詳しく説明し，近代数学の考え方を平易に理解できるよう解説してある．高等学校の数学に直結して，数学の基本を悟り，更に進んで高等数学の理解への大道に容易にはいれるよう書かれてある．

これによって，高校の数学教育に携わる人たちや技術関係の人々の参考書として，また学生の入門書として，ひろく利用されることを念願としている．

このシリーズは，読者を数学という花壇へ招待し，それの観覚に資するとともに，つぎの段階にすすむための力を養うに役立つことを意図したものである．

本書は，基礎数学シリーズ　第25巻『連続群論の基礎〔復刊〕』(1973年刊行)を再刊行したものです．

ま え が き

本書は連続群論という数学の分野をはじめて学ぼうとする人々を対象として，その基礎を平易に解説しようとして書かれたものである．連続群という言葉は文字通り連続性をもつ群という意味の歴史的な用語であるが，現今では位相群とリー群を総称していると考えてよかろう．現代数学の多くの分野，さらには理論物理学などに現われる無限群はすべて連続群であるといっても過言ではない．このため現代数学およびその応用を目指す人々にとって連続群について一通りの知識を持つのが必須のこととなっている．また，連続群論それ自身は言うならばそこで代数，幾何，解析の諸分野が美しく交錯し巧みに調和しつつ発展してきた理論であって，これを学ぶ者に限りない魅惑を覚えさせずにおかない．このような点を考慮して，著者はここにこの理論の基礎的手法とその魅力の一端を，本シリーズ編集のことばに述べられた趣旨に従って読者に紹介しようと試みた．著者の大阪大学理学部における講義にもとづいて，丁寧な解説と多くの例によって主題を近づき易い形で述べたつもりである．連続群論のより深い結果を学ぶためにはすぐれた専門書がいくつか刊行されていることでもあり，読者が本書によってこの基礎を理解され，さらにその勉学の道へと進まれるならば著者にとってたいへん幸である．

本書の内容を簡単に紹介しておこう．第1章では位相群について基礎的な事柄をまとめた．この本を読むには微積分学の一通りの知識のほかに，線型代数学，群論，および位相空間論の基礎的事項について多少の予備知識のあることが望ましいが，この章のはじめにこれらについて必要最小限の概念をまとめて述べ，また用いられる結果は随所に解説するように配慮した．

第2章は位相群のうちでも実用上たいへん重要な線型群(行列のつくる群)について述べた．ここに用いられる手法は行列の指数写像であって，この正確な取扱いのためにベキ級数論を適用した．この指数写像は第5章でリー群に対しても定義されてその研究に基本的役割を演じるので，その理解のための伏線というつもりであって，ここに詳しく解説したのである．なお，行列の指数写像と対数写像の相互関係を証明するのに形式的ベキ級数を用いることは畏友本田平氏の示唆に負う．ここに記して謝意を表明したい．

第3章は位相空間の基本群の定義から始めて，位相群や等質空間の基本群について叙述した．これらの空間の幾何学的構造の研究は連続群論で多くの興味ある話題を提供しているが，ここでは分り易い基本群を用いてその研究方法を示唆したつもりである．なお，被覆空間，被覆群に関する事項は紙数の都合もあって，この章の終りに結果を解説するに止めた．

第4章はリー群についての基礎的概念の解説である．この章の前半では後に必要な限りの実解析多様体に関する事柄を詳細に述べた．リー群およびそのリー環は標準的な方法で定義したが，それらの取扱いについては本書を通して1パラメーター群と指数写像の果たす役割を強調する形で述べてある．

最後の第5章ではリー部分群とリー部分環の間の対応を論じる．ここの結果は，リー群の群論的構造の研究がリー環という線型代数的構造の研究に帰着され，このゆえにリー群の精密な研究が行なわれるという事実の基礎づけを与えるものである．

なお，各章末の問題には本文を補う意味のものを多く挙げた．その解答には巻末のヒントを参照されたい．

連続群論のより高度のテーマとしては，コンパクト群の表現論やリー環の構造理論にもとづくリー群の構造論など興味深い古典的理論や，この理論のユニタリ表現論や多様体論への応用など現在も発展しつつある話題が豊富である．これらについては巻末にあげた参考書とその解説を見られたい．

本書の中に用いられた集合や写像に関する記法は通例のものに従った．たとえば，**Z**，**R**，**C** はそれぞれ整数，実数，複素数すべての集合を示し，ϕ は空集合，また $f\circ g$ は2つの写像の合成を表わす．このほか，「存在する」，「ならば……である」という意味の論理記号 $\exists$，$\Rightarrow$ を何個所かで用いている．

終りに，本書の執筆をおすすめ頂いた小松醇郎先生，校正その他に非常にお世話になった朝倉書店編集部の方々，および原稿の通読，校正などに協力を得た大阪大学理学部今野泰子さんに，ここに深い感謝の意を表しておきます．

1973 年 5 月

著者しるす

目　　　次

1. 位　相　群

1.1 はじめに

近代数学はそのどの分野をとっても「集合」という概念なしでは語り得ないものである．しかし，集合論とよぶところの最も基礎的な分野を除けば，単なる集合が対象ではなくてつねにある種の「構造」をもつ集合が研究の素材である．例えば，実数の集合 $\mathbf{R}$ や複素数の集合 $\mathbf{C}$ を考えるとき，すでにこの事情が現われている．事実，四則演算が許されるという $\mathbf{R}$ や $\mathbf{C}$ の「代数的構造」が古典的な代数学の根底を与えているといってよいであろう．また，$\mathbf{R}$ や $\mathbf{C}$ ではその任意の 2 点の間に距離があり，ここにいわゆる「位相的構造」が存在するので，これらの集合の上の関数の連続性が定義され微積分が論じられるわけである．端的にいってしまうならば，一般に代数的構造をもつ集合の研究が群論をはじめとする現代代数学の諸分野であり，位相的構造をもつ集合の研究が位相空間論などいくつかの幾何学の分野であるといえよう．

ところで，上に述べたように実数の集合 $\mathbf{R}$ や複素数の集合 $\mathbf{C}$ は代数的構造と位相的構造の両面を備えている．そして，この 2 種類の構造は無関係ではない．というのは，$\mathbf{R}$, $\mathbf{C}$ のいずれの場合にも，その 2 元の和 $x+y$，および積 xy は 2 変数 x, y の関数として連続であり，また $-x$ および逆数 $1/x$（ただし，$x\neq 0$）は x の関数として連続となるという事実がある．実際，x, y と $\varepsilon>0$ を与えたとき，$\delta=\varepsilon/2$ とすれば，

$$|x'-x|<\delta,\quad |y'-y|<\delta$$
$$\Rightarrow |(x'+y')-(x+y)|<\varepsilon$$

がなりたち，これは $x+y$ が 2 変数 x, y の関数として連続であることを示している．積 xy についても同様にそれは x, y の連続関数であり，$-x$ は x の連続関数である．ついでにいえば，ここに述べた四則演算の連続性は解析学ではほとんど暗黙の中にたえず用いられている．読者は 2 つの連続関数，または微分可能な関数の和と積がまたそれぞれ連続，または微分可能となるという定

理の説明を思い出されれば，直ちにこのことを認められるであろう．

さて，われわれが本書で学ぼうとしている連続群とは，一つの集合であって，「群」という代数的構造といま一つ「位相空間」もしくは「多様体」という幾何学的構造を許し，この2構造が上の **R** や **C** の場合のようにうまくからみ合っているものである．その厳密な定義は後に与えることとして，ここでは本書を通して重要な例の役割を果すはずの一般線型群についてその概念を説明してみよう．

本書を通して $M_n(\mathbf{C})$ は複素 n 次正方行列すべての集合を表わし，その元を $\alpha=(a_{ij})$ とかく．ここに a_{ij} $(1\leqq i,\ j\leqq n)$ は行列 α の成分を示す．$M_n(\mathbf{C})$ の中で正則行列のつくる部分集合を $GL(n,\mathbf{C})$ と記する．

いうまでもなく，行列 $\alpha\in M_n(\mathbf{C})$ が正則であるとは，$\alpha\alpha^{-1}=\alpha^{-1}\alpha=1_n$ をみたす α の逆行列 α^{-1} が存在することである(ただし，1_n は n 次単位行列を示す)．2個の正則行列の積は正則行列であり，単位行列および正則行列の逆行列はまた正則行列だから，$GL(n,\mathbf{C})$ は代数学でいうところの「群」である．この群の概念は次節でその定義を述べるが，集合 $GL(n,\mathbf{C})$ にこの群構造を考えたものを **n 次複素一般線型群**，略して**一般線型群**という．

ところで，n 次正方行列 $\alpha=(a_{ij})$ と，その成分 a_{ij} $(1\leqq i,\ j\leqq n)$ を一定の順序に並べたとき得られる数空間 $\mathbf{C}^{n^2}$ の点とを同一視すれば，集合 $M_n(\mathbf{C})$ には自然に距離が導入される．すなわち，$\alpha=(a_{ij})\in M_n(\mathbf{C})$ に対して

$$\|\alpha\|=\sqrt{\sum_{i,j=1}^{n}|a_{ij}|^2}$$

とし，$M_n(\mathbf{C})$ の2元 α,β の間の距離 $d(\alpha,\beta)$ は，

$$d(\alpha,\beta)=\|\alpha-\beta\|$$

とする．すると，$GL(n,\mathbf{C})$ における2つの代数的演算，すなわち積をつくることと逆行列をつくることは，この距離に関して連続である．

実際にこの主張を証明してみよう．$M_n(\mathbf{C})$ の2元 $\alpha=(a_{ij})$，$\beta=(b_{ij})$ に対して $\alpha\beta=\left(\sum_{k=1}^{n}a_{ik}b_{kj}\right)$ だから，シュワルツの不等式により，

$$\|\alpha\beta\|^2=\sum_{i,j=1}^{n}\left|\sum_{k=1}^{n}a_{ik}b_{kj}\right|^2\leqq\sum_{i,j=1}^{n}\left(\sum_{k=1}^{n}|a_{ik}|^2\sum_{l=1}^{n}|b_{lj}|^2\right)$$

$$=\left(\sum_{i,k=1}^{n}|a_{ik}|^2\right)\left(\sum_{j,l=1}^{n}|b_{lj}|^2\right)=\|\alpha\|^2\|\beta\|^2$$

がなりたつ．いま，$\alpha,\beta\in GL(n,\mathbf{C})$ を固定するとき，$\alpha',\beta'\in GL(n,\mathbf{C})$ が $\|\alpha-\alpha'\|<\delta$, $\|\beta-\beta\|<\delta$ をみたすならば，ここに得た関係式より，

$$\begin{aligned}\|\alpha\beta-\alpha'\beta'\|&\leqq\|(\alpha-\alpha')\beta\|+\|\alpha'(\beta-\beta')\|\\&\leqq\|\alpha-\alpha'\|\|\beta\|+\|\alpha'\|\|\beta-\beta'\|\\&\leqq\delta\|\beta\|+(\|\alpha\|+\delta)\delta\end{aligned}$$

がわかる．この右辺は $\delta>0$ を十分小さくとれば，任意に与えられた $\varepsilon>0$ よりも小さくなり，これは積 $\alpha\beta$ が2変数 α,β の関数として連続であることを示している．つぎに，正則行列 $\alpha=(a_{ij})$ に対してその逆行列 $\alpha^{-1}=(b_{ij})$ の成分 b_{ij} は $n>1$ のとき周知の公式によれば，

$$b_{ij}=\tilde{a}_{ji}/\det\alpha$$

である．ここに，$\tilde{a}_{ji}$ は A から第 j 行，第 i 列を除いて得る小行列の行列式の $(-1)^{i+j}$ 倍であり，$\det\alpha$ は α の行列式を示す．この両者はいずれも n^2 個の変数 a_{ij} の多項式で表わされる関数であり，$\alpha\in GL(n,\mathbf{C})$ のとき，そしてそのときに限り $\det\alpha\neq0$ である．ゆえに α^{-1} の各成分 b_{ij} は α の n^2 個の成分 a_{ij} の連続関数である．このことから容易にわかるように，$\alpha\in GL(n,\mathbf{C})$ と $\varepsilon>0$ が任意に与えられたとき，$\delta>0$ を十分小さくとれば $\beta\in GL(n,\mathbf{C})$ が $\|\alpha-\beta\|<\delta$ なる限り $\|\alpha^{-1}-\beta^{-1}\|<\varepsilon$ がなりたつ．よって α^{-1} は α の関数として連続である．なお，$n=1$ のときこのことは明らかであろう．

以上の考察の結果，一般線型群 $GL(n,\mathbf{C})$ には「群」という代数的構造と距離によって定義されるいわゆる位相的構造が導入されて，この2構造は代数的演算が連続となるという意味で両立していることがわかった．われわれはこの例を念頭において本論に入ることとする．

1.2 群とベクトル空間

読者は群，ベクトル空間そして位相空間という概念についてはある程度の知識をもっておられると思うが，この節と次節でこれらに関して後に必要な言葉の定義，基本的事柄，および重要な例についてまとめておく．

定義 集合 G においてその任意の2元 g, h に対して(g, h の積とよばれる)第3の元 gh が定まり，これについてつぎの公理が満足されているとき，G を**群**という．

(1) 結合法則がなりたつ．すなわち，

$$(gh)k=g(hk) \qquad (g, h, k\in G),$$

(2) G には単位元とよばれる特定の元 e が存在して，

$$ge=eg=g \qquad (g\in G)$$

がなりたつ*⁾．

(3) G の各元 g に対して，

$$gg^{-1}=g^{-1}g=e$$

をみたす元 g^{-1} が存在する．(この g^{-1} を g の逆元という．)

群 G において単位元 e, および G の各元 g の逆元 g^{-1} は一意的に定まることは容易にわかる．

例 1 一般線型群 $GL(n, \mathbf{C})$ は行列の積をつくることを積として群をつくる(前節参照)．同様に実 n 次正則行列すべての集合は群をつくる．これを**n 次実一般線型群**といい，$GL(n, \mathbf{R})$ と記する．$n=1$ のとき，$GL(1, \mathbf{C})$ は0以外の複素数すべてが乗法を積としてつくる群 $\mathbf{C}^{\times}$ と同一視できる．この群 $\mathbf{C}^{\times}$ を**複素数の乗法群**という．同じく，$GL(1, \mathbf{R})$ は**実数の乗法群** $\mathbf{R}^{\times}$ と同一視することができる．

群 G の2元 g, h は $gh=hg$ のとき可換であるといい，任意の2元が可換である群を**可換群**，またはアーベル群という．可換群については gh の代りに $g+h$ とかき，これを g, h の和ということが多い．そして，この場合には G

---

*⁾ 本書を通して，e はつねに対象としている群の単位元を表わすこととする．

を**加群**といい，その単位元を零元とよび0で表わす．

例 2 複素数の集合 **C**，および実数の集合 **R** はいずれも加法について加群をつくる．

定義 群 G の部分集合 H がつぎの条件をみたすとき，H は G の**部分群**であるという．

（i） $g, h \in H \Rightarrow gh \in H$,

（ii） $g \in H \Rightarrow g^{-1} \in H$.

この場合，H は G における積によりそれ自身一つの群である．

群 G において

$$Z = \{z \in G;\ gz = zg\ (g \in G)\}$$

とおくとき，Z は明らかに G の部分群である．これを群 G の**中心**という．

問 1 群 $GL(n, \mathbf{C})$ の中心は単位行列 1_n の 0 でない複素数倍からなることを示せ．

例 3 一般線型群 $GL(n, \mathbf{C})$ の部分群としていくつかの重要な群がある．これを説明するために，一般に n 次複素正方行列 $\alpha = (a_{ij})$ に対して ${}^t\alpha$, $\bar{\alpha}$ はそれぞれ α の転置行列，共役行列を示すこととする．すなわち，

$${}^t\alpha = (b_{ij})\ (b_{ij} = a_{ji}); \qquad \bar{\alpha} = (\bar{a}_{ij})$$

である．すると，$\alpha, \beta \in M(n, \mathbf{C})$ に対して，

$${}^t(\alpha\beta) = {}^t\beta\,{}^t\alpha$$

がなりたつ．したがって，$\alpha \in GL(n, \mathbf{C})$ のとき，

$$({}^t\alpha)^{-1} = {}^t(\alpha^{-1})$$

がなりたち，これを ${}^t\alpha^{-1}$ とかくことにする．$\alpha \in GL(n, \mathbf{C})$ は，$\alpha = \bar{\alpha} = {}^t\alpha^{-1}$ のとき**直交行列**，$\alpha = {}^t\alpha^{-1}$ のとき**複素直交行列**，$\bar{\alpha} = {}^t\alpha^{-1}$ のとき**ユニタリ行列**とよばれている．

さて，$GL(n, \mathbf{C})$ の中で，つぎの表の各行の右端に現われた行列すべての集合は部分群をつくり，それぞれの名称と記号をもつ．(正確にはこれらの名称に「n 次」という言葉を冠する．)

名 称	記 号	群を構成する行列
実一般線型群	$GL(n, \mathbf{R})$	実正則行列
直交群	$O(n)$	直交行列
複素直交群	$O(n, \mathbf{C})$	複素直交行列
ユニタリ群	$U(n)$	ユニタリ行列
特殊線型群	$SL(n, \mathbf{C})$	行列式1の複素行列
実特殊線型群	$SL(n, \mathbf{R})$	行列式1の実行列
回転群	$SO(n)$	行列式1の直交行列
特殊ユニタリ群	$SU(n)$	行列式1のユニタリ行列

これらの定義から

$$O(n)=O(n, \mathbf{C})\cap GL(n, \mathbf{R})=O(n, \mathbf{C})\cap U(n)$$

がなりたつ.

問 2 この表にあげた集合が実際に $GL(n, \mathbf{C})$ の部分群であることを確かめ，つぎに，それらの間の包含関係を調べよ.

一般に，群 G の部分集合 A, B に対して，

$$AB=\{ab;\ a\in A, b\in B\},$$

$$A^{-1}=\{a^{-1};\ a\in A\}$$

とかく.

群 G とその部分群 H が与えられたとき，G の2元 g, h が H を法として**左合同**であるとは，$g^{-1}h\in H$ となることとし，これを

$$g\equiv h \pmod{H}$$

で示す. 左合同という関係 $\equiv$ は集合論の意味での同値関係である. すなわち，$g, h, k\in G$ について

$$g\equiv g,$$

$$g\equiv h \Rightarrow h\equiv g,$$

$$g\equiv h, h\equiv k \Rightarrow g\equiv k$$

がなりたつ. 元 g に左合同な元の集合は

$$gH=\{gh;\ h\in H\}$$

に等しく，この形の部分集合を H による**左剰余類**という. 左合同というのが

同値関係だから，群 G は H による左剰余類すべての和集合であり，ここに異なる左剰余類は交わらない．H による左剰余類のおのおのを点と見て得られる集合を G/H とかき，これを G の H による**左剰余集合**，または単に**剰余集合**という．同様に，$gh^{-1}\in H$ となる G の2元 g, h は H を法として右合同であると定義し，これから H による右剰余類，および右剰余集合 $H\backslash G$ が定義される*)．

群 G において元 y が元 x に**共役**であるとは，G のある元 g により $y=gxg^{-1}$ となることである．G の部分群 H に対して G の元 g を用いて，

$$gHg^{-1}=\{ghg^{-1};\ h\in H\}$$

とおくと，これはまた部分群である．この形の部分群を H の**共役部分群**という．G の部分群 N が**正規部分群**であるとは N の共役部分群が N のみであること，すなわち

$$gNg^{-1}=N \qquad (g\in G)$$

がなりたつことである．この場合には任意の $g\in G$ について $gN=Ng$ であるから，N による左剰余類と右剰余類は一致し，これを単に N による**剰余類**という．そして N による剰余類の集合 G/N において，2元 Ng, Nh の積を

$$(Ng)(Nh)=Ngh$$

とおいて定義することができ，これによって G/N は群をつくる．この群を群 G の正規部分群 N による**剰余群**とよび，やはり G/N で表わす．

2つの群 G_1, G_2 の積集合 $G_1\times G_2$ において積を

$$(g_1, g_2)(h_1, h_2)=(g_1h_1, g_2h_2) \qquad (g_i, h_i\in G_i\ (i=1, 2))$$

と定義して得られる群を G_1, G_2 の**直積**といい，$G_1\times G_2$ と表わす．

2つの群 G, G' の間の写像

$$\rho : G\to G'$$

が**準同型写像**であるとは，

$$\rho(gh)=\rho(g)\rho(h) \qquad (g, h\in G)$$

---

*) 書物によってはここの左，右の用法が逆に用いられ，たとえばここの左剰余類を右剰余類とよんでいるものもある．

がなりたつことである．この ρ は G の単位元を G' の単位元に写し，また $\rho(g^{-1})=\rho(g)^{-1}(g\in G)$ がなりたつ．したがって ρ の像 $\rho(G)$ は G' の部分群である．また，G' の単位元 e' の ρ による原像

$$\rho^{-1}(e')=\{g\in G|\rho(g)=e'\}$$

は G の正規部分群となり，これを準同型写像 ρ の**核**とよぶ．

例 4　一般線型群 $GL(n,\mathbf{C})$ から複素数の乗法群 $\mathbf{C}^{\times}$ への写像を，行列 α にその行列式 $\det\alpha$ を対応させる写像

$$\alpha\to\det\alpha$$

として定義すれば，これは準同型写像である．その核は特殊線型群 $SL(n,\mathbf{C})$ にほかならない．

群 G とその正規部分群 N が与えられたとき，G の元 g に g を含む剰余類 Ng を対応させる対応 π は G から剰余群 G/N の上への準同型写像である．これを G から G/N への**射影**という．明らかに π の核は N である．

群 G から群 G' への全単射準同型写像 ρ があるとき，ρ を**同型写像**とよぶ．このような ρ が存在するとき，G' は G に(ρ により)**同型**であるといい $G\cong G'$ とかく．群 G から G 自身への同型写像を G の**自己同型**という．G の各元 g は

$$A_g(x)=gxg^{-1}\qquad(x\in G)$$

によって G の自己同型を定義するが，この A_g を G の(元 g によって定義された)**内部自己同型**という．G の自己同型全体は写像の合成を積として群をつくり，その中で内部自己同型の全体は正規部分群をつくる．これらの群をそれぞれ G の自己同型群，内部自己同型群という．

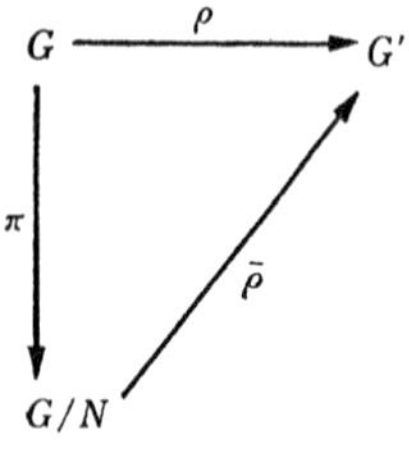

図 1.1

さて，群論でいうところの準同型定理はつぎのように述べることができる．いま，2つの群 G, G' とその間の準同型写像

$$\rho:G\to G'$$

が与えられたとし $\rho(G)=G'$ とすれば，図1.1を可換図式とするような同型写像

$$\bar{\rho} : G/N \to G'$$

が存在する．ただし，ここに N は ρ の核，$\pi : G \to G/N$ は射影を示し，図 1.1 が可換図式であるとは

$$\bar{\rho} \circ \pi = \rho$$

がなりたつことである．この定理の証明には，写像 $\bar{\rho}$ が

$$\bar{\rho}(Ng) = \rho(g)$$

によって矛盾なく定義され，かつ準同型写像となることを験証すればよく，これは容易である．

ベクトル空間　ベクトル空間とは加群であってかつスカラー積をもつものと考えられる．ここではこの立場でベクトル空間を要約して述べる．

集合 V が**複素ベクトル空間**であるとは，V は加群であって(すなわち，V の 2 元 x, y に対して和 $x+y$ が定義され，これについて V は可換群であり)，同時に任意の $a \in \mathbf{C}$ と $x \in V$ に対して a と x のスカラー積とよばれる元 $ax \in V$ が定義されてつぎの条件がみたされているものをいう．$a, b \in \mathbf{C}$, $x, y \in V$ に対して，

(1) $a(x+y) = ax + ay$,

(2) $(a+b)x = ax + bx$,

(3) $a(bx) = (ab)x$,

(4) $1x = x$.

V の有限個の元 $e_1, \cdots, e_r$ と $a_1, \cdots, a_r \in \mathbf{C}$ に対して

$$a_1 e_1 + \cdots + a_r e_r$$

なる形の元を $e_1, \cdots, e_r$ の**一次結合**といい，この一次結合が加群 V の零元 0 (これを V の零元という)に等しいのは $a_1 = \cdots = a_r = 0$ なるときに限る場合，$e_1, \cdots, e_r$ は**一次独立**であるという．V の中に有限個の一次独立な元 $e_1, \cdots, e_n$ が存在し，V の任意の元はそれらの一次結合として表わされるとき，V は**有限次元**であるといい，これらの元 $\{e_1, \cdots, e_n\}$ を V の**基底**という．その元の個数 n は基底のとり方によらず一定であって，これを V の**次元**とよび，$\dim V$

で表わす．

例 5　複素数の集合 $\mathbf{C}$ の n 個の積集合

$$\mathbf{C}^n=\{(x_1, \cdots, x_n);\ x_i\in\mathbf{C}\}$$

において，

$$(x_1, \cdots, x_n)+(y_1, \cdots, y_n)=(x_1+y_1, \cdots, x_n+y_n),$$
$$a(x_1, \cdots, x_n)=(ax_1, \cdots, ax_n) \qquad (a\in\mathbf{C})$$

とすれば $\mathbf{C}^n$ は複素ベクトル空間である．これを**複素 n 次元数空間**という．

$$e_i=(0, \cdots, 0, \overset{i}{1}, 0, \cdots, 0) \qquad (1\leqq i\leqq n)$$

とおくとき，$\{e_1, \cdots, e_n\}$ は $\mathbf{C}^n$ の基底であり，これを $\mathbf{C}^n$ の**自然な基底**という．$\dim\mathbf{C}^n=n$ である．

例 6　n 次複素正方行列の集合 $M_n(\mathbf{C})$ は行列の和および行列の(すべての成分の)複素数倍によって複素ベクトル空間をつくり，$\dim M_n(\mathbf{C})=n^2$ である．

複素ベクトル空間 V の部分集合 W が**部分ベクトル空間**，または単に部分空間とは，W は加群 V の部分群であって，かつ $a\in\mathbf{C}$, $x\in W$ のとき $ax\in W$ となるものである．このとき，W は複素ベクトル空間であり，V が有限次元ならば W もそうである．

複素ベクトル空間 V, V' の間の写像

$$\rho: V\to V'$$

が加群 V から加群 V' への準同型写像を定義し，かつ

$$\rho(ax)=a\rho(x) \qquad (a\in\mathbf{C},\ x\in V)$$

をみたすとき，ρ を**線型写像**であるという．この ρ が全単射であるとき，これを**線型同型写像**という．また，複素ベクトル空間 V から V 自身への線型写像を V の**一次変換**とよび，これが線型同型写像となっているときには**正則一次変換**とよぶ．V の正則一次変換の全体は合成を積として群をつくり，これを V の**一般一次変換群**という．

以上，複素ベクトル空間について述べたことは $\mathbf{C}$ の代りに $\mathbf{R}$ をとっても成立し，その結果，実ベクトル空間およびそれに関する概念が定義される．なお複素(または実)ベクトル空間を $\mathbf{C}$ 上の(または $\mathbf{R}$ 上の)ベクトル空間というこ

ともある.

与えられた複素ベクトル空間 V において，V の加群構造のほかに V におけるスカラー積 ax としては $a\in\mathbf{R}$ のときのみを考えるとすれば，ここに一つの実ベクトル空間が得られる．この実ベクトル空間を V の係数域 $\mathbf{C}$ を $\mathbf{R}$ に制限して得られたものといい，$V_{\mathbf{R}}$ によって示す．$\{e_1, \cdots, e_n\}$ が V の基底であれば，$\{e_1, \sqrt{-1}\,e_1, \cdots, e_n, \sqrt{-1}\,e_n\}$ は $V_{\mathbf{R}}$ の基底となり，したがって，$\dim V_{\mathbf{R}}=2\dim V$ である．

1.3 位相空間

定義 集合 X につぎの公理をみたすところの部分集合族 $\mathcal{O}$ が指定されるとき，X に**位相**が与えられたという．$\mathcal{O}$ を考慮に入れた集合 X を**位相空間**とよび，これを $(X, \mathcal{O})$ と表わすこともある．また，位相空間 X の元を X の点という．

（1） 全集合 X と空集合 ϕ は(X の部分集合として) $\mathcal{O}$ に属する．

（2） $\mathcal{O}$ に属する任意の有限個の部分集合 $O_1, \cdots, O_m$ に対して，その共通集合 $O_1\cap\cdots\cap O_m$ は $\mathcal{O}$ に属する．

（3） $\mathcal{O}$ に属する有限または無限個の部分集合族 $\{O_\lambda;\ \lambda\in\Lambda\}$ に対して和集合 $\bigcup_{\lambda\in\Lambda} O_\lambda$ は $\mathcal{O}$ に属する．

この場合，$\mathcal{O}$ に属する部分集合を位相空間 X の**開集合**という．また，開集合の余集合を**閉集合**という．

例 1 集合 X において $\mathcal{O}$ として X のすべての部分集合からなる族をとれば X に位相が与えられる．この位相を X の**離散位相**といい，このとき X を離散集合という．

集合 X に位相を定義するのに，距離の概念が用いられる場合が多い．ここに集合 X における**距離**とは，X の 2 点 x, y に実数 $d(x,y)$ を対応させる対応 d であって，つぎの条件をみたすものである．

（a） $d(x,y)\geqq 0,\quad d(x,y)=0 \Leftrightarrow x=y,$

（b） $d(x,y)=d(y,x),$

（c）　$d(x, y)+d(y, z) \geqq d(x, z)$.

ここに，x, y, z は X の任意の点とする．距離 d が定義された集合 X を**距離空間**という．距離空間 X の点 x と $\varepsilon>0$ に対して

$$S_\varepsilon(x)=\{y;\ d(x, y)<\varepsilon\}$$

とおき，これを点 x の ε **近傍**とよぶ．そして，X の部分集合 O が開集合であるとは，任意の $x \in O$ に対して $\varepsilon>0$ を適当にとれば

$$S_\varepsilon(x) \subset O$$

がなりたつことと定義して，X の開集合族 $\mathcal{O}$ を定めることができて，これによって距離空間 X に位相が与えられるのである．

例 2　複素ベクトル空間 V における**ノルム**とは，V の元 x に実数 $\|x\|$ を対応させる対応でつぎの公理をみたすものである．$x, y \in V$, $a \in \mathbf{C}$ のとき

（1）　$\|x\| \geqq 0$;　$\|x\|=0 \Leftrightarrow x=0$,

（2）　$\|ax\|=|a|\|x\|$,

（3）　$\|x+y\| \leqq \|x\|+\|y\|$.

ノルムが与えられたベクトル空間 V では，$x, y \in V$ に対して

$$d(x, y)=\|x-y\|$$

とおくことによって距離 d が定まる．なお，V にノルムを与えるのに内積を用いる方法がある．ここに，V の**内積**とは，V の2元 x, y に複素数 (x, y) を対応させて，

（1）　$(x, x) \geqq 0$;　$(x, x)=0 \Leftrightarrow x=0$,

（2）　$(y, x)=\overline{(x, y)}$,

（3）　$(ax+by, z)=a(x, z)+b(y, z)$　　$(x, y, z \in V,\ a, b \in \mathbf{C})$.

をなりたたせるものである．この内積に対して

$$\|x\|=\sqrt{(x, x)} \qquad (x \in V)$$

とおいて V に一つのノルムが定まる．

ノルムおよび内積の概念は実ベクトル空間に対しても $\mathbf{C}$ の代りに $\mathbf{R}$ をとってまったく同様に定義される．

具体的には，複素 n 次元数空間 $\mathbf{C}^n$ において，その2元 $x=(x_1, \cdots, x_n)$,

$y=(y_1, \cdots, y_n)$ に対して

$$(x, y)=\sum_{i=1}^{n} x_i \bar{y}_i$$

によって一つの内積が定義される．この内積は $\mathbf{C}^n$ のノルム

$$\|x\|=\sqrt{\sum_{i=1}^{n}|x_i|^2}$$

を与え，これは $\mathbf{C}^n$ に標準的な距離を定める．今後，$\mathbf{C}^n$ の位相はつねにこの距離によって定義されたものを考えることとする．

さて，位相空間 $(X, \mathcal{O})$ と X の部分集合 Y があるとき，Y の部分集合族 $\mathcal{O}_Y$ を

$$\mathcal{O}_Y=\{O \cap Y;\ O \in \mathcal{O}\}$$

とすれば，$\mathcal{O}_Y$ は Y に位相を与える．こうして得た位相空間 $(Y, \mathcal{O}_Y)$ を X の**部分空間**といい，その位相を部分集合 Y における**部分空間位相**という．X が距離空間であるときには，X の距離は Y に自然に距離を定義するが，この距離による Y の位相は X の部分空間としての Y の位相に等しい．

位相空間 X の 1 点 x に対して，x を含む開集合を x の**近傍**という．x の近傍のいくつかからなる族 $\mathcal{U}(x)$ が x の**基本近傍系**であるとは，x の任意の近傍 V に対して

$$U \subset V$$

となる $U \in \mathcal{U}(x)$ が存在することとする．例えば，距離空間においては，1 点に対してその ε 近傍 $(\varepsilon>0)$ すべての族はその点の一つの基本近傍系である．X の各点 x に対してその基本近傍系 $\mathcal{U}(x)$ が指定されているとしよう．このとき，X の部分集合 O が開集合であるために必要かつ十分な条件は O の任意の点 x に対して

$$U_x \subset O \tag{1.1}$$

となる $U_x \in \mathcal{U}(x)$ が存在することであり，したがって，X の位相は与えられた基本近傍系族 $\{\mathcal{U}(x);\ x \in X\}$ によって決定されることとなる．

位相空間 X の各点 x にその基本近傍系 $\mathcal{U}(x)$ が指定されたとすると，こ

れらの族 $\{\mathcal{U}(x);\, x\in X\}$ は，容易にわかるようにつぎの3条件をみたしている．

（i） $U\in\mathcal{U}(x)\Rightarrow x\in U$,

（ii） $U, V\in\mathcal{U}(x)\Rightarrow \exists\, W\in\mathcal{U}(x);\ W\subset U\cap V$,

（iii） $U\in\mathcal{U}(x), y\in U\Rightarrow \exists\, V\in\mathcal{U}(y);\ V\subset U$.

ところで，これらの3条件はつぎの意味で位相空間の基本近傍系族を特徴づける公理である．任意に与えられた集合 X の各元 x に対して X の部分集合族 $\mathcal{U}(x)$ が対応していて，これらが条件（i），(ii)，(iii) を満足するとする．このとき，X における開集合 O をば，O の任意の元 x について (1.1) をみたす $U_x\in\mathcal{U}(x)$ が存在する部分集合であると定義すれば，これにより X に位相が与えられ，$\{\mathcal{U}(x);\, x\in X\}$ はこの位相空間 X の基本近傍系族である．実際，この定義の意味での開集合すべての族を $\mathcal{O}$ とするとき，$\mathcal{O}$ は位相の公理（1），(2)，(3) を満足する．そして（i），(iii) により $\mathcal{U}(x)$ の元 U は x の近傍である．また $\mathcal{U}(x)$ が位相空間 X における点 x の基本近傍系となることも明らかであろう．

このことの一つの応用として，2つの位相空間 X, Y に対してその積集合 $X\times Y$ に位相を定義することができる．いま，$\{\mathcal{U}(x);x\in X\}$, $\{\mathcal{V}(y);y\in Y\}$ を X, Y の基本近傍系族とするとき，積集合 $X\times Y$ の各元 (x, y) に対して $X\times Y$ の部分集合族 $\mathcal{W}(x, y)$ を

$$\mathcal{W}(x, y)=\{U\times V;\ U\in\mathcal{U}(x),\ V\in\mathcal{V}(y)\}$$

とおいて定めるならば，$X\times Y$ の部分集合族

$$\{\mathcal{W}(x, y);\ (x, y)\in X\times Y\}$$

は $X\times Y$ において（i），(ii)，(iii) を満足する族である．上に述べたところによれば，このとき積集合 $X\times Y$ にはこの族を基本近傍系族とする位相が与えられる．こうして得られた位相空間 $X\times Y$ を位相空間 X と Y の**積空間**とよぶ．

位相空間 X の部分集合 A が与えられたとき，X の任意の1点 x についてつぎの3通りの場合が考えられ，かつそのいずれか1つの場合が起こる．x の

近傍で A に含まれるものが存在するか，x の近傍で A と交わらないものが存在するか，もしくは x のどんな近傍をとっても A とその余集合 $X-A$ のいずれとも交わるかのいずれかである．それぞれの場合に，x は A の**内点**，**外点**，**境界点**であるという．また，A を含む閉集合すべての共通集合は A を含む最小の閉集合であり，これを A の**閉包**とよび，通常 $\bar{A}$ で示す．$\bar{A}$ は A の内点と境界点からなる集合である．部分集合 A が $\bar{A}=X$ となる性質をもつならば，A は X で**稠密**であるという．

2つの位相空間 $X,\ Y$ とその間の写像

$$f: X \to Y$$

があるとしよう．この f が X の1点 x において**連続**であるとは，x の像 $f(x)$ の任意の近傍 V に対して x の近傍 U を見つけて $f(U)\subset V$ とできることである．$X,\ Y$ がそれぞれ距離 $d,\ d'$ をもつ距離空間の場合には，この条件は，任意に与えられた $\varepsilon>0$ に対して，$\delta>0$ を適当にとれば，

$$d(x, x')<\delta \Rightarrow d'(f(x), f(x'))<\varepsilon$$

がなりたつことと同等である．一般の場合に戻って f が X のすべての点で連続であるとき，f は**連続写像**であるという．写像 f が連続であるために必要かつ十分な条件としては，Y の任意の開集合 P に対してその原像

$$f^{-1}(P)=\{x\in X;\ f(x)\in P\}$$

が X の開集合となることであり，これはまた X の任意の部分集合 A に対して

$$f(\bar{A})\subset\overline{f(A)}$$

がなりたつことと同値である．ところで，写像 $f: X\to Y$ が**開写像**であるとは，X の任意の開集合 O の像 $f(O)$ が Y における開集合となることとする．写像 f が全単射であって f およびその逆写像 f^{-1} がともに連続写像となるとき(換言すれば f が全単射で連続かつ開写像となるとき) f を**同相写像**とよび，この場合 X と Y は(f により)**同相**であるという．このことを記号で $X\approx Y$ と表わすことがある．

位相空間への諸条件　位相空間について後に必要ないくつかの条件についてまとめておく．これらの条件は同相な位相空間に対して同時になりたつという意味で位相的に不変な条件である．

位相空間 X においてその各点が(X の部分集合として)閉集合であるとき，X は T_1 分離公理をみたすといい，この X を **T_1 空間**という．すぐわかるように，この条件はつぎの条件と同値である X の各点 x について

$$\bigcap U=\{x\}$$

ただし，U は x の(任意に与えられた)一つの基本近傍系の上を動く．つぎに，これより強い条件として有名なハウスドルフ(Hausdorff)分離公理があり，これをみたす位相空間が**ハウスドルフ空間**である．ここに位相空間 X でのハウスドルフ分離公理とは，X の任意の2点 x, y $(x \neq y)$ に対して x の近傍 U と y の近傍 V を適当にとれば，

$$U\cap V=\phi \tag{1.2}$$

が成立することを意味する．また，位相空間 X が**正則**であるとは T_1 空間であって，しかも X の任意の点 x と x を含まない閉集合 F に対して x の近傍 U と開集合 $V\supset F$ を (1.2) がなりたつように選ぶことができることをいう．

T_1 空間 X が正則となるために必要十分な条件は，X の各点 x とその近傍 U が与えられたとき，x の近傍 V をその閉包 $\bar{V}$ が U に含まれるように選べることである．距離空間は正則であり，また正則な位相空間はハウスドルフ空間である．なお，位相空間が T_1 空間，ハウスドルフ空間または正則空間であるとき，その部分空間はそれぞれの場合に応じてまた同じ型の空間となることに注意しておく．

可算公理とよばれるところの位相空間に対する条件について述べよう．位相空間 X の各点 x がたかだか可算個の開集合からなる基本近傍系をもつとき，X は**第1可算公理**をみたすという．このような空間の典型的な例としては距離空間があげられよう．位相空間 X においてその開集合いくつかからなる族 $\mathcal{O}^*$ が X の**開基**であるとは，X の任意の開集合が $\mathcal{O}^*$ に属する(有限または無限個の)開集合の和集合として得られることである．そして X がたかだか可算個の

開集合からなる開基をもつとき，X は**第2可算公理**をみたすという．第2可算公理をみたす位相空間はつぎの性質をもつ（リンデレフの被覆定理）．X のある開集合族 $\{O_\lambda;\ \lambda\in\Lambda\}$ が X の**開被覆**であるとき，すなわち X が $O_\lambda(\lambda\in\Lambda)$ の和集合となるとき，$\{O_\lambda;\ \lambda\in\Lambda\}$ の中にはたかだか可算個の開集合からなる部分族 $\{O_{\lambda_n};\ n=1,2,\cdots\}$ ですでに X の開被覆となるものが存在する．また，第2可算公理をみたす空間は可分である．ここに位相空間 X が**可分**であるとは X にはたかだか可算個の元からなる集合 A が稠密な部分集合として存在することである．可分な位相空間であって第1可算公理をみたすものは第2可算公理をみたす．

位相空間 X が**コンパクト**であるとは，X の任意の開被覆 $\{O_\lambda;\ \lambda\in\Lambda\}$ に対して，その有限部分族 $\{O_{\lambda_1},\cdots,O_{\lambda_r}\}$ であってすでに X の開被覆となっているものが存在することをいう．この条件は閉集合を用いていえばつぎのようにいえる．X の閉集合族 $\{F_\lambda;\ \lambda\in\Lambda\}$ が有限交叉性をもつ，すなわちその任意の有限個 $F_{\lambda_1},\cdots,F_{\lambda_r}$ が共通点をもつとすれば，$\bigcap_{\lambda\in\Lambda}F_\lambda\neq\phi$ である．この定義から容易にわかるように，コンパクト位相空間 X の閉集合は（部分空間として）コンパクトであり，位相空間 X から Y への連続写像 f に対して X のコンパクト部分集合 A の像 $f(A)$ はコンパクトである．また，ハウスドルフ空間のコンパクト部分集合は閉集合となることが証明される．これらのことから，コンパクト位相空間からハウスドルフ空間への連続写像が全単射であれば，それは同相写像であることがわかる．コンパクト空間の積空間はコンパクトである［チコノフの定理］．コンパクト空間の手近なしかし重要な例として，$\mathbf{C}^n$ の（標準的な距離に関して）有界な閉集合があることを注意しておこう．

コンパクトについで位相群論でとくに重要な概念として局所コンパクトというものがある．位相空間 X の各点 x に対してその閉包 $\bar{U}$ がコンパクトとなる近傍 U があるとき，X は**局所コンパクト**であるという．このような空間はつぎの性質をもつ．

定理 1.1　X を局所コンパクトなハウスドルフ空間とする．このとき，

（a）X は正則空間である．

（b） X がたかだか可算個の閉集合 X_n $(n=1,2,\cdots)$ の和集合として表わされるならば，少なくとも1つの X_n は内点をもつ集合である．

証明 （a） X の1点 x とその近傍 U が与えられたとき，x の近傍 V を $\bar{V}\subset U$ となるようにとれることを示せばよい．X が局所コンパクトだからここで U の閉包 $\bar{U}$ がコンパクトであると仮定して一般性を失わない．$\bar{U}$ がコンパクトだからその閉集合であるところの $\bar{U}-U$ もコンパクトである．$x\notin\bar{U}-U$ であり X はハウスドルフ空間としているから，$\bar{U}-U$ の各点 y に対して x の近傍 $V_y\subset U$ と y の近傍 O_y を見つけて $V_y\cap O_y=\phi$ とすることができる．$\{O_y;\, y\in\bar{U}-U\}$ は $\bar{U}-U$ を被覆するから，コンパクト集合 $\bar{U}-U$ はその中の有限個 $O_{y_1},\cdots,O_{y_m}$ によって被覆される．すなわち，

$$\bar{U}-U\subset O_{y_1}\cup\cdots\cup O_{y_m}$$

である．すると，

$$V=V_{y_1}\cap\cdots\cap V_{y_m}$$

は U に含まれる x の近傍であって，

$$\bar{V}\subset\bar{U}\cap(X-O_{y_1}\cup\cdots\cup O_{y_m})\subset U$$

がなりたつ．これで X が正則であることが証明された．

（b） X がたかだか可算個の閉集合の和集合

$$X=\bigcup_{n=1}^{\infty}X_n$$

として表わされたとし，ここにどの X_n も内点を含まないものとすれば矛盾を生ずることを示す．いま，X の任意の1点をとりその近傍 U_0 を閉包 $\bar{U}_0$ がコンパクトなものとする．X_1 が内点を含まないから $U_0-X_1\cap U_0$ は空でない開集合である．（a）によれば X は正則であるから，その中の1点の近傍 U_1 であって

$$\bar{U}_1\subset U_0-X_1\cap U_0$$

となるものを選ぶことができる．つぎに，X_2 が内点を含まないから，$U_1-X_2\cap U_1$ は空でなく，その1点の近傍 U_2 を

$$\bar{U}_2\subset U_1-X_2\cap U_1$$

となるように選ぶことができる．以下同様に繰返して，空でない開集合の列 $U_0, U_1, U_2, \cdots, U_n, \cdots$ を

$$\bar{U}_n \subset U_{n-1} - X_n \cap U_{n-1}$$

がなりたつように選ぶ．すると

$$\bar{U}_0 \supset \bar{U}_1 \supset U_2 \supset \cdots \supset \bar{U}_{n-1} \supset \bar{U}_n \supset \cdots$$

はコンパクト集合 $\bar{U}_0$ の中の閉集合の減少列であるから $\bigcap_{n=1}^{\infty} \bar{U}_n \neq \phi$．ところが $\bar{U}_n \cap X_n = \phi$ であり，仮定により $X = \bigcup_{n=1}^{\infty} X_n$ であるから，$\bigcap_{n=1}^{\infty} U_n = \phi$ でなければならない．これで矛盾が導かれ，(b) が証明された．　（証終）

位相空間 X が**連結**であるとは，X が2つの開集合 O_1, O_2 により，

$$X = O_1 \cup O_2, \qquad O_1 \cap O_2 = \phi$$

と表わされるときには，$O_1 = \phi$ または $O_2 = \phi$ となることを意味する．任意の位相空間 X は

$$X = \bigcup_{\lambda \in \Lambda} X_\lambda, \qquad X_\lambda \cap X_\mu = \phi \qquad (\lambda \neq \mu)$$

といくつかの空でない部分集合の和に分割され，ここに各 X_λ は(X の部分空間として)連結であり，それを含む連結集合は X_λ のみという意味で極大連結集合である．この X_λ のおのおのは X の**連結成分**とよばれ，それは X の閉集合である．

連結な位相空間の連続写像による像は連結である．また，連結空間の積空間は連結である．

位相空間 X において，その2点 x, y に対して実数の閉区間 $I = [0, 1]$ から X への連続写像 $f: I \to X$ であって $f(0) = x$, $f(1) = y$ となるものが存在するとき，$x \sim y$ とすれば，関係 $x \sim y$ は集合 X における同値関係である．こうして得られる同値類のおのおのを X の**弧状連結成分**といい，X がただ1つの同値類からなるとき X は**弧状連結**であるという．閉区間 I は連結だから，その連続像 $f(I)$ は X の連結集合であって X の一つの連結成分に含まれる．このことに注意すれば弧状連結な位相空間は連結であることが明らかであろう．

例題 1　数空間 $\mathbf{R}^n$, $\mathbf{C}^n$ および球面

$$S^n=\{(x_1,\cdots,x_{n+1})\in\mathbf{R}^{n+1};\ \sum x_i^2=1\}$$

は弧状連結である．したがってこれらは連結である．

解 $\mathbf{R}^n$, $\mathbf{C}^n$ はその任意の2点を線分で結べるから弧状連結である．S^n の点で第1座標 x_1 が $-1/3$ より大きい点 x の集合を U^+, $1/3$ より小さい点 x の集合を U^- とすれば，U^+, U^- は $\mathbf{R}^n$ に同相であり，弧状連結である．$S^n=U^+\cup U^-$, $U^+\cap U^-\neq\phi$ だから，S^n は弧状連結である． (以上)

1.4 位 相 群

前節までの準備のもとにこの章の主題に入る．

定義 集合 G がつぎの条件をみたすとき，G を**位相群**という．

(1) G は群である．

(2) G は T_1 空間である．

(3) G の群演算は連続である．すなわち，つぎに定義される2つの写像 $P:G\times G\to G$, $J:G\to G$ はいずれも連続である．

$$P(g,h)=gh,$$
$$J(g)=g^{-1}\qquad(g,h\in G).$$

ただし，$G\times G$ には積空間としての位相を考えている．

この定義により位相群は群と位相空間の構造を同時にもつ集合である．G を単に群(または位相空間)と見たものを G を定義する群(または位相空間)といい簡単のためにこれを群 G (または位相空間 G)といい表わす．そして，混乱のない限り，群 G または位相空間 G への条件を位相群 G に対する条件として述べる．例えば，位相群 G を定義する群 G が可換である，または位相空間 G が連結であるということを，位相群 G が可換である，または連結であるというのである．

例題 1 位相群の公理において条件 (3) はつぎの条件に同値である．

(3)$'$ つぎに定義される写像 $Q:G\times G\to G$ は連続である．

$$Q(g,h)=g^{-1}h\qquad(g,h\in G).$$

解 $Q(g,h)=P(J(g),h)$ だから (3) $\Rightarrow$ (3)$'$ がわかる．逆に (3)$'$ を仮定す

れば，$J(g)=Q(g,e)$ は連続(e は G の単位元)，すると $P(g,h)=Q(J(g),h)$ も連続であり，(3) がなりたつ．（以上）

例 1　一般線型群 $GL(n,\mathbf{C})$ は位相群の構造をもつ．実際，§1.1 に説明したように，n 次複素正方行列全体 $M(n,\mathbf{C})$ を $\mathbf{C}^{n^2}$ と同一視してそこに距離を定義するとき，部分集合 $GL(n,\mathbf{C})$ にも距離が導入されて位相が与えられ，この位相に関して群 $GL(n,\mathbf{C})$ の演算は連続である．今後，一般線型群 $GL(n,\mathbf{C})$ はこのようにして位相群とみることにする．とくに，複素数の乗法群 $\mathbf{C}^\times=GL(1,\mathbf{C})$ は位相群である．

例 2　V を複素(または実)ベクトル空間とし，ここにノルム $\|\ \|$ が与えられているとする．このノルムが定義する距離 [§1.2 例 2] によって，V を距離空間をみるとき，その位相と V の加群構造により V は可換な位相群である．この場合，V において和をとる演算の連続性は §1.1 に述べたところの実数の場合の加法の連続性と同じようにしてわかる．写像 $x\to -x$ の連続性も同様である．

例 3　任意の群 G は，そこに離散位相を与えれば位相群である．このように離散位相をもつ位相群を**離散群**という．

注意　位相群では T_1 分離公理を仮定しているから，有限個の元からなる位相群は必ず離散群である．

いま，2 個の位相群 G_1, G_2 があるとき，積集合 $G_1\times G_2$ に群 G_1, G_2 の直積としての群の構造，および位相空間 G_1, G_2 の積空間としての位相を与えるならば，$G_1\times G_2$ は位相群となる．この $G_1\times G_2$ を位相群 G_1, G_2 の**直積**という．

問 1　この $G_1\times G_2$ が位相群となることを験証せよ．

位相群の部分群　位相群の部分群は自然にまた位相群である．すなわち，つぎの定理がなりたつ．

定理 1.2　G を位相群，H を群 G の部分群とする．H に位相空間 G の部分空間としての位相を考えるとき，H は位相群である．

証明 H は G の部分空間だから T_1 空間である．H の群演算の連続性を示せばよい．H において積をつくる写像 $P_H: H\times H\to H$, および逆元をとる写像 $J_H: H\to H$ は G における同じ写像の制限であるから，これらは H での部分空間位相について明らかに連続である． (証終)

位相群 G の部分群 H は断らぬ限りそこに G の部分空間としての位相を考えて位相群とみることとする．H が G の閉集合(または開集合)であるとき，H を G の**閉部分群**(または**開部分群**)とよぶ．

例題 2 一般線型群 $GL(n, \mathbf{C})$ の部分群 $GL(n, \mathbf{R})$, $O(n)$, $O(n, \mathbf{C})$, $U(n)$, $SL(n, \mathbf{C})$, $SL(n, \mathbf{R})$, $SO(n)$, $SU(n)$[§1.2 例3]はいずれも $GL(n, \mathbf{C})$ の閉部分群である．また $U(n)$, $SU(n)$, $O(n)$, $SO(n)$ はコンパクト位相群である．

解 ここにあげた部分群が閉部分群であることを，$O(n, \mathbf{C})$ について証明してみよう．他も同様である．行列 $g\in GL(n, \mathbf{C})$ の (i, j) 成分を $x_{ij}(g)$ とすれば，x_{ij} は $GL(n, \mathbf{C})$ 上の連続関数である $(1\leqq i, j\leqq n)$．この g が $O(n, \mathbf{C})$ の元であるとは

$$\sum_{k=1}^{n} x_{ik}(g)x_{jk}(g)=\delta_{ij} \qquad (1\leqq i, j\leqq n)^{*)}$$

がなりたつことを意味する．この左辺は $GL(n, \mathbf{C})$ 上の連続関数だから，これらが一定値をとる点の集合として $O(n, \mathbf{C})$ は $GL(n, \mathbf{C})$ の閉集合である．

つぎに $U(n)$, $SU(n)$, $O(n)$, $SO(n)$ がコンパクト位相群であることを示す．このためには $U(n)$ がコンパクトであることを証明すれば十分である．残りの群は $U(n)$ の閉集合としてコンパクトとなるからである．ところで，n 次複素行列の集合 $M_n(\mathbf{C})$ は $\mathbf{C}^{n^2}$ と同一視され，その元 $\alpha=(a_{ij})$ が $U(n)$ に属するのは，

$$\sum_{k=1}^{n} a_{ik}\bar{a}_{jk}=\delta_{ij} \qquad (1\leqq i, j\leqq n)$$

となるとき，かつそのときに限る．そしてこのとき $|a_{ij}|\leqq 1$ $(1\leqq i, j\leqq n)$ がなりたつ．したがって，$U(n)$ は ($GL(n, \mathbf{C})$ の中だけでなく) $\mathbf{C}^{n^2}$ の中の有界閉

*) δ_{ij} はクロネッカーの記号である．すなわち $\delta_{ij}=0$ $(i\neq j)$, $\delta_{ii}=1$ とする．

集合となり，コンパクトである．（以上）

例題 3　行列 $\alpha=(a_{ij})\in M_n(\mathbf{C})$ は $a_{ij}=0\ (1\leqq j<i\leqq n)$ であるとき，**上半三角行列**であるという．上半三角行列で，かつその対角元がすべて正の実数であるものの全体を $T(n)$ とすれば $T(n)$ は $GL(n,\mathbf{C})$ の閉部分群であって，それは $\mathbf{R}^{n^2}$ に同相である．

解　$T(n)$ は群 $GL(n,\mathbf{C})$ の部分群である．また，$g\in GL(n,\mathbf{C})$ が $T(n)$ に属する条件は $x_{ij}(g)=0\ (1\leqq j<i\leqq n)$，$x_{ii}(g)>0\ (1\leqq i\leqq n)$ だから $T(n)$ は $GL(n,\mathbf{C})$ の閉部分群である．ただし，$x_{ij}(g)$ は g の (i,j) 成分を示す．$T(n)$ の元 g に対して $x_{ij}(g)\ (1\leqq i\leqq j\leqq n)$ を適当に並べて $T(n)$ から $(\mathbf{R}^+)^n\times\mathbf{C}^{n(n-1)/2}$ への同相写像が定義される．ここに $\mathbf{R}^+$ は正数全体のつくる $\mathbf{R}$ の部分空間を表わす．$\mathbf{R}^+$ は $\mathbf{R}$ に対数関数によって同相であり，$\mathbf{C}$ と $\mathbf{R}^2$ は同相だから，以上により $T(n)$ は $\mathbf{R}^{n^2}$ に同相であることがわかった．（以上）

位相群 G の部分群が G の部分空間として離散位相をもつとき，G の**離散部分群**であるという．

例題 4　位相群 G の離散部分群 Γ は閉部分群である．

解　Γ の単位元 e は Γ においては開かつ閉集合であるから，G の単位元の近傍 U で $U\cap\Gamma=\{e\}$ となるものが存在する．さて，Γ の閉包 $\bar{\Gamma}\neq\Gamma$ とし，$g\in\bar{\Gamma}-\Gamma$ とする．$g^{-1}g=e$ および $Q(g,h)=g^{-1}h$ の連続性[例題 1]により，g の十分小さな近傍 V をとれば $V^{-1}V\subset U$ がなりたつ．$\Gamma\cap V\neq\phi$ であるが，$\gamma_1,\gamma_2\in\Gamma\cap V$ とすれば，$\gamma_1^{-1}\gamma_2\in U\cap\Gamma=\{e\}$ だから，$\gamma_1=\gamma_2$ である．ゆえに $\Gamma\cap V$ はただ1点からなる．ところが，$g\in\bar{\Gamma}-\Gamma$ だから，g の任意の近傍は無数の Γ の点を含まねばならず，これは矛盾である．よって $\bar{\Gamma}=\Gamma$ である．

（以上）

問 2　位相群 G の中心は閉部分群であることを示せ．

問 3　位相群 G の部分群 H に対して，H の閉包 $\bar{H}$ はまた G の部分群であることを示せ．H が正規部分群，可換部分群のとき，$\bar{H}$ はおのおのの場合に応じてまたそうであることを示せ．

例題 5　実 n 次元ベクトル空間 V にノルムを与え V を位相群とみる．いま，V の離散部分群 Γ があるとき，V の一次独立な元の適当な組 $(e_1, \cdots, e_m)$ をとれば，Γ はこれらの元の整係数一次結合，すなわち

$$r_1e_1+\cdots+r_me_m \qquad (r_i\in \boldsymbol{Z},\ 1\leqq i\leqq m)$$

という形の元全体からなる．したがって，Γ は整数の加法群 $\boldsymbol{Z}$ の m 個の直和 $\boldsymbol{Z}^m$ に同型である．

解　V の部分ベクトル空間 W を，$W\cap\Gamma$ が W の適当な基底 $\{e_1, \cdots, e_m\}$ の元の整係数一次結合の全体に一致する，という性質をもつもののうちで次元が最大のものとする．このとき，$\Gamma\subset W$ がいえればよい．$\Gamma\not\subset W$ とし，$\gamma\in\Gamma$ を $\gamma\notin W$ なるものとしよう．V の中で

$$(*)\qquad a_1e_1+\cdots+a_me_m+a\gamma \qquad (0\leqq a_i<1,\ 0<a\leqq 1)$$

という形の元すべてのつくる部分集合を P とおく．

V の位相は V の一つのノルムから定義された距離によって定義されているが，P はこの距離に関して有界集合である．$\Gamma\cap P$ が無限点列 $\{x_p\}$ を含んだとしよう．x_p の表示 $(*)$ に現われる係数を $a_i^{(p)}$, $a^{(p)}$ とすれば，$\{a_i^{(p)}\}$, $\{a^{(p)}\}$ は実数の有界数列だから収束する部分列を含み，したがって $\{x_p\}$ は V において収束する部分列をもつ．ところで，Γ は離散位相をもつ V の閉部分群であるから[例題 4]，Γ は V の中で収束する点列を含み得ない．これで $\Gamma\cap P$ は有限個の点からなることがわかった．$\gamma\in\Gamma\cap P$ である．

$\Gamma\cap P$ の元のうち表示 $(*)$ の γ の係数 a が最小値をとるものを e_{m+1} とし，W と e_{m+1} で生成された V の部分ベクトル空間を W' とする．明らかに，$e_1, \cdots, e_m, e_{m+1}$ は一次独立であり，$\dim W'=m+1$ である．実ベクトル空間 W' は $e_1, \cdots, e_m$ および γ によっても生成され，このことから容易にわかるように，$W'\cap\Gamma$ は W' の基底 $\{e_1, \cdots, e_{m+1}\}$ の整係数一次結合に一致しなければならない．これは W がこの性質をもつ最大次元の部分ベクトル空間であることに矛盾する．これで $\Gamma\subset W$ が示された．後半の主張は前半から明らかである．

(以上)

1.5 位相群の位相

位相群 G において，G を G 自身に写す写像としてつぎの 4 種のものが考えられる．まず，$J: G \to G$ は位相群の定義に現われた写像

$$J(x) = x^{-1} \qquad (x \in G)$$

である．つぎに，G の各元 g は，g による G の**左移動** L_g，**右移動** R_g および**内部自己同型** A_g を

$$L_g(x) = gx, \qquad R_g(x) = xg,$$
$$A_g(x) = gxg^{-1} \qquad (x \in G)$$

によって定義する．

定理 1.3 ここに定義した写像 J, L_g, R_g, A_g はいずれも G から G への同相写像である．

証明 位相群の定義により J は G から G への連続写像であって明らかに全単射である．$J^{-1} = J$ もまた連続であるから，J は同相写像である．$L_g(x) = P(g, x)$ (P は G における積をとる写像)であり，P は連続だから，$L_g: G \to G$ は連続写像である．L_g は全単射で $L_g{}^{-1} = L_{g^{-1}}$ であるから，L_g は同相写像である．同様の理由で R_g は同相写像である．すると $A_g = L_g \circ R_{g^{-1}}$ も同相写像である． (証終)

定理 1.4 位相群 G の任意の部分集合 X と G の開集合 O に対して，積 XO, OX は開集合である．

証明 X が 1 点 g からなるときには

$$XO = gO = L_g(O)$$

であり，L_g は同相写像であるから[定理 1.3]，XO は開集合である．X が G の任意の部分集合のとき，

$$XO = \bigcup_{g \in X} gO$$

だから，XO は開集合の和集合としてまた開集合である．OX についても同様である． (証終)

つぎの定理は，位相群の位相は単位元の近傍系によって定まることを示している．

定理 1.5 位相群 G の単位元 e の一つの基本近傍系 $\mathcal{U}(e)=\{U_\lambda;\ \lambda\in\Lambda\}$ が与えられたとき，これによって G の位相は一意的に決定される．また，$\mathcal{U}(e)$ はつぎの条件をみたす．

（1） $\bigcap_{\lambda\in\Lambda} U_\lambda=\{e\}$,

（2） $U_\lambda, U_\mu\in\mathcal{U}(e)\Rightarrow\exists U_\nu\in\mathcal{U}(e);\ U_\nu\subset U_\lambda\cap U_\mu$,

（3） $U_\lambda\in\mathcal{U}(e), x\in U_\lambda\Rightarrow\exists U_\mu;\ xU_\mu\subset U_\lambda$,

（4） $U_\lambda\in\mathcal{U}(e)\Rightarrow\exists U_\mu\in\mathcal{U}(e);\ U_\mu{}^{-1}U_\mu\subset U_\lambda$,

（5） $U_\lambda\in\mathcal{U}(e), g\in G\Rightarrow\exists U_\mu\in\mathcal{U}(e);\ gU_\mu g^{-1}\subset U_\lambda$.

証明 G の各点 g において，

$$\mathcal{U}(g)=\{gU_\lambda;\ \lambda\in\Lambda\}$$

とおくと，これは G の左移動 L_g による $\mathcal{U}(e)$ の像である．L_g は同相写像だから[定理 1.3]，$\mathcal{U}(g)$ は点 g の基本近傍系をつくる．このように $\mathcal{U}(e)$ は G の基本近傍系族 $\{\mathcal{U}(g);\ g\in G\}$ を定め，これは §1.2 に述べたように G の位相を一意的に定める．つぎに，$\mathcal{U}(e)$ が定理の条件をみたすことはつぎの理由による．（1），（2）は $\mathcal{U}(e)$ が単位元 e の基本近傍系であること，および G が T_1 分離公理をみたすからである．（3）は U_λ は開集合であり，また上に見たように $\mathcal{U}(x)=\{xU_\mu;\ \mu\in\Lambda\}$ は点 x の基本近傍系となるから．（4）は $Q(x,y)=x^{-1}y$ によって定義される写像 $Q: G\times G\to G$ の点 (e,e) における連続性，（5）は g による G の内部自己同型 A_g の e における連続性[定理 1.3]により明らかである． （証終）

この定理に述べたところの単位元の近傍系のもつ性質（1）―（5）は与えられた一つの群に位相を導入するために公理として利用することができる．すなわち，つぎの定理がなりたつのである．

定理 1.6 群 G において単位元 e を含む部分集合族 $\mathcal{U}(e)=\{U_\lambda;\ \lambda\in\Lambda\}$ が与えられ，これが前定理の条件（1）―（5）を満足しているとする．このとき，G にはつぎの条件をみたす位相が存在して一意的に定まる．その位相に関して

群 G は位相群となり，かつ $\mathcal{U}(e)$ は単位元 e の基本近傍系となる．

証明 この定理の条件をみたす位相が存在すればそれは一意的に定まることは前定理にすでに述べた．このような位相が存在することを証明しよう．G の各点 g において，

$$\mathcal{U}(g)=\{gU_\lambda;\ \lambda\in\Lambda\}$$

とおくとき，$\{\mathcal{U}(g);\ g\in G\}$ を基本近傍系族としてもつ G の位相が存在する．実際，$\{\mathcal{U}(g);\ g\in G\}$ が基本近傍系族の公理［p. 14（i），(ii)，(iii)］を満足することは $\mathcal{U}(e)$ が条件（1），（2），（3）をみたすことから容易にわかる．さらに，（1）から G の各点 g について，

$$\bigcap_{\lambda\in\Lambda} gU_\lambda=\{g\}$$

がなりたち，したがってこの位相は T_1 分離公理をみたす位相である．

この位相に関して G が位相群となることを証明する．これには G の群演算がこの位相について連続であることを示せばよく，このためには $Q(g,h)=g^{-1}h\ (g,h\in G)$ によって定義される写像 $Q: G\times G\to G$ が $G\times G$ の任意に選んだ点 (g,h) において連続となればよい［§1.4 例題 1］．いま，点 $g^{-1}h=Q(g,h)$ の，与えられた基本近傍系に属する近傍 $g^{-1}hU_\lambda$ を任意に与える．この U_λ に対して条件（4）により，$U_\mu\in\mathcal{U}(e)$ を

$$U_\mu{}^{-1}U_\mu\subset U_\lambda$$

となるようにとり，つぎに条件（5）を用いてこの U_μ に対して $U_\nu\in\mathcal{U}(e)$ を

$$(g^{-1}h)^{-1}U_\nu(g^{-1}h)\subset U_\mu$$

となるようにみつける．すると，積空間 $G\times G$ において，$gU_\nu\times hU_\mu$ は点 (g,h) の近傍であって，

$$\begin{aligned}Q(gU_\nu\times hU_\mu)&=(gU_\nu)^{-1}(hU_\mu)=U_\nu{}^{-1}g^{-1}hU_\mu\\&=(g^{-1}h)((g^{-1}h)^{-1}U_\nu{}^{-1}(g^{-1}h))U_\mu\subset(g^{-1}h)U_\mu{}^{-1}U_\mu\subset g^{-1}hU_\lambda\end{aligned}$$

がなりたつ．したがって，写像 Q は点 (g,h) において連続である．（証終）

定理 1.7 位相群 G において，単位元 e の基本近傍系 $\mathcal{U}(e)=\{U_\lambda;\ \lambda\in\Lambda\}$

が与えられたとき，G の任意の部分集合 A の閉包 $\bar{A}$ は

$$\bar{A}=\bigcap_{\lambda\in\Lambda}AU_\lambda=\bigcap_{\lambda\in\Lambda}\overline{AU_\lambda}$$

と表わされる．

証明　$x\in\bar{A}$ のとき，任意の λ について xU_λ^{-1} は x の近傍ゆえ［定理1.4］$xU_\lambda^{-1}\cap A\neq\phi$，よって $x\in AU_\lambda$ がなりたつ．逆に，ある λ について $x\notin AU_\lambda$ であれば，$xU_\lambda^{-1}\cap A=\phi$，したがって $x\notin\bar{A}$ である．これで定理の第1の等式が示された．$P(g,h)=gh$ なる写像 $P:G\times G\to G$ は (e,e) で連続だから，任意の U_λ に対して $U_\mu U_\mu\subset U_\lambda$ なる U_μ を見出すことができる．第1の等式を A の代りに AU_μ に用いて，$AU_\lambda\supset AU_\mu U_\mu\supset\overline{AU_\mu}$ を得る．したがって，

$$\bigcap_{\lambda\in\Lambda}AU_\lambda\supset\bigcap_{\lambda\in\Lambda}\overline{AU_\lambda}$$

がなりたつ．逆の包含関係は明白だから，これで第2の等式が示された．

（証終）

定理 1.8　位相群 G は(位相空間として)正則である．

証明　位相群は T_1 空間であるから，G の閉集合 F と $x\notin F$ なる点 x に対して F を含む開集合と x の近傍とが互いに交わらないように選べることを示せばよい．$F=\bar{F}$ だから，前定理により，

$$F=\bigcap_{\lambda\in\Lambda}\overline{FU_\lambda}$$

である．ゆえに $x\notin\overline{FU_\lambda}$ なる U_λ が存在する．この U_λ に対して

$$(G-\overline{FU_\lambda})\cap FU_\lambda=\phi$$

であり，ここに $G-\overline{FU_\lambda}$, FU_λ はそれぞれ x, F を含む開集合である［定理1.4］．

（証終）

注意　この定理は位相群については T_1 分離公理を仮定するだけで正則性という強い分離公理がみたされることを主張している．実は，より強く位相群は完全正則となることが知られている．ここに，位相空間 X が完全正則であるとは T_1 分離公理をみたしかつその閉集合 F と1点 $x\notin F$ に対して X 上の区間 $[0,1]$ に値をもつ連続関数で $f(x)=0$, $f(y)=1$ $(y\in F)$ となるものが存在することを意味する．

例題 1　位相群 G において F を閉集合，K をコンパクトな部分集合とすれ

ば，積 FK は閉集合である．

解　$x\notin FK$ とする．このとき $F^{-1}x\cap K=\phi$ であり $F^{-1}x$ はまた閉集合である．$\mathcal{U}(e)=\{U_\lambda;\ \lambda\in\Lambda\}$ を単位元の基本近傍系とするとき，定理1.7により

$$\bigcap_{\lambda\in\Lambda}\overline{F^{-1}xU_\lambda}\cap K=\phi.$$

$\overline{F^{-1}xU_\lambda}\cap K$ はコンパクト集合 K の閉集合だから，このとき適当な $\lambda_1,\cdots,\lambda_m\in\Lambda$ をとれば

$$\bigcap_{i=1}^{m}\overline{F^{-1}xU_{\lambda_i}}\cap K=\phi.$$

いま U_λ を $U_{\lambda_1}\cap\cdots\cap U_{\lambda_m}$ に含まれるものとすれば，

$$F^{-1}xU_\lambda\cap K=\phi$$

すなわち，

$$xU_\lambda\cap FK=\phi$$

がなりたつ．ゆえに，FK は閉集合である．　（以上）

1.6　剰余空間と剰余群

位相群 G とその閉部分群 H があるとき，群 G の H による左剰余類のつくる剰余集合 G/H にはつぎのように自然に位相が定義される．G から G/H への射影 $\pi:G\to G/H$ を

$$\pi(g)=gH\qquad(g\in G)$$

とするとき，G/H の部分集合 D が開集合であるとはその原像 $\pi^{-1}(D)$ が位相空間 G の開集合であることとする．こうして得られた位相空間 G/H を位相群 G の閉部分群 H による**剰余空間**（くわしくは**左剰余空間**），または商空間という．$x_0=\pi(e)$ をこの空間の原点ということもある．

位相群 G から剰余空間 G/H への射影 π は G/H の位相の定め方から明らかに連続写像である．π はまた開写像である．実際，O を G の開集合とするとき，$\pi^{-1}(\pi(O))=OH$ は G の開集合であり[定理 1.4]，したがって $\pi(O)$ は G/H の開集合である．

位相群 G の各元 g に対して剰余空間 G/H からそれ自身への写像 T_g がつ

ぎの式で定まる．

$$T_g(hH)=(gh)H \qquad (h\in H).$$

これを用いて，写像 $\Phi: G\times(G/H)\to G/H$ を

$$\Phi(g,x)=T_g x \qquad (g\in G,\ x\in G/H)$$

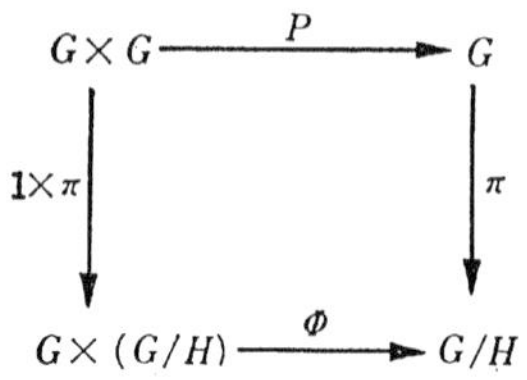

図 1.2

とおいて定義する．この Φ が連続であることを証明しよう．まず，図1.2が可換図式であることは定義から明らかであろう．ここで，P は G における2元の積をつくる写像，π は射影，$1\times\pi$ は G の恒等写像と π から自然に定義される写像である．いま，D を G/H の開集合とすれば，図1.2の可換性により

$$(1\times\pi)^{-1}(\Phi^{-1}(D))=P^{-1}(\pi^{-1}(D))$$

であり，ここに右辺は P と π が連続写像だから $G\times G$ の開集合である．すると π は開写像だから $1\times\pi$ も開写像となり，よって $\Phi^{-1}(D)$ は $G\times(G/H)$ の開集合となる．これで Φ の連続性が証明された．

この結果，各 $g\in G$ について $T_g(x)=\Phi(g,x)$ は x について連続である．一方，

$$T_g(T_h(x))=T_{gh}(x),$$
$$T_e(x)=x \qquad (g,h\in G,\ x\in G/H)$$

がなりたつ．したがって，T_g は $T_{g^{-1}}$ を逆写像にもつ全単射であり，$T_g: G/H\to G/H$ は同相写像であることがわかる．また，G/H の任意の2元 x, y に対して

$$T_g(x)=y$$

となる $g\in G$ が存在する．実際，$x=hH$, $y=lH$ のとき $g=lh^{-1}$ とすればよろしい．ここに述べたことは剰余空間 G/H が次節で定義するところの G の等質空間であることを示している．

位相群 G の単位元 e の基本近傍系 $\{U_\lambda;\lambda\in\Lambda\}$ が与えられたとき，剰余空間 G/H において $\{\pi(U_\lambda);\lambda\in\Lambda\}$ は原点 $x_0=\pi(e)$ の基本近傍系である．な

ぜならば，点 x_0 を含む開集合 D に対して $\pi^{-1}(D)$ は e を含む G の開集合だから1つの U_λ を含み，したがって $\pi(U_\lambda)\subset D$ となるからである．

定理 1.9 位相群 G の閉部分群 H による剰余空間 G/H は正則な位相空間である．

証明 射影 $\pi:G\to G/H$ は全射でありかつ連続な開写像であるから，G/H の部分集合 X が閉集合となるのはその原像 $\pi^{-1}(X)$ が G の閉集合となるときかつそのときに限る．G/H の各点 x に対し $\pi^{-1}(x)$ は H の左剰余類の一つであって，これは閉集合 H を G のある元によって左移動した像だから閉集合である．ゆえに，x は G/H における閉集合であって，G/H は T_1 空間である．

G/H が正則空間であることを証明する．F を G/H の閉集合，$x\in G/H$ を $x\notin F$ とするとき，F, x を含む開集合を互いに交わらぬようにとれることを示せばよい．$x=\pi(g)=T_g x_0$ とするとき，$T_g:G/H\to G/H$ は同相写像だから，F と x の代りに $T_g{}^{-1}(F)$ と $T_g{}^{-1}(x)=x_0$ についてこのことを証明すれば十分である．したがって，最初から $x=x_0$ としてよい．上に見たように，G の単位元の近傍系 $\{U_\lambda\}$ に対して $\{\pi(U_\lambda)\}$ は x_0 の近傍系となるから，適当な U_λ をとれば $\pi(U_\lambda)\cap F=\phi$ である．この U_λ に対して同じく e の近傍 U_μ を $U_\mu{}^{-1}U_\mu\subset U_\lambda$ となるように選ぶ[定理 1.5]．$g\in\overline{U_\mu H}$ とすれば，$U_\mu g\cap U_\mu H\neq\phi$，ゆえに $g\in U_\mu{}^{-1}U_\mu H\subset U_\lambda H$ となり，$\overline{U_\mu H}\subset U_\lambda H$ である．ところで，H の元 h による G の右移動 $R_h:G\to G$ は同相写像であり，$R_h(U_\mu H)=U_\mu H$ だから $R_h(\overline{U_\mu H})=\overline{U_\mu H}$ がなりたつ．これは $\overline{U_\mu H}$ が H を法とするいくつかの左剰余類の和集合となることを示し，したがって $\overline{U_\mu H}=\pi^{-1}(\pi(\overline{U_\mu H}))$ である．この証明の冒頭の注意によれば，$\pi(\overline{U_\mu H})$ はこのとき G/H の閉集合である．また $\pi(\overline{U_\mu H})\subset\pi(U_\lambda H)=\pi(U_\lambda)$ だから，$\pi(\overline{U_\mu H})\cap F=\phi$ である．$D=(G/H)-\pi(\overline{U_\mu H})$ と $\pi(U_\mu)=\pi(U_\mu H)$ はそれぞれ F, x_0 を含む G/H の開集合であって，互いに交わらず，これらは求める開集合を与えている．(証終)

つぎに N を位相群 G の閉正規部分群とすれば，剰余集合 G/N には剰余群

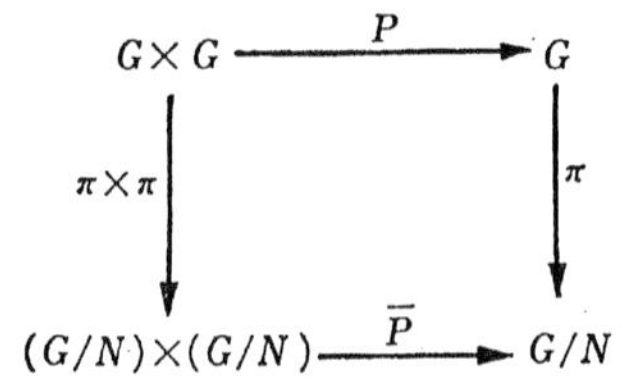

図 1.3

としての群構造がある．この群は剰余空間の位相により位相群である．実際，P, $\bar{P}$ をそれぞれ G, G/N にて 2 元の積をつくる写像とし，$\pi: G\to G/N$ を射影とするとき，π が準同型写像だから図 1.3 は可換図式であり，このことから(図 1.2 を用いて $\varPhi$ の連続性を示したように)，$\bar{P}$ の連続性がわかる．同様に，G/N において逆元をつくる写像 $\bar{J}$ は，$\bar{J}\circ\pi=\pi\circ J$ をみたすから連続である．剰余空間は T_1 空間であるから[定理 1.9]，これで G/N が位相群であることが証明された．この位相群を位相群 G の閉正規部分群 N による**剰余群**といい，やはり G/N で表わす．

位相群 G から位相群 G' への**準同型写像** ρ とは写像

$$\rho: G\to G'$$

であって群 G から群 G' への準同型写像であり，かつ連続写像であるものをいう．とくに，G' が一般線型群 $GL(n,\mathbf{C})$ である場合には ρ を位相群 G の**表現**という．位相群 G から G' への準同型写像の核は G の閉正規部分群である．位相群の準同型写像であってさらに(位相空間の間の写像とみて)開写像になるものを**開準同型写像**という．例えば，位相群 G からその閉正規部分群 N による剰余群 G/N への射影は開準同型写像である．

例 1 一般線型群 $GL(n,\mathbf{C})$ の各元 α にその行列式 $\det\alpha$ を対応させる対応は $GL(n,\mathbf{C})$ から複素数の乗法群 $\mathbf{C}^{\times}$ への準同型写像である．

例 2 実数の加群に離散位相を与えた群を $\mathbf{R}_d$, 同じ群に通常の位相を与えたものを $\mathbf{R}$ とすれば，$\mathbf{R}_d$ から $\mathbf{R}$ への恒等写像は連続であり位相群の準同型写像である．しかし，これは開準同型写像ではない．

例題 1 位相群 G から位相群 G' への写像 $\rho: G\to G'$ が群 G から群 G' への準同型写像であって，G の単位元 e において連続であれば，ρ はいたる所連続であり位相群の準同型写像である．

解 G の元 g に対し，群 G, G' の元 g^{-1}, $\rho(g)$ による左移動 $L_{g^{-1}}$, $L_{\rho(g)}$ は

それぞれ G, G' の同相写像である[定理 1.3]．ρ は群の準同型写像だから $\rho=L_{\rho(g)}\circ\rho\circ L_{g^{-1}}$ がなりたち，仮定により ρ は単位元 e で連続だから，ρ は g において連続となる．$g\in G$ は任意だから ρ はいたる所連続である．　(以上)

位相群 G から位相群 G' への**同型写像**とは群 G から群 G' への同型写像であって同時に位相空間 G から位相空間 G' への同相写像となるものである．これが存在するとき位相群 G' は位相群 G に**同型**であるといい，$G\cong G'$ とかく．

つぎの定理は位相群に対する準同型定理である．

定理 1.10　G, G' を位相群，

$$\rho: G\to G'$$

を開準同型写像であってかつ全射であるとする．N を ρ の核とし，π を G から G の N による剰余群 G/N への射影とするとき，図 1.4 を可換図式とするような同型写像

$$\bar{\rho}: G/N\to G'$$

が存在し，

$$G/N\cong G'$$

である．

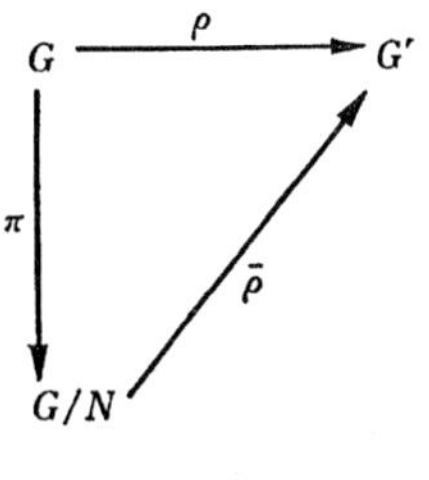

図 1.4

証明　群論における準同型定理により図 1.4 を可換図式とするような群 G/N から群 G' への同型写像 $\bar{\rho}$ が存在する．π は連続開写像であり ρ も仮定により連続開写像であるから，この図式の可換性から容易に $\bar{\rho}$ が同相写像であることがわかる．ゆえに，$\bar{\rho}$ は位相群の同型写像である．　(証終)

位相群 G から位相群 G' の上への準同型写像がいつ開写像となり，この定理の仮定をみたすかについては，後に都合のよい条件を与える[定理 1.13]．

1.7 等質空間(I)

まず，変換群に関する概念を位相に無関係に定義しておこう．一つの群 G

が集合 X に(左から)**作用する**とは積集合 $G\times X$ から X への写像

$$\Phi: G\times X \to X \tag{1.3}$$

であって，つぎの条件をみたすものがあることとする．

$$gx=\Phi(g,x) \qquad (g\in G,\ x\in X)$$

とかくとき，

（1） $g(hx)=(gh)x \qquad (g,h\in G,\ x\in X)$,

（2） $ex=x \qquad$ (e は G の単位元，$x\in X$)

がなりたつ．この場合，各元 $g\in G$ に対して写像 $T_g: X\to X$ を

$$T_g(x)=gx \qquad (x\in X)$$

とおいて定義する．すると，（1），（2）からすぐにわかるように，T_g は $T_{g^{-1}}$ を逆写像にもつ全単射である．T_g を g の定義する X の**変換**といい，この意味で G は X の**変換群**であるともいう．

さらに，$g\neq e$ のとき g の定義する X の変換 T_g は X の恒等変換ではない，という条件がなりたつ場合には G は X に**効果的**に作用するという．また X の1点 x に対して

$$H_x=\{h\in G;\ hx=x\}$$

とおくとき，H_x は G の部分群であって，これを点 x における G の**等方性群**という．この概念を用いれば G が X に効果的に作用するために必要十分な条件は

$$\bigcap_{x\in X} H_x=\{e\}$$

によって与えられる．一方，X の各点 x に対して

$$G(x)=\{gx;\ g\in G\}$$

とおき，これを x を含む G の**軌道**という．X はいくつかの互いに交わらぬ G の軌道の和集合として表わされる．X がただ1つの G の軌道からなるとき，すなわち X の任意の2元 x, y に対して $gx=y$ なる $g\in G$ が存在するとき，G は X に**推移的**に作用しているという．

さて，われわれに興味があるのは群 G と集合 X に位相がある場合である．

定義 位相群 G が位相空間 X に(左から)**作用する**とは群 G が集合 X に作用し，しかもその作用が連続的であること，すなわち (1.3) の写像

$$\Phi : G\times X \to X$$

が連続写像となるものとする．そして，群 G が X に推移的に作用している場合には，X は位相群 G の**等質空間**であるという．

位相群 G が位相空間 X に作用しているとき，G の各元 g が定める X の変換 T_g は $T_{g^{-1}}$ を逆写像とするところの X から X への同相写像である．また，X が T_1 空間ならば，X の各点 x における等方性群 H_x は G の閉部分群となることも明らかであろう．

位相群 G の閉部分群 H による剰余空間 G/H は G の等質空間である．これは前節に見たところである．この場合，G/H の各点 gH における等方性群は H の共役部分群 gHg^{-1} に等しく，このことからすぐにわかるように G が G/H に効果的に作用するための必要十分条件は H が G の正規部分群($\neq\{e\}$)を含まぬことである．

ここでいくつかの重要な等質空間の例をあげる．これらの例の説明で理由なしに述べた事実については読者自身で証明を与えてほしい．

例 1 一般線型群 $GL(n, \mathbf{C})$ は n 次元複素空間 $\mathbf{C}^n$ に自然に作用している．すなわち，$\alpha=(a_{ij})\in GL(n, \mathbf{C})$，$x=(x_1, \cdots, x_n)\in \mathbf{C}^n$ に対して，$y=\alpha x$ は，

$$y_i=\sum_{j=1}^{n} a_{ij}x_j \qquad (1\leqq i\leqq n)$$

を成分とする元 $(y_1, \cdots, y_n)$ である．

この場合 $GL(n, \mathbf{C})$ は $\mathbf{C}^n$ に効果的に作用し，また，$GL(n, \mathbf{C})$ の軌道は $\mathbf{C}^n$ の原点 $\{0\}$ とその余集合 $\mathbf{C}^n-\{0\}$ の2個である．このことは $\mathbf{C}^n$ の任意の元 $x\neq 0$ に対して $\mathbf{C}^n$ の基底 $\{f_1, \cdots, f_n\}$ を $f_1=x$ となるように選べるという線型代数学の周知の定理によってわかる．事実，f_i の成分を第 i 列とする行列 α は $GL(n, \mathbf{C})$ に属し，

$$e_1=(1, 0, \cdots, 0)$$

とするとき，$\alpha e_1=f_1=x$ であるから，$\mathbf{C}^n-\{0\}$ は e_1 を含む $GL(n, \mathbf{C})$ の軌

道に等しい．なお e_1 における等方性群は明らかにつぎの形の行列全体からなる．

$$(1.4)\qquad \begin{pmatrix} 1 & * & \cdots & * \\ 0 & & & \\ \vdots & & \alpha' & \\ 0 & & & \end{pmatrix} \qquad (\alpha' \in GL(n-1, \mathbf{C})),$$

ただし，$*$ は任意の複素数を示している．

例 2 直交群 $O(n)$ $(n \geqq 2)$ は $\mathbf{R}^n$ の単位球面

$$S^{n-1} = \left\{ (x_1, \cdots, x_n) \in \mathbf{R}^n;\ \sum_{i=1}^{n} x_i{}^2 = 1 \right\}$$

に作用する．実際，$\mathbf{R}^n$ の 2 元 $x = (x_1, \cdots, x_n)$ と $y = (y_1, \cdots, y_n)$ の間の内積 (x, y) を

$$(1.5)\qquad (x, y) = \sum_{i=1}^{n} x_i y_i$$

によって定義するとき，$S^{n-1} = \{x;\ (x, x) = 1\}$ である．$\alpha \in O(n)$ は例 1 のときと同様に自然に $\mathbf{R}^n$ に作用し，

$$(\alpha x, \alpha y) = (x, y) \qquad (x, y \in \mathbf{R}^n)$$

をみたすから，この α は S^{n-1} の上に作用する．

この作用により S^{n-1} は $O(n)$ の等質空間である．任意の $x \in S^{n-1}$ に対して $\mathbf{R}^n$ の正規直交基底 $\{f_1, \cdots, f_n\}$ (すなわち $(f_i, f_j) = \delta_{ij}$ $(1 \leqq i, j \leqq n)$ となる基底)を $x = f_1$ となるように選べるという線型代数学の定理により $\alpha(e_1) = x$ となる $\alpha \in O(n)$ が存在するからである．$e_1 = (1, 0, \cdots, 0)$ における $O(n)$ の等方性群 H_{e_1} は (1.4) の形の $O(n)$ の元，すなわち，

$$(1.6)\qquad \begin{pmatrix} 1 & 0 & \cdots & 0 \\ 0 & & & \\ \vdots & & \alpha' & \\ 0 & & & \end{pmatrix} \qquad (\alpha' \in O(n-1))$$

という形の元からなり，H_{e_1} は $O(n-1)$ に同型な群である．

同じ理由により，直交群 $O(n)$ の部分群である回転群 $SO(n)$ も S^{n-1} に推移的に作用する．その e_1 における等方性群は $SO(n-1)$ に同型である．

ユニタリ群 $U(n)$ $(n\geqq 2)$ についても同様につぎのことがわかる．$U(n)$ は $\mathbf{C}^n$ の単位球面

$$S^{2n-1}=\left\{(x_1,\cdots,x_n)\in\mathbf{C}^n;\ \sum_{i=1}^{n}|x_i|^2=1\right\}$$

に作用し，これによって S^{2n-1} は $U(n)$ の等質空間となる．この場合 $e_1=(1,0,\cdots,0)\in S^{2n-1}$ における等方性群は $U(n-1)$ に同型である．また，$U(n)$ の部分群 $SU(n)$ も S^{2n-1} に推移的に作用し，その e_1 における等方性群は $SU(n-1)$ に同型である．

例 3 $n\geqq 2$ とし，r を $1\leqq r\leqq n$ なる整数とする．$\mathbf{R}^n$ の中で内積 (1.5) に関して互いに直交する r 個の元の順序のついた組 $(f_1,\cdots,f_r)$ すべての集合を $V(n,r)$ と表わす．各 $(f_1,\cdots,f_r)$ に対し f_i の成分を第 i 列とする n 行 k 列の実行列を対応させれば，この型の実行列全体は自然に $\mathbf{R}^{nr}$ と同一視できるから，$V(n,r)\subset\mathbf{R}^{nr}$ と考えられ，これによって $V(n,r)$ には $\mathbf{R}^{nr}$ の部分空間としての位相が導入される．この $V(n,r)$ はコンパクトである．実際，このことは $r=n$ のときには $V(n,r)=O(n)$ と見なされるから，すでに証明されているし[§1.3 例題 3]，一般の r についても同様に $V(n,r)$ が $\mathbf{R}^{nr}$ の有界閉集合となるからである．この $V(n,r)$ を**スティフェル**(Stiefel)**多様体**という．$r=1$ のとき，$V(n,1)$ は球面 S^{n-1} にほかならない．

さて，$\alpha\in O(n)$ の $V(n,r)$ への作用を

$$\alpha(f_1,\cdots,f_r)=(\alpha f_1,\cdots,\alpha f_r)$$

とおいて定義することができる．これにより直交群 $O(n)$ は $V(n,r)$ に連続的に作用し，$V(n,r)$ は $O(n)$ の等質空間である．実際，$e_i=(0,\cdots,\overset{i}{\breve{1}},\cdots,0)\in\mathbf{R}^n$ $(1\leqq i\leqq n)$ とするとき，例 2 の球面の場合と同じく任意の $(f_1,\cdots,f_r)\in V(n,r)$ は適当な $\alpha\in O(n)$ を用いて，

$$(f_1,\cdots,f_r)=\alpha(e_1,\cdots,e_r)$$

と表わされるからである．$(e_1,\cdots,e_r)\in V(n,r)$ における $O(n)$ の等方性群は，1_r は r 次単位行列，O はしかるべき型の零行列を示すものとするとき，

$$\begin{pmatrix} 1_r & O \\ O & \alpha' \end{pmatrix} \qquad (\alpha' \in O(n-r))$$

なる形の行列からなり，$O(n-r)$ に同型である．

$r<n$ のときには回転群 $SO(n)$ が $V(n,r)$ に推移的に作用し，その点 $(e_1, \cdots, e_r)$ における等方性群は $SO(n-r)$ に同型である．

例 4 $n \geqq 2$ とし，r を $1 \leqq r < n$ なる整数とする．$\mathbf{R}^n$ の中の r 次元部分ベクトル空間すべてのつくる集合を $G(n,r)$ と表わす．実一般線型群 $GL(n, \mathbf{R})$ は $\mathbf{R}^n$ に作用し，これによって $\mathbf{R}^n$ の r 次元部分空間はまた r 次元部分空間に移るから，群 $GL(n, \mathbf{R})$ は集合 $G(n,r)$ に作用する．いま，$\mathbf{R}^n$ の自然な基底の一部 $\{e_1, \cdots, e_r\}$ によって張られる部分空間を V_0 とすれば，任意の $V \in G(n,r)$ に対して，$\alpha V_0 = V$ となる $\alpha \in GL(n, \mathbf{R})$ が存在する．したがって群 $GL(n, \mathbf{R})$ は集合 $G(n,r)$ に推移的に作用する．

H を V_0 における $GL(n, \mathbf{R})$ の等方性群とすれば，$\alpha \in H$ のとき，かつそのときに限り，$\{\alpha e_1, \cdots, \alpha e_r\}$ は V_0 を張るから，H はつぎの形の実正則行列からなる．

$$(1.7) \qquad \begin{pmatrix} \alpha' & * \\ O & \alpha'' \end{pmatrix} \quad \begin{pmatrix} \alpha' \in GL(r, \mathbf{R}), \\ \alpha'' \in GL(n-r, \mathbf{R}) \end{pmatrix}$$

ここに，$*$ は任意の r 行 $(n-r)$ 列実行列を表わす．いま，$GL(n, \mathbf{R})$ から $G(n,r)$ への全射 φ を

$$\varphi(\alpha) = \alpha V_0 \qquad (\alpha \in GL(n, \mathbf{R}))$$

とおいて定義するならば，$\varphi(\alpha) = \varphi(\beta)$ となるのは $\alpha \equiv \beta (\mathrm{mod}\, H)$ のときかつそのときに限る．ゆえに，$GL(n, \mathbf{R})$ の剰余空間 $GL(n, \mathbf{R})/H$ から $G(n,r)$ への全単射 $\bar{\varphi}$ が $\bar{\varphi}(\alpha H) = \varphi(\alpha)$ によって定義される．この全単射 $\bar{\varphi}$ により $GL(n, \mathbf{R})/H$ と $G(n,r)$ を同一視して $G(n,r)$ に位相を導入したものを，$\mathbf{R}^n$ の中の r 次元部分空間のつくる**グラスマン**(Grassmann)**多様体**という．$r=1$ のときには，これは $(n-1)$ 次元**射影空間**である(この例のあとの注意参照)．

$\mathbf{R}^n$ において内積 (1.5) を考慮するとき，$\{e_1, \cdots, e_n\}$ は $\mathbf{R}^n$ の正規直交基底である．周知のように任意の $V \in G(n,r)$ に対して正規直交基底 $\{f_1, \cdots, f_n\}$

であって $\{f_1, \cdots, f_r\}$ が V を張るものを選ぶことができる．このとき，$\alpha \in O(n)$ を $\alpha(e_i)=f_i\ (1 \leqq i \leqq n)$ となるものとすれば，$\alpha(V_0)=V$ である．これは直交群 $O(n)$ が $V(n,r)$ の上に推移的に作用していることを示している．写像 $\varphi: GL(n, \mathbf{R}) \to G(n,r)$ の $O(n)$ への制限は連続であり，$O(n)$ はコンパクトだから，このことから $G(n,r)$ はコンパクトであることがわかる．$O(n)$ の V_0 における等方性群は (1.7) の形の直交行列，すなわち

$$(1.8) \qquad \begin{pmatrix} \alpha' & \mathrm{O} \\ \mathrm{O} & \alpha'' \end{pmatrix} \quad \begin{pmatrix} \alpha' \in O(r), \\ \alpha'' \in O(n-r) \end{pmatrix}$$

という形の直交行列全体からなり，これは直積 $O(r) \times O(n-r)$ に同型である．

以上の議論は直交群 $O(n)$ の代りに回転群 $SO(n)$ をとっても成立する．$V \in G(n,r)$ に対して選んだ $\mathbf{R}^n$ の正規直交基底 $\{f_1, \cdots, f_n\}$ を必要ならば $\{f_1, \cdots, f_{n-1}, -f_n\}$ でおきかえれば，$\alpha V_0 = V$ となる $\alpha \in SO(n)$ を見出し得るからである．ゆえに，$SO(n)$ も $G(n,r)$ に推移的に作用し，V_0 におけるその等方性群は (1.8) の形の直交行列で行列式 1 のもの全体からなる．この群を $SO(n) \cap (O(r) \times O(n-r))$ と表わすことがある．

以上，$\mathbf{R}^n$ について述べたことは $\mathbf{R}^n$ の代りに $\mathbf{C}^n$ をとってまったく同様になりたつ．すなわち，$\mathbf{C}^n$ の r 次元部分ベクトル空間の全体 $G(n,r,\mathbf{C})$ の上に一般線型群 $GL(n,\mathbf{C})$ が推移的に作用し，$G(n,r,\mathbf{C})$ には $GL(n,\mathbf{C})$ の剰余空間としての位相が導入される．この $G(n,r,\mathbf{C})$ は $\mathbf{C}^n$ の中の r 次元部分空間のつくる**複素グラスマン多様体**とよばれ，$r=1$ の場合これは $(n-1)$ 次元**複素射影空間**に一致する．さらに，この $G(n,r,\mathbf{C})$ にはユニタリ群 $U(n)$，特殊ユニタリ群 $SU(n)$ のいずれもが推移的に作用し，したがって $G(n,r,\mathbf{C})$ はコンパクトである．$G(n,r,\mathbf{C})$ の一点における $U(n)$ の等方性群としては (1.8) の形(ただし，$\alpha' \in U(r)$，$\alpha'' \in U(n-r)$)のユニタリ行列全体からなり，$U(r) \times U(n-r)$ と同型な群が現われる．$SU(n)$ についても同様である．

注意　例 4 ではグラスマン多様体，射影空間の位相をそれらをば一般線型群の剰余空間と同一視することによって導入した．グラスマン多様体，射影空間の位相は通常より幾何学的な方法で定義されるが，これらはコンパクトなハウスドルフ空間となるので，この位相はここに定義した位相に等しいことがわかる(次節定理 1.11 による)．

例 5　複素平面の部分空間 X を

$$X=\{z\in\mathbf{C};\ \mathrm{Im}\,z>0\}$$

とする．ここに $\mathrm{Im}\,z$ は複素数 z の虚部を示す．2次実特殊線型群 $SL(2,\mathbf{R})$ の元

$$\alpha=\begin{pmatrix} a & b \\ c & d \end{pmatrix}$$

は X の一次分数変換 $z\to\alpha z$ を

$$\alpha z=(az+b)(cz+d)^{-1} \qquad (z\in X)$$

によって定める．容易にわかるように位相群 $SL(2,\mathbf{R})$ はこれによって X の上に推移的に作用し，X は $SL(2,\mathbf{R})$ の等質空間である．点 $\sqrt{-1}\in X$ における $SL(2,\mathbf{R})$ の等方性群は部分群 $SO(2)$ に等しい．

1.8　等質空間 (II)

この節では等質空間と剰余空間の関係について述べ，いくつかの条件のもとでこれらは同一視できることを示す．

位相群 G の等質空間 X があり，T_1 空間であるとする．X の1点 x_0 を固定して写像 $\varphi:G\to X$ を

$$\varphi(g)=gx_0 \qquad (g\in G) \tag{1.9}$$

によって定義するならば，この写像は連続な全射である．また

$$g\varphi(h)=\varphi(gh) \qquad (g,h\in G)$$

がなりたつ．点 x_0 における G の等方性群を H とすると，H は G の閉部分群である．G の2元 g, h について

$$\varphi(g)=\varphi(h) \Leftrightarrow g\equiv h \pmod{H}$$

であるから，$\bar{\varphi}(gH)=\varphi(g)$ とおくことにより，全単射

$$\bar{\varphi}:G/H\to X \tag{1.10}$$

が定義されて，$\bar{\varphi}\circ\pi=\varphi$ がなりたつ．ここに $\pi:G\to G/H$ は射影である．π は開写像，φ は連続であるから，容易にわかるように $\bar{\varphi}$ は剰余空間 G/H から X への連続写像である．また

$$g\bar{\varphi}(p)=\bar{\varphi}(gp) \qquad (p\in G/H)$$

がなりたつ．したがって，もし $\bar{\varphi}$ が同相写像となるならば，剰余空間 G/H と X とは G の等質空間として同一視することが許されるであろう．つぎの2つの定理は $\bar{\varphi}$ が同相写像となるための十分条件を与えるものである．

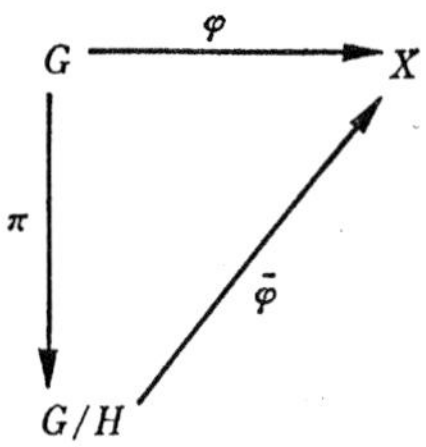

図 1.5

定理 1.11 X を位相群 G の等質空間とする．G がコンパクトであり，X がハウスドルフ空間であるとすれば，(1.10) に定義した写像 $\bar{\varphi}$ は同相写像である．すなわち，$\bar{\varphi}$ により

$$G/H\approx X$$

である．

証明 G がコンパクトだから剰余空間 G/H もコンパクトとなる．するとコンパクト空間 G/H からハウスドルフ空間 X への連続全単射として $\bar{\varphi}$ は同相写像である．（証終）

例 1 直交群 $O(n)$，回転群 $SO(n)$，ユニタリ群 $U(n)$，特殊ユニタリ群 $SU(n)$ はコンパクト群であるから[§1.4 例題 2]，この定理と前節例 2, 3 からつぎの関係が得られる．

$$S^{n-1}\approx O(n)/O(n-1)\approx SO(n)/SO(n-1) \qquad (n\geqq 2),$$

$$S^{2n-1}\approx U(n)/U(n-1)\approx SU(n)/SU(n-1) \qquad (n\geqq 2),$$

$$V(n,r)\approx O(n)/O(n-r)\approx SO(n)/SO(n-r) \qquad (n>r\geqq 1),$$

$$G(n,r)\approx O(n)/(O(r)\times O(n-r))$$
$$\approx SO(n)/(SO(n)\cap(O(r)\times O(n-r))) \qquad (n>r\geqq 1),$$

$$G(n,r,\mathbf{C})\approx U(n)/(U(r)\times U(n-r))$$
$$\approx SU(n)/(SU(n)\cap(U(r)\times U(n-r))) \qquad (n>r\geqq 1).$$

ここで $O(n-1)$ は (1.6) の形の直交行列のつくる $O(n)$ の部分群と同一視している．他も同様である．

上の定理よりもっと一般につぎの定理がなりたつ．

定理 1.12 X を位相群 G の等質空間とする．ここで X は局所コンパクトなハウスドルフ空間，G は第2可算公理をみたす局所コンパクトな位相群とする．このとき X の1点 x_0 を用いて

$$\varphi(g)=gx_0 \qquad (g\in G)$$

によって定義される写像 $\varphi: G\to X$ は開写像である．そして，φ から定義される (1.10) の写像 $\bar{\varphi}$ により

$$G/H\approx X$$

がなりたつ．ここに H は点 x_0 における G の等方性群を示す．

証明　まず，φ が開写像であれば，$\bar{\varphi}\circ\pi=\varphi$ により $\bar{\varphi}$ が開写像となり，$\bar{\varphi}$ は同相写像である．ゆえに，定理の後半は前半より導かれる．

さて，φ が開写像となることを示すには，O を G の任意の開集合，g_0 を O の1点するとき，$\varphi(g_0)$ が $\varphi(O)$ の内点となることを証明すればよい．$g_0\in O$ であるから，G の単位元 e の近傍 V を $g_0V\subset O$ となるように選ぶことができる．この V に対して e の近傍 U_1 を $U_1^{-1}U_1\subset V$ となるようにとる．位相群 G は正則であるから[定理 1.8]，e の近傍 U を $\bar{U}\subset U_1$ となるように見出すことができる．したがって，

$$\bar{U}^{-1}\bar{U}\subset V$$

がなりたつ．仮定により G は局所コンパクトであるから，U を十分小さくとって $\bar{U}$ はコンパクトであると仮定してよい．

さて，$G=\bigcup_{g\in G} gU$ であり，G は第2可算公理をみたしているから，G の点列 $g_1, g_2, \cdots, g_n, \cdots$ が存在して G は

$$G=\bigcup_{n=1}^{\infty} g_nU$$

と表わされる．$\varphi: G\to X$ は全射であるから，これから

$$X=\bigcup_{n=1}^{\infty}\varphi(g_nU)=\bigcup_{n=1}^{\infty}\varphi(g_n\bar{U}).$$

ところが $\bar{U}$ がコンパクトだから，$g_n\bar{U}$ もコンパクト，ゆえにその連続像 $\varphi(g_n\bar{U})$ もコンパクトである．X はハウスドルフ空間だから $\varphi(g_n\bar{U})$ は X の閉集合となる．X は局所コンパクトでもあるから，定理 1.1 によれば $\varphi(g_n\bar{U})$

$(n=1,2,\cdots)$ のうち少なくとも1つは内点を含まねばならない．G の各元の定義する X の変換は同相写像だから，$\varphi(\bar{U})=g_n{}^{-1}\varphi(g_n\bar{U})$ も内点をもつこととなる．いま，$h\in\bar{U}$ を $\varphi(h)$ が $\varphi(\bar{U})$ の内点であるものとする．φ を定義するために選んだ X の点 x_0 は，$x_0=h^{-1}\varphi(h)$ だから $h^{-1}\varphi(\bar{U})$ の内点であり，

$$h^{-1}\varphi(\bar{U})=\varphi(h^{-1}\bar{U})\subset\varphi(\bar{U}^{-1}U)\subset\varphi(V)$$

により x_0 は $\varphi(V)$ の内点である．すると，$\varphi(g_0)=g_0x_0$ は $g_0\varphi(V)=\varphi(g_0V)$ の内点となり，$g_0V\subset O$ だから $\varphi(g_0)$ は $\varphi(O)$ の内点である．（証終）

例 2 前節例1により $\mathbf{C}^n-\{0\}$ は一般線型群 $GL(n,\mathbf{C})$ の等質空間である．上の定理により，このとき

$$\mathbf{C}^n-\{0\}\approx GL(n,\mathbf{C})/H$$

がなりたつ．ただし，ここに H は(1.4)なる形の行列のつくる $GL(n,\mathbf{C})$ の部分群を示す．

定理 1.13 G, G' を局所コンパクト位相群とし，

$$\rho: G\to G'$$

を準同型写像であってかつ全射とする．G が第2可算公理をみたすならば，ρ は開準同型写像である．したがって，

$$G/N\cong G'$$

がなりたつ．ここに N は ρ の核である．

証明 位相群 G の位相空間 G' 上への作用

$$gx=\rho(g)x \qquad (g\in G,\ x\in G')$$

とおいて定義しよう．ここに右辺はもちろん G' における積を示す．すると，G は G' の変換群となり，ρ が全射だから G' の単位元 e' の軌道は G' に一致し，G' は G の等質空間である．$x_0=e'$ として前定理の写像 φ をつくれば，これは ρ に等しい．位相群はハウスドルフ空間であるから[定理 1.8]，前定理によりこの定理の仮定のもとで ρ は開準同型写像である．最後の主張は定理 1.10 による．（証終）

例 3 正則行列にその行列式をとる写像 $\det: GL(n,\mathbf{C})\to\mathbf{C}^\times$ に上の定理を適用すれば，det は開準同型写像であり，位相群として

$$GL(n,\mathbf{C})/SL(n,\mathbf{C})\cong\mathbf{C}^{\times}$$

がなりたつ.

1.9 位相群の連結性

位相群の連結成分についてつぎの定理がある.

定理 1.14 位相群 G の単位元 e を含む連結成分を G^0 とするとき，G^0 は G の閉正規部分群である．また，G の各連結成分は G の G^0 による剰余類の一つに等しい.

証明 G^0 は G の連結成分の一つとして閉集合である．G において逆元をとる写像 J は G から G への同相写像である．ゆえに，G^0 の像 $J(G^0)$ は $J(e)=e$ を含む連結成分となり G^0 に一致する．よって，$g\in G^0$ ならば $g^{-1}\in G^0$ である．また G の各元 g による左移動 L_g は G から G への同相写像であり，したがって $L_g(G^0)=gG^0$ は g を含む G の連結成分である．とくに $g\in G^0$ のときには $g^{-1}\in G^0$ だから，この連結成分は $L_g(g^{-1})=e$ を含み G^0 に等しい．ゆえに $g,h\in G^0$ のとき $gh\in G^0$ である．以上で G^0 が閉部分群となること，および G の各連結成分は G の G^0 による左剰余類に一致することがわかった．最後に，G の各元 g による内部自己同型 A_g は，G から G への同相写像であって $A_g(e)=e$ であるから，G^0 を G^0 自身に写す．ゆえに，G^0 は G の正規部分群である． (証終)

つぎの定理は位相群の連結性を示すのに有効である.

定理 1.15 位相群 G とその閉部分群 H が与えられたとする．このとき，H および剰余空間 G/H のいずれもが連結であれば，G は連結である.

証明 $X=G/H$ とおき，$\pi:G\to X$ を射影とする．いま，G がその2つの開集合 O_1, O_2 により

$$G=O_1\cup O_2,\qquad O_1\cap O_2=\phi$$

と表わされたとしよう．G の各元 g について左移動 L_g による H の像 gH は連結である．$gH=(gH\cap O_1)\cup(gH\cap O_2)$ であってこれは gH の互いに交わらぬ開集合の和集合としての表示であるから，$gH\cap O_1=gH$, または $gH\cap$

$O_1=\phi$ である．これは O_1 がそれに含まれる H の左剰余類の和集合となることを示し，$O_1=\pi^{-1}(\pi(O_1))$ がなりたつ．O_2 についても同様である．すると，

$$X=\pi(O_1)\cup\pi(O_2), \qquad \pi(O_1)\cap\pi(O_2)=\phi$$

がなりたつ．π は開写像であるから $\pi(O_1)$, $\pi(O_2)$ はともに開集合であり，X は連結だから，そのいずれか一方は空集合とならねばならない．よって，O_1 または O_2 が空集合である．これで G が連結であることがわかった． （証終）

例題 1 ユニタリ群 $U(n)$，特殊ユニタリ群 $SU(n)$，回転群 $SO(n)$ は連結である．直交群 $O(n)$ の単位元を含む連結成分は $SO(n)$ である．

解 ここに現われた群 $U(n)$, $SU(n)$, $SO(n)$ はコンパクト群であり[§1.4 例題 2]，

$$S^{2n-1}\approx U(n)/U(n-1)\approx SU(n)/SU(n-1) \qquad (n\geqq 2),$$
$$S^{n-1}\approx SO(n)/SO(n-1) \qquad (n\geqq 2)$$

である[§1.8 例 1]．$U(1)=\{(z);\,|z|=1\}$ は円周に同相であり，$SU(1)$, $SO(1)$ は単位元のみからなり，いずれも連結である．また，球面は連結であるから[§1.3 例題 1]，上の定理により，$U(n)$, $SU(n)$, $SO(n)$ が連結であることが n に関する帰納法でわかる．$O(n)$ の元にその行列式を対応させる関数は連続であり，$SO(n)$ の上で 1，$SO(n)$ の外では -1 なる値をとるから，$SO(n)$ を含む連結集合は $SO(n)$ に一致しなければならず，$SO(n)$ は $O(n)$ の単位元の連結成分に等しい． （以上）

例題 2 一般線型群 $GL(n,\mathbf{C})$，特殊線型群 $SL(n,\mathbf{C})$，実特殊線型群 $SL(n,\mathbf{R})$ は連結である．実一般線型群 $GL(n,\mathbf{R})$ の単位元の連結成分は $GL^+(n,\mathbf{R})$ である．ただし，$GL^+(n,\mathbf{R})$ は行列式が正となる実行列からなる $GL(n,\mathbf{R})$ の部分群である．

解 複素正則行列 $\alpha=(a_{ij})$ の n 個の列ベクトル $a_1,\cdots,a_n$ を数空間 $\mathbf{C}^n$ の元と見れば，これらは1次独立である．そこで，$\mathbf{C}^n$ の自然な内積に関する正規直交基底 $\{f_1,\cdots,f_n\}$ を，$\{f_1,\cdots,f_i\}$ と $\{a_1,\cdots,a_i\}$ とが $\mathbf{C}^n$ の同一の部分空間を生成するように i に関して順次に，いわゆるシュミットの直交法を用いて定める$(1\leqq i\leqq n)$．このとき，

$$a_1=c_{11}f_1,$$
$$a_2=c_{12}f_1+c_{22}f_2,$$
$$\cdots\cdots\cdots\cdots\cdots\cdots\cdots,$$
$$a_n=c_{1n}f_1+c_{2n}f_2+\cdots+c_{nn}f_n$$

がなりたち，ここに $c_{ij}\in\mathbf{C}$，かつ $c_{ii}>0$ である．$f_1,\cdots,f_n$ を列ベクトルにもつ行列 σ はユニタリ行列である．そして，$\gamma=(c_{ij})$ ($i>j$ のとき $c_{ij}=0$) とおくと $\gamma\in T(n)$ であり，$\alpha=\sigma\gamma$ である．ここに $T(n)$ は対角元が正の実数の上半三角行列すべてのつくる $GL(n,\mathbf{C})$ の部分群を示す．$T(n)$ は $\mathbf{R}^{n^2}$ に同相であり[§1.4 例題 3]，したがって連結である．上に見たところにより，$(\sigma,\gamma)\to\sigma\gamma$ は積空間 $U(n)\times T(n)$ から $GL(n,\mathbf{C})$ の上への連続写像であり，$U(n)\cap T(n)=\{1_n\}$ (1_n は単位行列)だから，この写像は全単射である．また，構成法により $\alpha=\sigma\gamma$ の γ は α に連続的に定まり，したがって $\sigma=\alpha\gamma^{-1}$ も同様で，上の写像は同相写像である．前例題によれば，$U(n)$ は連結であるから，$U(n)\times T(n)$ は連結位相空間であり，ゆえにこれと同相な $GL(n,\mathbf{C})$ は連結な位相群である．

シュミットの直交化法を実正則行列の列ベクトルに適用してわかるように，上の同相写像 $U(n)\times T(n)\to GL(n,\mathbf{C})$ によって同相写像

$$O(n)\times T(n,\mathbf{R})\to GL(n,\mathbf{R})$$

がひきおこされる．ここに，$T(n,R)=T(n)\cap GL(n,\mathbf{R})$ であって，この群は $T(n)$ と同様に $\mathbf{R}^{n(n+1)/2}$ と同相となり，$GL^+(n,\mathbf{R})$ に含まれる連結な部分群である．前例題により直交群 $O(n)$ の単位元の連結成分は回転群 $SO(n)$ に一致し，また同相写像によって連結成分は対応するから，結局 $GL(n,\mathbf{R})$ の連結成分の数は 2 個であってそれぞれ $SO(n)\cdot T(n,\mathbf{R})$ および $\alpha SO(n)\cdot T(n,\mathbf{R})$ で与えられる．ここに α は行列式 -1 の任意の直交行列である．$SO(n)\cdot T(n,\mathbf{R})\subset GL^+(n,\mathbf{R})$，$GL^+(n,\mathbf{R})\cap\alpha SO(n)\cdot T(n,\mathbf{R})=\phi$ であるから，$GL^+(n,\mathbf{R})=SO(n)\cdot T(n,\mathbf{R})$ がなりたち，$GL^+(n,\mathbf{R})$ は $GL(n,\mathbf{R})$ の単位元の連結成分に一致する． (以上)

ここで連結な位相群のもつ顕著な性質を述べる．

定理 1.16 G を連結な位相群とする．

(i) G の単位元 e の任意の近傍 U をとるとき，群 G は U によって生成される．

(ii) G の正規部分群 H が離散部分群であれば，H は群 G の中心に含まれる．

証明 (i) U は開集合ゆえ U^{-1} も開集合である．U^{ε} $(\varepsilon=\pm 1)$ は $\varepsilon=1$, $\varepsilon=-1$ のときそれぞれ U, U^{-1} を示すこととすれば，G の U によって生成された部分群 G' は

$$G'=\bigcup_{r=1}^{\infty}\ \bigcup_{\varepsilon_1,\cdots,\varepsilon_r=\pm 1} U^{\varepsilon_1}\cdots U^{\varepsilon_r}$$

と表わされる．ここで，$U^{\varepsilon_1}\cdots U^{\varepsilon_r}$ は G の開集合の積だから，また開集合である[定理 1.4]．ゆえに，G' は G の開部分群である．G' の左剰余類 gG' は開集合であり，G における G' の余集合は G' の左剰余類の和集合だからまた開集合である．仮定により，G は連結だから $G'=G$ でなければならない．これは G が U によって生成されることを示している．

(ii) 離散正規部分群 H の1点 h を固定し，G から G への連続写像 f_h を

$$f_h(x)=xhx^{-1} \qquad (x\in G)$$

とおいて定義する．H が G の正規部分群だから，f_h の像は H に含まれ，f_h は G から H への連続写像を与える．仮定により G は連結だから，f_h の像は $h=f_h(e)$ を含む H の連結集合となる．ところが，H は離散部分群だから，点 h を含む H の連結集合は1点 h だけからなる．ゆえに，$f_h(x)=h$ $(x\in G)$ となり h は G の中心の元である．ゆえに，H は G の中心に含まれている．　(証終)

問　題　1

1. V を実(または複素)有限次元ベクトル空間とする．V のノルムから定まる距離による V の位相は(ノルムのとり方によらずに)一意的に定まることを証明せよ．

2.　群 G の部分群 H の交換子群とは $\{hkh^{-1}k^{-1};\, h, k\in H\}$ によって生成される G の部分群である，位相群 G の部分群 H に対して，H の閉包 $\bar{H}$ の交換子群と H の交換子群とは同一の閉包をもつことを示せ．

3.　G を位相群，H を G の閉部分群とする．G がコンパクトであるために必要十分条件は，H および剰余空間 G/H がコンパクトであることである．これを証明せよ．

4.　G を局所コンパクトな位相群，H を G の閉部分群，$\pi: G\to G/H$ を射影とする．このとき，G/H のコンパクト集合 C に対して G のコンパクト集合 K で $\pi(K)=C$ となるものが存在することを示せ．

5.　G を位相群，H を G の閉部分群，K を G のコンパクト正規部分群とするとき，位相群としての自然な同型 $HK/K\cong H/(H\cap K)$ が存在することを証明せよ．

6.　位相群 G の各元を含む連結成分がその元だけからなるとき，G は完全不連結な群であるという．位相群 G の単位元を含む連結成分 G^0 による剰余群 G/G^0 は完全不連結な位相群であることを示せ．

7.　G を局所コンパクト，完全不連結な位相群とする．U を G の単位元の任意の近傍とするとき，つぎのことを順次に証明せよ．

（1）　U に含まれるコンパクト開集合 P が存在する．

（2）　$Q=\{q\in G;\, Pq\subset P\}$ とするとき，Q は開かつ閉な集合である．

（3）　$H=Q\cap Q^{-1}$ は U に含まれる G の開部分群である．

8.　G を位相群，$\rho: \mathbf{R}\to G$ を位相群の準同型写像とする．このとき，つぎのことを証明せよ．

（1）　G の単位元 e の近傍 V と $M>0$ が存在し，$\rho(t)\in V$ ならば $|t|\leqq M$ である，という条件がみたされるとき，ρ は単射であって，しかも ρ は $\mathbf{R}$ とその像 $\rho(\mathbf{R})$ の間の同相写像をひきおこす．

（2）　G が局所コンパクトであるとき，ρ が $\mathbf{R}$ と $\rho(\mathbf{R})$ の間の同相写像をひきおこしていなければ，$\rho(\mathbf{R})$ の閉包は G のコンパクト可換部分群である．

9.　G を位相群，K を G のコンパクト集合，O を K を含む G の開集合とするとき，e の近傍 U で $KU\subset O$ となるものがあることを示せ．

10.　X を T_1 空間とし，X から X 自身への同相写像すべてのつくる群を $\mathrm{Aut}(X)$ とする．G を $\mathrm{Aut}(X)$ の部分群とし，ここで，X のコンパクト集合 C と開集合 U に対して G の部分集合 $W(C, U)$ を

$$W(C, U)=\{g\in G;\, g(C)\subset U\}$$

とおき，有限個のこの形の集合の共通集合すべてを G の開基として G に位相を定義する(これを G の**コンパクト開位相**という)．このとき，つぎのことを証明せよ．

（1）　G は T_1 空間である．

（2）　X が正則空間で，かつ局所コンパクトであるとすれば，G において積をとる写像 $P: G\times G\to G$ は連続である．また，G の X 上への作用によって定まる写像 Φ:

$G\times X\to X$ も連続である．

（3） X がコンパクトなハウスドルフ空間ならば，G において逆元をとる写像 J: $G\to G$ は連続となり，G は位相群である．

11. 一般線型群 $GL(n, \mathbf{C})$ に §1.4 例1の方法で自然に定義した位相と，$GL(n, \mathbf{C})\subset \mathrm{Aut}(\mathbf{C}^n)$ とみたとき，そこに前問の方法で導入されるコンパクト開位相とは一致することを証明せよ．

2. 線　型　群

2.1 線 型 群

複素 n 次元ベクトル空間 V が与えられたとする．V の一次変換すべての集合を End(V) で表わす．一次変換の複素数によるスカラー倍と2つの一次変換の和をつくる操作によって，End(V) は複素ベクトル空間である．また，写像の合成として2つの一次変換の積が定義される．この積により V の正則一次変換すべての集合は群をつくる．この群を V の一般一次変換群とよび，$GL(V)$ で表わす．

よく知られているように，V の一つの基底 $\{e_1, \cdots, e_n\}$ を選ぶとき，これに応じて End(V) から複素 n 次正方行列のつくる複素ベクトル空間 $M_n(\mathbf{C})$ への線型同型写像 φ が生まれる．すなわち，$T \in \mathrm{End}(V)$ に対して

$$Te_j = \sum_{i=1}^{n} a_{ij} e_i \qquad (1 \leqq j \leqq n)$$

によって定まる行列 (a_{ij}) を $\varphi(T)$ とするのである．この写像

$$\varphi : \mathrm{End}(V) \to M_n(\mathbf{C})$$

は全単射であって，$T, S \in \mathrm{End}(V)$, $a \in \mathbf{C}$ に対して

$$\varphi(T+S) = \varphi(T) + \varphi(S), \qquad \varphi(aT) = a\varphi(T),$$
$$\varphi(T \circ S) = \varphi(T)\varphi(S),$$
$$\varphi(E) = 1_n$$

がなりたつ．ここに E は V の恒等変換，1_n は単位行列を表わす．このことから φ は群 $GL(V)$ から一般線型群 $GL(n, \mathbf{C})$ への同型写像をひきおこすことがわかる．

V のいま一つの基底 $\{f_1, \cdots, f_n\}$ を用いて定義される線型同型写像を ψ: End(V) $\to M_n(\mathbf{C})$ とする．上の φ とこの ψ の間には，すぐわかるようにつぎの関係がある．

$$e_j=\sum_{i=1}^{n}c_{ij}f_i \qquad (1\leqq j\leqq n)$$

と表わすとき，正則行列 $\gamma=(c_{ij})$ が定まり，これにより，

$$\phi(T)=\gamma\varphi(T)\gamma^{-1} \qquad (T\in\mathrm{End}(V))$$

がなりたつ．すなわち，$A_\gamma(\alpha)=\gamma\alpha\gamma^{-1}\,(\alpha\in M_n(\mathbf{C}))$ とおくとき，

$$\phi=A_\gamma\circ\varphi$$

という関係がある．

さて，$M_n(\mathbf{C})$ にはこれを自然に $\mathbf{C}^{n^2}$ と同一視して位相を考え[§1.1]，ついで全単射 $\varphi:\mathrm{End}(V)\to M_n(\mathbf{C})$ を用いて $\mathrm{End}(V)$ に $M_n(\mathbf{C})$ の位相を移すことにする．換言すれば，φ が同相写像となるような位相を $\mathrm{End}(V)$ に定義するのである．すると，この位相は φ の定義に用いられた V の基底のとり方によらず一意的に定まることがわかる．実際，上に見たところによれば基底をとりかえると φ は $A_\gamma\circ\varphi$ によっておきかえられるが，A_γ は $M_n(\mathbf{C})$ からそれ自身への同相写像だから $A_\gamma\circ\varphi$ と φ は $\mathrm{End}(V)$ に同じ位相を定める．この $\mathrm{End}(V)$ の部分空間としての位相を群 $GL(V)$ に与えるとき，これは一般線型群 $GL(n,\mathbf{C})$ に同型な位相群となることは明らかであろう．こうして位相群とした V の一般一次変換群をやはり $GL(V)$ で表わすことにしよう．

V に内積 (u,v) が与えられたとする．この内積を不変にする一次変換，すなわち一次変換 T で

$$(Tu,Tv)=(u,v) \qquad (u,v\in V)$$

をみたすもの全体は，群 $GL(V)$ の部分群をつくる．これを $U(V)$ で示すこととする．いま，V の正規直交基底 $\{e_1,\cdots,e_n\}$ を選んでこれを用いて同型写像 $GL(V)\to GL(n,\mathbf{C})$ を考えるならば，この写像により $U(V)$ に対応する群はユニタリ群 $U(n)$ である．このことの験証は容易であるが，この事実はユニタリ群 $U(n)$ の幾何学的意味を与えている．

同じようにして，複素直交群に対応する $GL(V)$ の部分群を見出すことが

できる．いま，$B(u,v)$ を V 上の正則対称双一次形式*) とし，$G(B)$ を B を不変にする V の一次変換，すなわち一次変換 T で

$$B(Tu, Tv)=B(u,v) \qquad (u,v\in V)$$

をなりたたせるものすべての集合とする．$G(B)$ は $GL(V)$ の部分群である．線型代数学で周知のように，B に対して V の基底 $\{e_1,\cdots,e_n\}$ を適当にとれば，

$$B(e_i,e_j)=\delta_{ij} \qquad (1\leqq i,j\leqq n)$$

とすることができる．この基底によって同型写像 $GL(V)\to GL(n,\mathbf{C})$ を考えるとき，$G(B)$ に対応する群が $O(n,\mathbf{C})$ である．

以上の議論は V が実 n 次元ベクトル空間の場合にも同じようになりたつ．その結果，V の基底を1つとるとき V の一次変換すべてのつくる実ベクトル空間 $\mathrm{End}(V)$ から実 n 次正方行列全体 $M_n(\mathbf{R})$ への全単射 φ が定義され，この φ によって $\mathrm{End}(V)$ に $M_n(\mathbf{R})$ の位相を移すことができる．V の正則一次変換すべてのつくる群 $GL(V)$ は φ により群 $GL(n,\mathbf{R})$ と同型な位相群となる．V に内積のある場合には，この内積を不変にする一次変換全体は直交群 $O(n)$ に同型な $GL(V)$ の部分群をつくる．より一般に，つぎのことがなりたつ．V が実ベクトル空間の場合には，V 上の正則対称双一次形式 B に対して，V の基底 $\{e_1,\cdots,e_n\}$ を適当に選べば

$$B(e_i,e_j)=\begin{cases} 0 & (i\neq j) \\ 1 & (1\leqq i=j\leqq r) \\ -1 & (r+1\leqq i=j\leqq n) \end{cases}$$

がなりたち，ここに整数 $r\geqq 0$ は B に対して一意的に定まる．B を不変にする V の一次変換のつくる群 $G(B)$ は，この基底を用いて定まる $GL(V)$ と $GL(n,\mathbf{R})$ との同型対応によって，つぎの条件をみたす正則行列 α からなる $GL(n,\mathbf{R})$ の部分群に写される．

---

*) $B(u,v)$ が V 上の双一次形式とは $B(u,v)$ は u, v の一方を固定するとき他方に関しては線型写像 $V\to\mathbf{R}$ を与えるものである．$B(u,v)=B(v,u)$ $(u,v\in V)$ のとき対称形式という．また，$B(u,v)=0$ がすべての $v\in V$ についてなりたつとき $u=0$ となるならば，B は正則であるという．

$$ {}^t\alpha\varepsilon_{r,n-r}\alpha=\varepsilon_{r,n-r}. $$

ただし，$\varepsilon_{r,n-r}$ は $(\underbrace{1,\cdots,1}_{r},\underbrace{-1,\cdots,-1}_{n-r})$ を対角元とする対角行列を示す．このような α のつくる群を $O(r,n-r)$ と表わす．これらのうち，$O(3,1)$ は**ローレンツ**(Lorentz)**群**，$O(4,1)$ は**ド・ジター**(De Sitter)**群**，また，群 $O(n-1,1)$ は**一般ローレンツ群**とよばれている．

いま一度，V を複素ベクトル空間とし，その次元は偶数 $2m$ であるとしよう．A を V 上の正則交代双一次形式*) とし，A を不変にする一次変換すべての集合を $G(A)$ とすれば，$G(A)$ は $GL(V)$ の部分群である．線型代数学において知られているように，この A に対して V の基底 $\{e_1,\cdots,e_{2m}\}$ であって，

$$ A(e_i,e_j)=A(e_{m+i},e_{m+j})=0, $$
$$ A(e_i,e_{m+j})=\delta_{ij} \qquad (1\leqq i,j\leqq m) $$

となるものが存在する．この基底 $\{e_1,\cdots,e_{2m}\}$ を用いて同型対応 $GL(V)\to GL(2m,\mathbf{C})$ を定めるとき，$G(A)$ に対応する $GL(2m,\mathbf{C})$ の部分群はつぎの条件をみたす正則行列 α の全体からなる．

$$ {}^t\alpha J\alpha=J, \qquad ここに\quad J=\begin{pmatrix}0_m & -1_m\\ 1_m & 0_m\end{pmatrix}. $$

ただし，1_m, 0_m は m 次のそれぞれ単位行列，零行列を示している．この条件をみたす α のつくる群を**複素シンプレクティック群**とよび，$Sp(m,\mathbf{C})$ とかく．この群 $Sp(m,\mathbf{C})$ は $GL(2m,\mathbf{C})$ の閉部分群である．また，

$$ Sp(m,R)=Sp(m,\mathbf{C})\cap GL(2m,\mathbf{R}), $$
$$ Sp(m)=Sp(m,\mathbf{C})\cap U(2m) $$

とおき，これらをそれぞれ**実シンプレクティック群**，**シンプレクティック群**とよぶ．$Sp(m)$ はユニタリ群 $U(2m)$ の閉部分群だからコンパクトな群である．

以上，(実または複素)ベクトル空間 V の一般一次変換群と一般線型群の間の同型対応にもとづき，一般線型群のいろいろな部分群を導入した．これらの

*) V 上の双一次形式 $A(u,v)$ が交代形式とは $A(u,v)+A(v,u)=0\ (u,v\in V)$ がなりたつこととする．

中で $GL(n,\mathbf{C})$, $SL(n,\mathbf{C})$, $O(n)$, $U(n)$, $Sp(m,\mathbf{C})$ などの群は典型群とよばれることがあるが，典型群の範囲は確定していないようである．われわれは一般線型群の部分群を総称して**線型群**とよぶことにしよう．

2.2 ベキ級数

この節と次節では，$\mathbf{K}$ は実数の集合 $\mathbf{R}$ または複素数の集合 $\mathbf{C}$ を表わすこととする．文字 x に関する $\mathbf{K}$ 係数**形式的ベキ級数**，または単にベキ級数とは形式的な式

$$\sum_{p=0}^{\infty} a_p x^p = a_0x^0 + a_1x^1 + a_2x^2 + \cdots \tag{2.1}$$

のことである．ここに，$a_p \in \mathbf{K}$ $(p=0,1,\cdots)$ とする．有限個の p を除いて $a_p=0$ となる形式的ベキ級数は文字 x に関する $\mathbf{K}$ 係数の多項式と同一視することができる．

ここでは与えられた形式的ベキ級数の文字 x に $\mathbf{K}$ の元や，$\mathbf{K}$ の元を成分とする行列を代入して得られる級数の収束を論じよう．これらを統一的に取扱うためにつぎの概念を導入する．

定義 $\mathbf{K}$ 上のベクトル空間 $\mathbf{A}$ があり，2元 $\zeta,\eta\in\mathbf{A}$ に対して積 $\zeta\eta\in\mathbf{A}$ が定義されていてつぎの条件がみたされるとき，$\mathbf{A}$ を $\mathbf{K}$ **代数**(または $\mathbf{K}$ **多元環**)という．$\zeta,\eta,\xi\in\mathbf{A}$, $a\in\mathbf{K}$ のとき

(i) $\zeta(\eta\xi)=(\zeta\eta)\xi$,

(ii) $\zeta(\eta+\xi)=\zeta\eta+\zeta\xi$, $\quad (\zeta+\eta)\xi=\zeta\xi+\eta\xi$,

(iii) $a(\zeta\eta)=(a\zeta)\eta=\zeta(a\eta)$,

(iv) $\exists 1\in\mathbf{A};\ \zeta 1=1\zeta=\zeta \quad (\zeta\in\mathbf{A})$.

$\mathbf{K}$ 代数 $\mathbf{A}$ の**ノルム**とは，ベクトル空間 $\mathbf{A}$ のノルムであって，つぎの条件をみたすものである．$\zeta\in\mathbf{A}$ のノルムを $\|\zeta\|$ とするとき，

$$\|\zeta\eta\|\leq\|\zeta\|\,\|\eta\| \qquad (\zeta,\eta\in\mathbf{A})$$

がなりたつ．このノルムから定義される距離

$$d(\zeta,\eta)=\|\zeta-\eta\| \qquad (\zeta,\eta\in\mathbf{A})$$

に関して，$\mathbf{A}$ が完備な距離空間であるとき，すなわち $\mathbf{A}$ の点列 $\{\zeta_p\}$ が

$$d(\zeta_p, \zeta_q) \to 0 \qquad (p, q \to \infty)$$

をみたすならば収束するという性質をもつとき，与えられたノルムは**完備ノルム**であるという．

例 1 $\mathbf{A}=\mathbf{K}$ ($=\mathbf{R}$ または $\mathbf{C}$) は明らかに $\mathbf{K}$ 代数であって，$\mathbf{K}$ の元 z にその絶対値 $|z|$ を対応させれば，これは $\mathbf{K}$ の完備ノルムである．

例 2 $\mathbf{A}=M_n(\mathbf{K})$ ($\mathbf{K}$ の元を成分にもつ n 次正方行列すべての集合)，これは行列の和，スカラー倍，積を演算として $\mathbf{K}$ 代数である．$\alpha=(a_{ij})\in\mathbf{A}$ に対して

$$\|\alpha\|=\sqrt{\sum_{i,j}|a_{ij}|^2}$$

は $\mathbf{A}$ の一つの完備ノルムである．また

$$|||\alpha|||=n\max_{i,j}|a_{ij}|$$

とおくとき，これもまた $\mathbf{A}$ の完備ノルムを与えていることがわかる．いずれの場合にも，このノルムから得られる距離空間 $\mathbf{A}$ の位相は $M_n(\mathbf{K})$ を $\mathbf{K}^{n^2}$ と同一視して与えられる位相に等しい．(なお，今後の $M_n(\mathbf{K})$ についての議論は任意の完備ノルムを用いて成立する．)

定義 $\mathbf{A}$ をノルムをもつ $\mathbf{K}$ 代数とする．$\mathbf{A}$ の元 ζ_p を項とする級数

$$\sum_{p=0}^{\infty}\zeta_p=\zeta_0+\zeta_1+\cdots+\zeta_p+\cdots$$

が**収束**するとは，部分和 $\sum_{m=0}^{p}\zeta_m$ が $p\to\infty$ のとき距離空間 $\mathbf{A}$ の点列として1点 ζ に収束することとする．この場合 ζ をこの**級数の和**という．また，この級数に対して正項級数 $\sum_{p=0}^{\infty}\|\zeta_p\|$ が収束するとき，級数 $\sum\zeta_p$ は**絶対収束**するという．

$\mathbf{K}$ 代数 $\mathbf{A}$ のノルムが完備ノルムであるときには，絶対収束する級数は収束する．このことの証明は実数項級数に対する同じ主張の証明とまったく同様だから省略しよう．今後の議論で $\mathbf{K}$ 代数のノルムについて完備性を仮定するのは，級数の収束を示すのにもっぱらその絶対収束性によるからである．

A を完備ノルムをもつ **K** 代数とする．集合 Y において定義され **A** に値をとる関数 $u_p(y)$ を項とする級数

$$\sum_{p=0}^{\infty} u_p(y) = u_0(y) + u_1(y) + \cdots + u_p(y) + \cdots$$

が**正規収束**するとは，収束する正項級数 $\sum_{p=0}^{\infty} c_p$ があってすべての p について

$$\|u_p(y)\| \leqq c_p \qquad (y \in Y)$$

がなりたつこととする．このとき，各 $y \in Y$ に対して級数 $\sum_{p=0}^{\infty} u_p(y)$ は絶対収束し，したがってその和 $u(y)$ が存在する．そして，$q > m$ のとき，

$$\left\| u(y) - \sum_{p=0}^{m} u_p(y) \right\| \leqq \left\| u(y) - \sum_{p=0}^{q} u_p(y) \right\| + \sum_{p=m+1}^{q} \|u_p(y)\|$$

がなりたつ．ここで，右辺第1項は $q \to \infty$ のときいくらでも0に近づき，第2項は $\sum_{p=m+1}^{\infty} c_p$ で押さえられるから，

$$\left\| u(y) - \sum_{p=0}^{m} u_p(y) \right\| \leqq \sum_{p=m+1}^{\infty} c_p$$

がなりたつ．この右辺は $m \to \infty$ のときいくらでも 0 に近づくから，級数 $\sum_{p=0}^{\infty} u_p(y)$ はその和 $u(y)$ に一様収束することとなる．したがって，とくに Y が位相空間であって $u_p(y)$ が連続関数である場合，級数 $\sum_{p=0}^{\infty} u_p(y)$ が正規収束すればその和 $u(y)$ は連続関数である．

A を完備ノルムをもつ **K** 代数とする．**K** 係数形式的ベキ級数

$$\sum_{p=0}^{\infty} a_p x^p$$

が与えられたとき，**A** の元 ζ に対して $a_p \zeta^p$ を項とする級数

$$\sum_{p=0}^{\infty} a_p \zeta^p$$

をつくり，これを x に ζ を代入して得られた級数という．ただし，$a_0\zeta^0 = a_0$ とする．この級数はどんな場合に **A** において収束するであろうか．このための十分条件を与えるためにつぎの定義をおく．

定義　**K** 係数ベキ級数

$$F(x)=\sum_{p=0}^{\infty} a_p x^p$$

に対して，($r\geqq 0$ として) 正項級数

$$\sum |a_p| r^p$$

が収束するような r の上限を $F(x)$ の**収束半径**という．これを $\rho=\rho(F)$ とかくとき，ρ が無限大 ∞ となることを許して $\rho\geqq 0$ である．$\rho>0$ のとき $F(x)$ は**収束ベキ級数**であるという．

定理 2.1 $\mathbf{A}$ を完備ノルムをもつ $\mathbf{K}$ 代数とする．$\mathbf{K}$ 係数収束ベキ級数 $F(x)=\sum_{p=0}^{\infty} a_p x^p$ があり，その収束半径を $\rho>0$ とする．$F(x)$ の x に $\mathbf{A}$ の元 ζ を代入して得られる級数

$$\sum_{p=0}^{\infty} a_p \zeta^p$$

は $\mathbf{A}$ の領域 $\{\zeta;\ \|\zeta\|\leqq r\}$ において正規収束する．ただし，r は $0<r<\rho$ なる任意の正数である．$\mathbf{A}$ の領域 $\{\zeta;\ \|\zeta\|<\rho\}$ において，この級数の和として定義される関数

$$F(\zeta)=\sum_{p=0}^{\infty} a_p \zeta^p$$

は連続関数である．

証明 収束半径 ρ の定義により，$r<r_0<\rho$ なる正数 r_0 であって $\sum_{p=0}^{\infty}|a_p| r_0{}^p$ が収束するようなものが存在する．このとき，適当な $M>0$ をとれば $|a_p| r_0{}^p<M\ (p=0, 1, \cdots)$ が成立しなければならない．すると，$\|\zeta\|\leqq r$ である $\zeta\in\mathbf{A}$ に対して

$$\|a_p \zeta^p\|\leqq |a_p|\,\|\zeta\|^p\leqq |a_p| r^p<M(r/r_0)^p.$$

$\sum_{p=0}^{\infty} M(r/r_0)^p$ は収束する正項級数ゆえ，級数 $\sum_{p=0} a_p \zeta^p$ は領域 $\{\zeta;\ \|\zeta\|\leqq r\}$ において正規収束する．後半の主張は正規収束級数について注意したことから明らかである．(証終)

一般に形式的ベキ級数の収束半径，および収束ベキ級数が(上の定理により)定義する関数についてつぎの定理がある．その証明は $\mathbf{K}=\mathbf{C}$ の場合に関数論

のどの入門書にも書かれてあり，$\mathbf{K}=\mathbf{R}$ の場合もまったく同様だからここでは省略することにする．

定理 2.2　(1)　$\mathbf{K}$ 係数形式的ベキ級数　$F(x)=\sum_{p=0}^{\infty}a_px^p$　の収束半径を $\rho=\rho(F)$ とするとき，

$$1/\rho=\varlimsup_{p\to\infty}|a_p|^{1/p}$$

がなりたつ．また，$\lim_{p\to\infty}|a_{p+1}/a_p|$ が存在するときには，これも $1/\rho$ に等しい．ただし，$\rho=0,\ \infty$ のとき $1/\rho=\infty,\ 0$ とする．

(2)　$F(x)=\sum_{p=0}^{\infty}a_px^p$ に対して，形式的ベキ級数

$$F'(x)=\sum_{p=1}^{\infty}pa_px^{p-1}$$

をつくるとき，$\rho(F)=\rho(F')$ である．

(3)　$\mathbf{A}=\mathbf{K}$ ($=\mathbf{R}$ または $\mathbf{C}$) とし，ここに絶対値によるノルムを考える．収束ベキ級数 $F(x)$ に対して，$\{z\in\mathbf{K};\ |z|<\rho\}$ において定義され $\mathbf{K}$ に値をとる関数 $F(z)=\sum_{p=0}^{\infty}a_pz^p$ は微分可能な関数であって，

$$\frac{d}{dz}F(z)=F'(z)$$

がなりたつ．ここに，右辺は $F'(z)=\sum_{p=1}^{\infty}pa_pz^{p-1}$ によって与えられる関数である．

この定理の (2)，(3) から，つぎのことがわかる．$\mathbf{K}=\mathbf{C}$ のときも同様だから，$\mathbf{K}=\mathbf{R}$ としよう．実係数収束ベキ級数　$F(x)=\sum_{p=0}^{\infty}a_px^p$　により開区間 $(-\rho,\rho)$ で定義された実関数 $F(t)$ は何回でも微分可能な関数である．そして

$$a_p=\frac{1}{p!}\frac{d^pF}{dt^p}(0) \tag{2.2}$$

がなりたつ．この結果，2つの実係数収束ベキ級数 $F(x)$, $G(x)$ があり，これらが定義する実関数 $F(t)$, $G(t)$ が 0 を含む実数の十分小さな区間において一致するならば，形式的ベキ級数として $F(x)=G(x)$ であることがわかる．

例 3　形式的ベキ級数 $\exp x$ を

$$\exp x = \sum_{p=0}^{\infty} \frac{1}{p!} x^p$$

とおいて定義する．この収束半径は定理 2.1（1）により ∞ である．$\mathbf{A}=\mathbf{K}=\mathbf{R}$ の場合，この級数によって定義される関数は実数の指数関数 e^t に等しいことは微分学で周知の通りである．$\mathbf{A}=\mathbf{K}=\mathbf{C}$ の場合には，この級数の和として複素数 z の指数関数 e^z が全複素平面上で定義される．同様に，$\mathbf{K}=\mathbf{C}$, $\mathbf{A}=M_n(\mathbf{C})$ の場合にも，この級数によって $M_n(\mathbf{C})$ 上で定義され $M_n(\mathbf{C})$ に値をとる関数 exp を定義し，この関数を**行列の指数写像**という．すなわち，

$$\exp\alpha = \sum_{p=0}^{\infty} \frac{1}{p!} \alpha^p \qquad (\alpha \in M_n(\mathbf{C})) \tag{2.3}$$

とするのである．定理 2.1 により $\exp\alpha$ は α の連続関数である．

例 4 形式的ベキ級数

$$G(x) = \sum_{p=1}^{\infty} (-1)^{p-1} \frac{1}{p} x^p \tag{2.4}$$

を考えよう．このベキ級数の収束半径は定理 2.2（1）により 1 であることがわかる．$\mathbf{A}=\mathbf{K}=\mathbf{R}$ のとき，この級数の和として区間 $(-1,1)$ で定義される関数は $\log(1+t)$ に等しい．ここに log は対数関数を示す．$\mathbf{A}=\mathbf{K}=\mathbf{C}$ のとき，この級数の x に z を代入したものの和は $|z|<1$ において複素数 $1+z$ の対数 $\log(1+z)$ の主値を与える．$\mathbf{K}=\mathbf{C}$, $\mathbf{A}=M_n(\mathbf{C})$ の場合にも，$\beta \in M_n(\mathbf{C})$ が $\|\beta\|<1$ のとき $\log(1_n+\beta)$ をこの級数の和として定義しよう．すなわち，$\|\alpha-1_n\|<1$ (1_n は単位行列)なる $\alpha \in M_n(\mathbf{C})$ に対して $\log\alpha \in M_n(\mathbf{C})$ を

$$\log\alpha = G(\alpha-1_n) = \sum_{p=1}^{\infty} \frac{(-1)^{p-1}}{p} (\alpha-1_n)^p \tag{2.5}$$

とおいて定義する．この写像 log を**行列の対数写像**とよぶ．定理 2.1 により $\log\alpha$ は $\|\alpha-1_n\|<1$ において定義された α の連続関数である．

一般に，複素係数ベキ級数 $F(x)=\sum_{p=0}^{\infty} a_p x^p$ が与えられ，$\alpha \in M_n(\mathbf{C})$ に対して級数

$$\sum_{p=0}^{\infty} a_p \alpha^p$$

が $M_n(\mathbf{C})$ において収束するとし，その和を $F(\alpha)$ としよう．このとき，x に α の転置行列 ${}^t\alpha$ を代入して得られる級数もまた収束し，その和を $F({}^t\alpha)$ とすれば

(2.6)
$$F({}^t\alpha)={}^tF(\alpha)$$

がなりたつ．なぜならば，

$$\sum_{m=0}^{p} a_m({}^t\alpha)^m={}^t\left(\sum_{m=0}^{p} a_m\alpha^m\right) \qquad (p\geqq 0)$$

がなりたち，右辺は $p\to\infty$ のとき ${}^tF(\alpha)$ に収束するからである．同様に，$\sigma\in GL(n,\mathbf{C})$ として x に $\sigma^{-1}\alpha\sigma$ を代入して得られる級数も収束し，その和について

(2.7)
$$F(\sigma^{-1}\alpha\sigma)=\sigma^{-1}F(\alpha)\sigma$$

がなりたつ．さらに，ベキ級数 $\sum_{p=0}^{\infty} a_p x^p$ の係数 a_p がすべて実数ならば，同じ仮定のもとで x に α の共役行列 $\bar{\alpha}$ を代入して得られる級数は収束し，その和について

(2.8)
$$F(\bar{\alpha})=\overline{F(\alpha)}$$

がなりたつことがわかる．

いま，V を $\mathbf{K}$ 上の有限次元ベクトル空間とするとき，V の一次変換の全体 End (V) は $\mathbf{K}$ 代数をつくる．§2.1 のはじめに述べた全単射 φ : End $(V)\to M_n(\mathbf{K})$ を用いて End (V) に $M_n(\mathbf{K})$ の位相を移すとき，$\mathbf{K}$ 係数の形式的ベキ級数 $F(x)=\sum_{p=0}^{\infty} a_p x^p$ の x に一次変換 T を代入して得られる級数の収束性を論じることができる．しかしながら，この位相の定義によりこの級数が収束するのは，$F(x)$ の x に行列 $\varphi(T)$ を代入して得られる級数が収束するときかつそのときに限る．したがって，本節の結果を用いて，一次変換に対しても指数写像などを定義することができる．

2.3　ベキ級数の和，積および合成

前節に続いて，$\mathbf{K}$ は $\mathbf{R}$ または $\mathbf{C}$ を表わすものとする．文字 x に関する $\mathbf{K}$ 係数形式的ベキ級数の全体を $\mathbf{K}[[x]]$ と記することとする．その元を

$$\sum_{p=0}^{\infty} a_p x^p \qquad (a_p \in \mathbf{K},\ p=0, 1, \cdots)$$

と表わすこととし，$\mathbf{K}[[x]]$ の 2 つの元の和，$\mathbf{K}$ の元によるスカラー積，および 2 つの元の積をそれぞれつぎの式によって形式的に定義する．

$$\left(\sum_{p=0}^{\infty} a_p x^p\right)+\left(\sum_{p=0}^{\infty} b_p x^p\right)=\sum_{p=0}^{\infty} c_p x^p \qquad (c_p=a_p+b_p),$$

$$c\left(\sum_{p=0}^{\infty} a_p x^p\right)=\sum_{p=0}^{\infty} (ca_p) x^p,$$

$$\left(\sum_{p=0}^{\infty} a_p x^p\right)\left(\sum_{p=0}^{\infty} b_p x^p\right)=\sum_{p=0}^{\infty} c_p x^p \qquad \left(c_p=\sum_{r=0}^{p} a_r b_{p-r}\right).$$

これらの演算に関して $\mathbf{K}[[x]]$ は $\mathbf{K}$ 代数をつくる．そのベクトル空間としての零元 0 はすべての p について $a_p=0$ となるベキ級数 $\sum_{p=0}^{\infty} a_p x^p$ であり，その単位元 1 は $a_0=1,\ a_p=0\,(p \geqq 1)$ となるベキ級数 $\sum_{p=0}^{\infty} a_p x^p$ である．また積は可換である．すなわち，$\mathbf{K}[[x]]$ の 2 元を F, G とかくとき，$FG=GF$ がなりたつ．

問 1　ここに述べたことを確かめよ．とくに，$\mathbf{K}[[x]]$ において，積が結合法則をみたすのはなぜか．

有限個の p を除いて $a_p=0$ となる形式的ベキ級数を $\mathbf{K}$ の元を係数にもつ多項式と同一視するならば，$\mathbf{K}[[x]]$ は $\mathbf{K}$ 係数の多項式の全体のつくる $\mathbf{K}$ 代数 $\mathbf{K}[x]$ を含んでいるものと考えられる．

形式的ベキ級数 $F(x)=\sum_{p=0} a_p x^p$ の位数とは $F \neq 0$ のときには，$a_p \neq 0$ なる最小の整数 p のこととし，$F=0$ のときは無限大 ∞ とする．$F(x)$ の位数を $\mathrm{ord}\,(F)$ と表わすとき $F, G \in \mathbf{K}[[x]]$ に対して，

(2.9)　$$\mathrm{ord}\,(FG)=\mathrm{ord}\,(F)+\mathrm{ord}\,(G)$$

がなりたつ．

問 2　これを証明せよ．

いま，$\{F_i(x)\}$ を $\mathbf{K}[[x]]$ に属する形式的ベキ級数の族とし，任意の自然数 k に対して $\mathrm{ord}\,(F_i)<k$ なる F_i の個数は有限個であるとしよう．

$$F_i(x)=\sum_{p=0}^{\infty}a_{p,i}x^p$$

とするとき，$\{F_i(x)\}$ の和

$$F(x)=\sum_{p=0}^{\infty}a_px^p$$

を $a_p=\sum_i a_{p,i}$ とおいて定義することができる．この定義を用いれば，形式的ベキ級数 $\sum_{p=0}^{\infty}a_px^p$ は単項式 $a_px^p\,(p=0,1,2,\cdots)$ の和に等しい．ここに，単項式 a_px^p とは形式的ベキ級数 $\sum_{q=0}^{\infty}a_qx^q$ で $q\neq p$ のとき $a_q=0$ となるものを示す．形式的ベキ級数の表示

$$\sum_{p=0}^{\infty}a_px^p=a_0x^0+a_1x^1+\cdots+a_px^p+\cdots$$

の右辺はこの意味の和を表わしていると考えられる．

文字 x の形式的ベキ級数 $F(x)=\sum_{p=0}^{\infty}a_px^p$ と文字 y の形式的ベキ級数 $G(y)=\sum_{p=0}^{\infty}b_py^p$ が与えられたとき，$\mathrm{ord}\,(G)\geqq 1$，すなわち $b_0=0$ なる条件のもとに，$F(x)$ の x に $G(y)$ を代入して得られるベキ級数 $F(G(y))$ をつぎのように定義する．各単項式 a_px^p に対して形式的ベキ級数の積 $a_p(G(y))^p$ をつくるならば，$b_0=0$ であるから，(2.9) によりその位数は p 以上である．したがって，$a_p(G(y))^p\,(p=0,1,2,\cdots)$ は和をもち，この和を

$$F(G(y))=\sum_{p=0}^{\infty}a_p(G(y))^p$$

とするのである．この形式的ベキ級数 $F(G(y))$ を F と G の**合成**とよび，その文字 y を明示する必要のないときには，これを $F\circ G$ と表わすことにする．合成という演算についてはつぎの関係式がなりたつ．$F_1(x),\ F_2(x)\in\mathbf{K}[[x]]$，$a,b\in\mathbf{K}$，$G(y)\in\mathbf{K}[[y]]$，$\mathrm{ord}\,(G)\geqq 1$ のとき，

$$(2.10)\qquad\left\{\begin{aligned}(aF_1+bF_2)\circ G&=a(F_1\circ G)+b(F_2\circ G),\\(F_1F_2)\circ G&=(F_1\circ G)(F_2\circ G),\\1\circ G&=1.\end{aligned}\right.$$

すなわち，G による合成をつくることは $\mathbf{K}[[x]]$ から $\mathbf{K}[[y]]$ への和，積を

保ち，1を1に写す写像である．

問 3 これらの関係式をを証明せよ．

さて，この節の定理は要約していえばつぎのことを主張している．ここに定義した$\mathbf{K}[[x]]$における演算――和，積，合成――に関して収束ベキ級数の集合は閉じている．また，$\mathbf{A}$を完備ノルムをもつ$\mathbf{K}$代数とするとき，収束ベキ級数のxに$\mathbf{A}$の元を代入して和をつくる操作はこれらの演算と可換である．

定理 2.3 $A(x)$, $B(x)$を$\mathbf{K}$係数収束ベキ級数とし，それらの収束半径がいずれも$\geqq\rho$とする($\rho>0$).

$$F(x)=A(x)+B(x),$$
$$G(x)=A(x)B(x)$$

とおくとき，$F(x)$, $G(x)$の収束半径はいずれも$\geqq\rho$である．また，完備ノルムをもつ$\mathbf{K}$代数$\mathbf{A}$の元ζを$\|\zeta\|<\rho$なるものとし，$A(x)$, $B(x)$, $F(x)$, $G(x)$のxにζを代入して得られる級数の和をそれぞれ$A(\zeta)$, $B(\zeta)$, $F(\zeta)$, $G(\zeta)$とするとき，

$$F(\zeta)=A(\zeta)+B(\zeta), \qquad G(\zeta)=A(\zeta)B(\zeta)$$

がなりたつ．

証明

$$A(x)=\sum_{p=0}^{\infty}a_px^p, \qquad B(x)=\sum_{p=0}^{\infty}b_px^p,$$
$$F(x)=\sum_{p=0}^{\infty}c_px^p, \qquad G(x)=\sum_{p=0}^{\infty}d_px^p$$

とおくとき，

$$c_p=a_p+b_p, \qquad d_p=\sum_{k=0}^{p}a_kb_{p-k}$$

である．$r<\rho$のとき，任意の自然数mに対して，

$$\sum_{p=0}^{m}|c_p|r^p\leqq\sum_{p=0}^{m}|a_p|r^p+\sum_{p=0}^{m}|b_p|r^p,$$
$$\sum_{p=0}^{m}|d_p|r^p\leqq\sum_{p=0}^{m}\sum_{k=1}^{p}|a_k||b_{p-k}|r^p\leqq\left(\sum_{p=0}^{m}|a_p|r^p\right)\left(\sum_{p=0}^{m}|b_p|r^p\right).$$

右辺は $m\to\infty$ のとき収束するから，左辺も収束する．ゆえに $F(x)$, $G(x)$ の収束半径は $\geqq\rho$ である．

後半の第1の主張は，

$$F(\zeta)=\lim_{m\to\infty}\sum_{p=0}^{m}(a_p+b_p)\zeta^p$$

$$=\lim_{m\to\infty}\sum_{p=0}^{m}a_p\zeta^p+\lim_{m\to\infty}\sum_{p=0}^{m}b_p\zeta^p=A(\zeta)+B(\zeta)$$

によって明らかである．第2の主張は $\|\zeta\|<r$ のとき $A(\zeta)=\sum_{p=0}^{\infty}a_p\zeta^p$, $B(\zeta)=\sum_{p=0}^{\infty}b_p\zeta^p$ はいずれも絶対収束する級数の和であるから，つぎの補題によってわかる． (証終)

補題 2.4 完備ノルムをもつ **K** 代数 **A** の元を項とする級数 $\sum_{p=0}^{\infty}\zeta_p$, $\sum_{p=0}^{\infty}\eta_p$ がいずれも絶対収束するとし，その和を σ, τ とする．このとき，

$$\xi_p=\sum_{k=0}^{p}\zeta_k\eta_{p-k}$$

とおいて定義される級数 $\sum_{p=0}^{\infty}\xi_p$ も絶対収束し，その和は積 $\sigma\tau$ に等しい．

証明 整数 $q\geqq 0$ に対して $s_q=\sum_{p=q}^{\infty}\|\zeta_p\|$, $t_q=\sum_{p=q}^{\infty}\|\eta_p\|$ とおく．

$$\sum_{p=0}^{m}\|\xi_p\|\leqq\sum_{p=0}^{m}\sum_{k=0}^{p}\|\zeta_k\|\|\eta_{p-k}\|$$

$$\leqq\left(\sum_{p=0}^{m}\|\zeta_p\|\right)\left(\sum_{p=0}^{m}\|\eta_p\|\right)\leqq s_0t_0$$

が任意の $m\geqq 0$ についてなりたつから，$\sum_{p=0}^{\infty}\xi_p$ は絶対収束する．

$$\left\|\sum_{p=0}^{2q}\xi_p-\left(\sum_{p=0}^{q}\zeta_p\right)\left(\sum_{p=0}^{q}\eta_p\right)\right\|\leqq\sum_{\substack{k,\,l\leqq 2q\\ \max(k,\,l)>q}}\|\zeta_k\|\|\eta_l\|$$

$$\leqq s_0t_{q+1}+s_{q+1}t_0.$$

ここで右辺は $q\to\infty$ のとき 0 に近づくから，これから容易に $\sum_{p=0}^{\infty}\xi_p$ の和は積 $\sigma\tau$ に等しいことがわかる． (証終)

定理 2.5 **K** 係数収束ベキ級数

$$F(x)=\sum_{p=0}^{\infty}a_px^p, \qquad G(x)=\sum_{p=0}^{\infty}b_px^p$$

があり，ここで $\mathrm{ord}(G)\geqq 1$ とし，$H=F\circ G$ とおく．これらの収束半径を $\rho(F)$, $\rho(G)$, $\rho(H)$ とするとき，つぎのことがなりたつ．

（1） $r>0$ を十分 0 に近くとれば

$$\sum_{p=0}^{\infty}|b_p|r^p<\rho(F)$$

がなりたち，このとき $r\leqq\rho(G)$ かつ $r\leqq\rho(H)$ である．したがって，H は収束ベキ級数である．

（2） **A** を完備ノルムをもつ **K** 代数とし，$\zeta\in\mathbf{A}$ は $\|\zeta\|<r$ をみたす元とする．ここに，r は（1）の条件をみたす正数である．このとき，$\|G(\zeta)\|<\rho(F)$ であって，

$$H(\zeta)=F(G(\zeta))$$

がなりたつ．

証明 （1） $\rho(G)>0$ であるから，$0<r_0<\rho(G)$ のとき $\sum_{p=0}^{\infty}|b_p|r_0{}^p$ は収束する．仮定により $b_0=0$ だから $(1/r_0)\sum_{p=1}^{\infty}|b_p|r_0{}^p=\sum_{p=1}^{\infty}|b_p|r_0{}^{p-1}$ も収束し，その和を M とするとき $r\leqq r_0$ ならば $\sum_{p=1}^{\infty}|b_p|r^{p-1}\leqq M$ である．すると，$r\leqq r_0$ のとき

$$\sum_{p=1}^{\infty}|b_p|r^p=r\sum_{p=1}^{\infty}|b_p|r^{p-1}\leqq rM$$

であり，この右辺は $r\to 0$ のとき 0 に近づくから，r を十分小さくとれば $\sum_{p=1}^{\infty}|b_p|r^p<\rho(F)$ がなりたつ．このとき，明らかに $r\leqq\rho(G)$ かつ

$$\sum_{p=0}^{\infty}|a_p|\left(\sum_{k=1}^{\infty}|b_k|r^k\right)^p<\infty$$

である．この左辺を r のベキ級数の合成とみてこれを展開したものを $\sum_{q=0}^{\infty}d_qr^q$ $(d_q\geqq 0)$ としよう．$H(x)=\sum_{p=0}^{\infty}c_px^p$ とすれば，容易にわかるように $|c_p|\leqq d_p$

がなりたち，したがって

$$\sum_{p=0}^{\infty}|c_p|r^p<\infty$$

である．ゆえに $r\leqq\rho(H)$ が証明された．

（2） $\|\zeta\|<r$ のとき $\|\zeta\|<\rho(G)$ であり，$G(\zeta)=\sum_{p=1}^{\infty}b_p\zeta^p$ について

$$\|G(\zeta)\|\leqq\sum_{p=1}^{\infty}|b_p|\|\zeta\|^p<\sum_{p=1}^{\infty}|b_p|r^p<\rho(F)$$

である．ゆえに，$F(G(\zeta))$ が定義できる．また，$\|\zeta\|<r\leqq\rho(H)$ だから $H(\zeta)$ も定義可能である．そこで

$$F_m(x)=\sum_{p=0}^{m}a_px^p,$$

$$H_m=F_m\circ G$$

とおく．有限和 $\sum_{p=0}^{m}a_pG(x)^p$ の収束半径は $\rho(G)$ より小さくなく，かつ $\|\zeta\|<r$ のときこの級数の x に ζ を代入して得られる級数は $\sum_{p=0}^{m}a_pG(\zeta)^p$ を和としてもつ[定理 2.3]．すなわち，

$$H_m(\zeta)=F_m(G(\zeta)) \tag{2.11}$$

である．この右辺は $F(x)$ の x に $G(\zeta)$ を代入して得られる級数の部分和であるから，

$$F(G(\zeta))=\lim_{m\to\infty}F_m(G(\zeta)) \tag{2.12}$$

である．一方，(2.10) によれば，

$$H-H_m=(F-F_m)\circ G$$

であるが，このベキ級数の x^p の係数の絶対値を考えると，それは r に関するつぎのベキ級数の r^p の係数よりも小さくない．((1) の証明の後半を参照のこと.)

$$\sum_{q=m+1}^{\infty}|a_q|\Bigl(\sum_{k=1}^{\infty}|b_k|r^k\Bigr)^p.$$

したがって，$\|\zeta\|<r$ のとき

$$\|H(\zeta)-H_m(\zeta)\| \leqq \sum_{p=m+1}^{\infty} |a_p| \left(\sum_{k=1}^{\infty} |b_k| r^k \right)^p$$

がなりたつ．$\sum_{k=1}^{\infty}|b_k|r^k<\rho(F)$ であるから，この右辺は $m\to\infty$ のとき 0 に近づく．よって (2.11)，(2.12) と合わせて

$$H(\zeta)=\lim_{m\to\infty} H_m(\zeta)=\lim_{m\to\infty} F_m(G(\zeta))=F(G(\zeta))$$

を得る．これで（2）が証明された． (証終)

例題 1 $\mathbf{K}[[x]]$ の元 $F(x)=\sum_{p=0}^{\infty} a_p x^p$ に対して

$$F(x)G(x)=1$$

となる元 $G(x)$（これを $F(x)$ の逆元という）が存在するのは $a_0 \neq 0$ のとき，かつそのときに限る．この場合，もし $F(x)$ が収束ベキ級数ならば，$G(x)$ もそうである．

解 $G(x)=\sum_{p=0} b_p x^p$ があり，$F(x)G(x)=1$ であれば，$a_0 b_0=1$ であるから，$a_0 \neq 0$ である．逆を証明するためには，$\mathbf{K}[[x]]$ において

(2.13) $$(1-x)(1+x+x^2+\cdots)=1$$

がなりたつことを用いる．いま，$a_0 \neq 0$ とすれば，$F_1(x)=a_0^{-1}F(x)$ とするとき，$F_1(x)$ は

$$F_1(x)=1-H(x)$$

と表わされる．ここに $\mathrm{ord}(H(x)) \geqq 1$ であるから，

$$G_1(x)=\sum_{p=0}^{\infty}(H(x))^p$$

が定義される．(2.13) の x に $H(x)$ を代入すれば，

$$F_1(x)G_1(x)=1$$

がなりたち[(2.10)]，$G(x)=a_0 G_1(x)$ は $F(x)G(x)=1$ をみたす $\mathbf{K}[[x]]$ の元である．

つぎに，$F(x)$ の収束半径 >0 のとき，上の議論に現われた $F_1(x)$，$H(x)$ の収束半径 >0 である．$G_1(x)$ は収束半径 1 のベキ級数 $\sum_{p=0}^{\infty} x^p$ の x に $H(x)$ を代入して得られたから，定理 2.5（1）によりその収束半径 >0 である．ゆ

えに $G(x)=a_0G_1(x)$ についても同様である．　(以上)

定理 2.6　**K** 係数形式的ベキ級数

$$F(x)=\exp x-1=\sum_{p=1}^{\infty}\frac{1}{p!}x^p,$$

$$G(x)=\sum_{p=1}^{\infty}\frac{(-1)^{p-1}}{p}x^p$$

に対して

$$F\circ G=G\circ F=x$$

である．ここに x は単項式 $1x^1$ を示す．($\exp x$, $G(x)$ は (2.3), (2.4) に定義した形式的ベキ級数である.)

証明　定理 2.2 により $\rho(F)=\infty$, $\rho(G)=1$ である．定理 2.5 (2) を $\mathbf{A}=\mathbf{K}=\mathbf{R}$ として適用すれば $|t|<1$ のとき $F(G(t))$, $(F\circ G)(t)$ が定義されてこの 2 つは等しい．しかるに，前節例 1, 2 に述べたように，t の関数として $F(t)=e^t-1$, $G(t)=\log(1+t)$ であって，対数関数と指数関数は互いに逆関数だから

$$F(G(t))=e^{\log(1+t)}-1=t$$

となる．これは $H(x)=x$ とすれば，$|t|<1$ のとき

$$(F\circ G)(t)=F(G(t))=H(t)$$

がなりたつことを示している．(2.2) のすぐ下に述べたように，このとき形式的ベキ級数として $F\circ G=H$ がなりたつ．同様にして $G\circ F=H$ がわかる．

(証終)

定理 2.5 と定理 2.6 により，行列の指数写像 exp と対数写像 log [§2.2 例 3, 4] は，つぎの意味で局所的に互いに逆写像であることを知る．F, G を定理 2.6 のベキ級数とする．$0<r<\log 2$ のとき

$$\sum_{p=1}^{\infty}\frac{1}{p!}r^p=e^r-1<1=\rho(G)$$

であるから，$\alpha\in M_n(\mathbf{C})$ が $\|\alpha\|<\log 2$ であれば ($\|\alpha\|<r<\log 2$ となる r が存在するから)，定理 2.5, 2.6 により，

$$\log(\exp\alpha)=G(\exp\alpha-1_n)=G(F(\alpha))=\alpha$$

がなりたつ．ゆえに，$M_n(\mathbf{C})$ の零点 0_n の近傍 N_0 を

$$N_0=\{\alpha\in M_n(\mathbf{C});\ \|\alpha\|<\log 2\}$$

とすれば，指数写像 exp は N_0 において単射であり，その逆写像は対数写像によって与えられる．明らかに $\exp 0_n=1_n$ である．また，$0<r<1$ のとき

$$\sum_{p=1}^{\infty}\left|\frac{(-1)^{p-1}}{p}\right|r^p=\sum_{p=1}^{\infty}\frac{r^p}{p}=-\log(1-r)<\infty=\rho(F)$$

であるから，$\|\alpha-1_n\|<1$ のとき，定理 2.5, 2.6 を用いることができて，その結果

$$\exp(\log\alpha)=F(G(\alpha-1_n))+1_n=(\alpha-1_n)+1_n=\alpha$$

がなりたつ．そして $\|\alpha-1_n\|<1/2$ のときには

$$\|\log\alpha\|=\|G(\alpha-1_n)\|\leqq\sum_{p=1}^{\infty}\|\alpha-1_n\|^p/p=-\log(1-\|\alpha-1_n\|)$$
$$<-\log(1/2)=\log 2$$

である．したがって，

$$U=\{\alpha\in M_n(\mathbf{C});\ \|\alpha-1_n\|<1/2\}$$

とおき，$N=\log U$ とすれば，$N\subset N_0$, $\exp N=U$，また exp は N_0 で単射だから $N=N_0\cap\exp^{-1}(U)$ となり N は $M_n(\mathbf{C})$ において 0_n の近傍となる．以上をまとめてつぎの補題が得られた．

補題 2.7 n 次複素正方行列のつくるベクトル空間 $M_n(\mathbf{C})$ の零元 0_n の近傍 N を適当にとれば，指数写像 exp は N を単位行列 $1_n=\exp 0_n$ の近傍 U の上に1対1に写し，その逆写像は対数写像 log によって与えられる．したがって，N と U は同相である．

2.4 行列の指数写像

定理 2.8 指数写像 $\exp: M_n(\mathbf{C})\to M_n(\mathbf{C})$ についてつぎの性質がなりたつ．$\alpha,\beta\in M_n(\mathbf{C})$ とし

(1) $\exp 0_n=1_n$ （0_n は零行列，1_n は単位行列），

(2) $\exp{}^t\alpha={}^t(\exp\alpha)$,

（3） $\exp(\sigma^{-1}\alpha\sigma)=\sigma^{-1}(\exp\alpha)\sigma \qquad (\sigma\in GL(n,\mathbf{C}))$,

（4） $\exp\bar{\alpha}=\overline{\exp\alpha}$,

（5） $\alpha\beta=\beta\alpha \Rightarrow \exp(\alpha+\beta)=\exp\alpha\exp\beta$,

（6） $\exp\alpha\in GL(n,\mathbf{C})$，そして $(\exp\alpha)^{-1}=\exp(-\alpha)$,

（7） $\det(\exp\alpha)=e^{\mathrm{Tr}\,\alpha} \qquad$ ($\mathrm{Tr}\,\alpha$ は α の対角元の和).

証明 （1）は定義から明白である．（2），（3），（4）は (2.6), (2.7), (2.8) の特別の場合にすぎない．（5）を証明しよう．

$$\exp(\alpha+\beta)=\sum_{p=0}^{\infty}\frac{1}{p!}(\alpha+\beta)^p$$

において，一般項は $\alpha\beta=\beta\alpha$ のとき，

$$\begin{aligned}\frac{1}{p!}(\alpha+\beta)^p&=\frac{1}{p!}\sum_{k=0}^{p}\frac{p!}{k!(p-k)!}\alpha^k\beta^{p-k}\\&=\sum_{k=0}^{p}\left(\frac{1}{k!}\alpha^k\right)\left(\frac{1}{(p-k)!}\beta^{p-k}\right).\end{aligned}$$

これは $\exp(\alpha+\beta)$ を定義する級数が，$M_n(\mathbf{C})$ において絶対収束する2つの級数

$$\exp\alpha=\sum_{p=0}^{\infty}\frac{1}{p!}\alpha^p, \qquad \exp\beta=\sum_{p=0}^{\infty}\frac{1}{p!}\beta^p$$

から，補題2.4の操作でつくった級数に等しいことを示している．ゆえに，この補題により $\exp(\alpha+\beta)=\exp\alpha\exp\beta$ がなりたつ．（6）は（1），（5）により

$$\exp(-\alpha)\exp\alpha=\exp\alpha\exp(-\alpha)=\exp 0_n=1_n$$

となるからである．

（7）を n に関する帰納法で証明する．$n=1$ のとき明白である．$M_{n-1}(\mathbf{C})$ において（7）が成立したとする．ベクトル空間 $\mathbf{C}^n$ の一次変換と，それを $\mathbf{C}^n$ の自然な基底 $\{e_1,\cdots,e_n\}$ に関して表わす行列とを同一視することとし，$\alpha\in M_n(\mathbf{C})$ の固有値の一つを c とすれば，$\mathbf{C}^n$ の適当な元 $u\neq 0$ に対して $\alpha u=cu$ がなりたつ．$\mathbf{C}^n$ の正則一次変換 σ を $\sigma e_1=u$ となるように選ぶとき，$\sigma^{-1}\alpha\sigma e_1=ce_1$ となるから，行列 $\sigma^{-1}\alpha\sigma$ は

$$\begin{pmatrix} c & * & \cdots & * \\ 0 & & & \\ \vdots & & \alpha' & \\ 0 & & & \end{pmatrix}$$

なる形である．ここに $\alpha'\in M_{n-1}(\mathbf{C})$ である．(3) および exp の定義により

$$\sigma^{-1}(\exp\alpha)\sigma=\exp(\sigma^{-1}\alpha\sigma)$$

$$=\exp\begin{pmatrix} c & * & \cdots & * \\ 0 & & & \\ \vdots & & \alpha' & \\ 0 & & & \end{pmatrix}=\begin{pmatrix} e^c & * & \cdots & * \\ 0 & & & \\ \vdots & & \exp\alpha' & \\ 0 & & & \end{pmatrix}$$

となるから，両辺の行列式をとり帰納法の仮定を用いれば，

$$\det(\exp\alpha)=e^c\det(\exp\alpha')$$
$$=e^c e^{\mathrm{Tr}\,\alpha'}=e^{c+\mathrm{Tr}\,\alpha'}$$
$$=e^{\mathrm{Tr}\,(\sigma^{-1}\alpha\sigma)}=e^{\mathrm{Tr}\,\alpha}.$$

これで定理 2.8 はすべて証明された．　(証終)

定理 2.9　指数写像 $\exp : M_n(\mathbf{C})\to M_n(\mathbf{C})$ により，$M_n(\mathbf{C})$ の零元 0_n の適当な近傍 N が一般線型群 $GL(n,\mathbf{C})$ の単位元 1_n の近傍 U に全単射かつ同相に写され，その際 $1_n=\exp 0_n$ かつ逆写像は対数写像 log によって与えられる．

証明　定理 2.7 (6) により $\exp(M_n(\mathbf{C}))\subset GL(n,\mathbf{C})$ となることに注意すれば，補題 2.7 から直ちにわかる．　(証終)

いま，$\alpha\in M_n(\mathbf{C})$ に対して，$GL(n,\mathbf{C})$ の中で

$$g(t)=\exp t\alpha \qquad (t\in\mathbf{R})$$

とおくと，写像 $t\to g(t)$ は明らかに $\mathbf{R}$ から $GL(n,\mathbf{C})$ への連続写像である．また，定理 2.8 (5) により

$$g(t+s)=g(t)g(s) \qquad (t,s\in\mathbf{R})$$

がなりたつ．ゆえに，$t\to g(t)$ は位相群とみた実数の加群 $\mathbf{R}$ から一般線型群 $GL(n,\mathbf{C})$ への連続準同型写像である．これを α が定義する $GL(n,\mathbf{C})$ の 1 パ

ラメーター部分群という．$\alpha, \beta \in M_n(\mathbf{C})$ が定義する $GL(n, \mathbf{C})$ の１パラメーター部分群が同一のものであれば，$\alpha=\beta$ である．なぜならば，t を十分 0 に近くとるとき，$t\alpha$, $t\beta$ はともに定理 2.8 に述べた $M_n(\mathbf{C})$ の零元 0_n の近傍 N にあるとしてよく，仮定により $\exp t\alpha=\exp t\beta$ であるから，この定理によって $t\alpha=t\beta$ となり，したがって $\alpha=\beta$ がなりたつ．

つぎの定理は重要な線型群に対しても，定理 2.9 と類似の主張がなりたつことを示す．このために，つぎのようにおく．

$$M_n(\mathbf{R})=\{\alpha\in M_n(\mathbf{C});\ \bar{\alpha}=\alpha\},$$
$$M^S=\{\alpha\in M_n(\mathbf{C});\ \mathrm{Tr}\,\alpha=0\},$$
$$M^{sh}=\{\alpha\in M_n(\mathbf{C});\ {}^t\bar{\alpha}+\alpha=0_n\},$$
$$M^s=\{\alpha\in M_n(\mathbf{C});\ {}^t\alpha+\alpha=0_n\},$$
$$M^{\varepsilon(r,n-r)}=\{\alpha\in M_n(\mathbf{R});\ {}^t\alpha\varepsilon_{r,n-r}+\varepsilon_{r,n-r}\alpha=0_n\},$$
$$M^J=\{\alpha\in M_n(\mathbf{C});\ {}^t\alpha J+J\alpha=0_n\}\qquad(n=2m).$$

ただし，J および $\varepsilon_{r,n-r}$ は §4.1 に定義した行列である．ここにあげた集合はいずれも複素ベクトル空間 $M_n(\mathbf{C})$ の係数域 $\mathbf{C}$ を $\mathbf{R}$ に制限して得られた実ベクトル空間 $M_n(\mathbf{C})_{\mathbf{R}}$ の部分空間である．

定理 2.10　G をつぎの表にあげた線型群の一つとし，$\mathfrak{g}$ を同じ表で G に対応する $M_n(\mathbf{C})_{\mathbf{R}}$ の部分空間とする．このとき，指数写像は $\mathfrak{g}$ を G の中に写し，しかも $\mathfrak{g}$ の零元 0_n のある近傍 V から G の単位元 1_n の近傍 U への同相写像を定義する．したがって，G の単位元はこの表で d として表示されている次元の実ベクトル空間 $\mathbf{R}^d$ の開集合と同相な近傍をもつ．また，どの場合にも

$$\mathfrak{g}=\{\alpha\in M_n(\mathbf{C});\ \exp t\alpha\in G\ (t\in\mathbf{R})\}$$

がなりたつ．

G		$\mathfrak{g}$	d
特殊線型群	$SL(n, \mathbf{C})$	M^S	$2n^2-2$
ユニタリ群	$U(n)$	M^{sh}	n^2

特殊ユニタリ群 $SU(n)$		$M^S \cap M^{sh}$	n^2-1
実一般線型群 $GL(n, \mathbf{R})$		$M_n(\mathbf{R})$	n^2
実特殊線型群 $SL(n, \mathbf{R})$		$M^S \cap M_n(\mathbf{R})$	n^2-1
直　交　群 $O(n)$		$M^s \cap M_n(\mathbf{R})$	$n(n-1)/2$
回　転　群 $SO(n)$		$M^s \cap M^S \cap M_n(\mathbf{R})$	$n(n-1)/2$
複素直交群 $O(n, \mathbf{C})$		M^s	$n(n-1)$
群 $O(r, n-r)$		$M^{s(r,n-r)}$	$n(n-1)/2$
複素シンプレクティック群 $Sp(m, \mathbf{C})$ $(n=2m)$		M^J	$2(2m^2+m)$
シンプレクティック群 $Sp(m)$ $(n=2m)$		$M^J \cap M^{sh}$	$2m^2+m$
実シンプレクティック群 $Sp(m, \mathbf{R})$ $(n=2m)$		$M^J \cap M_n(\mathbf{R})$	$2m^2+m$

証明 $M_n(\mathbf{C})$ の零元 0_n の近傍 N_1 を指数写像 exp により N_1 が $GL(n, \mathbf{C})$ の単位元の近傍 $\exp N_1$ に同相に写されるものとする[定理 2.9]. N_1 を十分小さくとって, $\alpha \in N_1$ ならば $|\mathrm{Tr}\,\alpha| < 2\pi$ であると仮定することができる. $-N_1 = \{-\alpha; \alpha \in N_1\}$ とおき, ${}^tN_1$, $\bar{N}_1$ を同じように定義して, $N = N_1 \cap (-N_1) \cap {}^tN_1 \cap \bar{N}_1$ とおくとき, N は N_1 と同じ性質をもつ 0_n の近傍であって, しかも $\alpha \in N$ ならば $-\alpha \in N$, ${}^t\alpha \in N$, $\bar{\alpha} \in N$ である.

定理の主張を $G = SL(n, \mathbf{C})$ の場合に証明する. $\alpha \in M^S$ のとき, 定理 2.8 (7) により $\det(\exp\alpha) = e^{\mathrm{Tr}\,\alpha} = 1$ となるから, 指数写像は M^S を $SL(n, \mathbf{C})$ の中に写す. N を上にとった近傍とし, $\alpha \in N$ かつ $\exp\alpha \in SL(n, \mathbf{C})$ とすれば $1 = \det\alpha = e^{\mathrm{Tr}\,\alpha}$, ところが $|\mathrm{Tr}\,\alpha| < 2\pi$ により $\mathrm{Tr}\,\alpha = 0$ となり $\alpha \in M^S$ である. ゆえに,

$$\exp N \cap SL(n, \mathbf{C}) = \exp(N \cap M^S)$$

がわかった. この左辺は $SL(n, \mathbf{C})$ の単位元の近傍である, これを U とし, $V = N \cap M^S$ とするとき, 指数写像は M^S の 0_n の近傍 V から U への同相写像を定義している.

G が $U(n)$, $SU(n)$, $GL(n, \mathbf{R})$, $SL(n, \mathbf{R})$, $O(n)$, $SO(n)$, $O(n, \mathbf{C})$ のい

ずれかの場合にも $SL(n, \mathbf{C})$ に対するのと同様に，定理2.8を用いて，表中でこれらに対応する実ベクトル空間 $\mathfrak{g}$ は $\exp\mathfrak{g}\subset G$，かつその零元 0_n は定理に主張する近傍 V をもつことが証明できる．

つぎに，G が $O(r, n-r)$，$Sp(m, \mathbf{C})$，$Sp(m)$，$Sp(m, \mathbf{R})$ の場合を扱うために，一般に正則行列 Γ に対して

$$G(\Gamma)=\{\alpha\in GL(n, \mathbf{C});\ {}^t\alpha\Gamma\alpha=\Gamma\},$$
$$M^\Gamma=\{\alpha\in M_n(\mathbf{C});\ {}^t\alpha\Gamma+\Gamma\alpha=0_n\}$$

とおく．$\Gamma=\varepsilon_{r,n-r}$ のとき $O(r, n-r)=G(\Gamma)\cap GL(n, \mathbf{R})$ であり，$n=2m$，$\Gamma=J$ とすれば，$Sp(m, \mathbf{C})=G(\Gamma)$，$Sp(m, \mathbf{R})=G(\Gamma)\cap GL(n, \mathbf{R})$，$Sp(m)=G(\Gamma)\cap U(n)$ である．さて，$G=G(\Gamma)$，$\mathfrak{g}=M^\Gamma$ として定理の主張を示す．$\alpha\in M_n(\mathbf{C})$ が M^Γ に属するための必要十分条件は $\Gamma\alpha\Gamma^{-1}=-{}^t\alpha$ であり，このとき $\Gamma(\exp\alpha)\Gamma^{-1}={}^t(\exp\alpha)^{-1}$ となり[定理 2.8]，$\exp\alpha\in G(\Gamma)$ である．つぎに，必要ならば N の代りに $N\cap\Gamma N\Gamma^{-1}$ をとり，この証明のはじめにとった N は $\alpha\in N$ ならば $\Gamma\alpha\Gamma^{-1}\in N$ という条件をみたすとしてもよい．すると，$\alpha\in N$ に対して $\exp\alpha\in G(\Gamma)$ となれば，${}^t(\exp\alpha)\Gamma(\exp\alpha)=\Gamma$，したがって $\exp(\Gamma\alpha\Gamma^{-1})=\exp(-{}^t\alpha)$，$\Gamma\alpha\Gamma^{-1}=-{}^t\alpha$ となり $\alpha\in M^\Gamma$ である．すなわち，

$$\exp N\cap G(\Gamma)=\exp(N\cap M^\Gamma)$$

がなりたつ．ゆえに，M^Γ の 0_n の近傍 $V=N\cap M^\Gamma$ は指数写像により $G(\Gamma)$ の単位元の近傍 $U=\exp N\cap G(\Gamma)$ に同相に写される．これで，$G=Sp(m, \mathbf{C})$ の場合に定理の主張の前半が示された．G が $O(r, n-r)$，$Sp(m)$，$Sp(m, \mathbf{R})$ のいずれかの場合にも，上に選んだ N を用いて同様に証明される．

どの場合にも $\mathfrak{g}=\{\alpha\in M_n(\mathbf{C});\ \exp t\alpha\in G\ (t\in\mathbf{R})\}$ となることを示そう．$\alpha\in\mathfrak{g}$ のとき $t\alpha\in\mathfrak{g}$ だから，$\exp t\alpha\in G$ である．逆に，$\alpha\in M_n(\mathbf{C})$ に対して，$\exp t\alpha\in G\ (t\in\mathbf{R})$ であるとする．定理の前半の証明により，$M_n(\mathbf{C})$ の零元 0_n の近傍でその上で指数写像 exp が単射となるもの N を十分小さくとれば

$$\exp N\cap G=\exp(N\cap\mathfrak{g})$$

がなりたつ． 十分大きな整数 k に対して $(1/k)\alpha\in N$ かつ $\exp(1/k)\alpha\in$

$\exp N\cap G$ となり，このとき $(1/k)\alpha\in N\cap\mathfrak{g}$ である．ゆえに $\alpha\in\mathfrak{g}$ である．

（証終）

この定理に現われた群のように，単位元の近傍としてある次元の $\mathbf{R}^d$ の開集合と同相なものが存在する位相群は**局所ユークリッド的**であるという．

この定理の表中の実ベクトル空間 $\mathfrak{g}$ は，つぎのような顕著な性質をもっている．$\alpha, \beta\in M_n(\mathbf{C})$ に対して

$$[\alpha, \beta]=\alpha\beta-\beta\alpha$$

とおくとき，$\alpha, \beta\in\mathfrak{g}$ のとき $[\alpha, \beta]\in\mathfrak{g}$ である．この事実は $\mathfrak{g}$ がそれぞれの場合に容易に験証されるが，その一般的理由は本書の後半 [§ 5.1] で明らかになるであろう．

いま，$\sigma\in G, \alpha\in\mathfrak{g}$ とするとき，

$$\exp t(\sigma\alpha\sigma^{-1})=\sigma(\exp t\alpha)\sigma^{-1}\in G \qquad (t\in\mathbf{R})$$

であるから，上の定理の後半により $\sigma\alpha\sigma^{-1}\in\mathfrak{g}$ である．ゆえに，$\sigma\in G$ に対して $\mathfrak{g}$ の正則一次変換 $\rho(\sigma)\colon \alpha\to\sigma\alpha\sigma^{-1}$ が定まり，$\rho(\sigma\tau)=\rho(\sigma)\rho(\tau)$ がなりたつ．よって G から $\mathfrak{g}$ の一般一次変換群 $GL(\mathfrak{g})$ への準同型写像 ρ が得られた．$GL(\mathfrak{g})$ を §4.1 に述べた方法で $GL(d, \mathbf{R})$ と同一視するとき，この ρ は明らかに G の連続な表現であり，これを G の**随伴表現**という．

例題 1 $G=SU(2)$, $\mathfrak{g}=M^S\cap M^{sh}\subset M_2(\mathbf{C})$ の場合，G の随伴表現 ρ の像は，$GL(\mathfrak{g})$ を $\mathfrak{g}$ の適当な基底を用いて $GL(3, \mathbf{R})$ と同一視するとき，回転群 $SO(3)$ に一致する．この表現の核は G の中心 Z に等しく，位数 2 の巡回群である．

解 群 $SU(2)$ は連結な位相群である[§1.9 例題 1]．ゆえに $SU(2)$ は単位元の近傍によって生成される[定理 1.16]．いま，$\sigma\in SU(2)$ が ρ の核に属するとすれば ρ の定義より，σ は $\exp\alpha(\alpha\in\mathfrak{g})$ と可換となる．定理 2.10 によればこの形の元全体は $SU(2)$ の単位元の近傍を含むから，σ は $SU(2)$ の中心 Z に属する．逆に，$\sigma\in Z$ ならば $\exp t(\rho(\sigma)\alpha)=\exp t\alpha\ (t\in\mathbf{R}, \alpha\in\mathfrak{g})$ だから $\rho(\sigma)\alpha=\alpha$ である．ゆえに，ρ の核は中心 Z に等しい．すぐわかるように $Z=\{\pm 1_2\}$ だから，これは位数 2 の巡回群である．

つぎに，$\alpha, \beta \in \mathfrak{g} = M^S \cap M^{sh}$ に対して

$$(\alpha, \beta) = -\mathrm{Re}\,\mathrm{Tr}\,(\alpha\beta) \qquad (\mathrm{Re}\ \text{は実部を示す})$$

とおく．これは実ベクトル空間 $\mathfrak{g}$ における内積を与える．$\sigma \in SU(2)$ に対して，

$$(\rho(\sigma)\alpha, \rho(\sigma)\beta) = (\alpha, \beta) \qquad (\alpha, \beta \in \mathfrak{g})$$

がなりたち，$\rho(\sigma)$ は内積を保つ変換である．$\mathfrak{g}$ の基底として

$$e_1 = \frac{1}{\sqrt{2}}\begin{pmatrix} 1 & 0 \\ 0 & -1 \end{pmatrix}, \qquad e_2 = \frac{1}{\sqrt{2}}\begin{pmatrix} 0 & i \\ i & 0 \end{pmatrix}, \qquad e_3 = \frac{1}{\sqrt{2}}\begin{pmatrix} 0 & 1 \\ -1 & 0 \end{pmatrix}$$

をとれば$(i = \sqrt{-1})$，$\mathfrak{g}$ の正規直交基底であり，$\rho(\sigma)$ $(\sigma \in SU(2))$ はこの基底に関して直交行列で表わされる．したがって，$\rho(SU(2)) \subset O(3)$ であるが，$SU(2)$ は連結群だからその ρ による像は $O(3)$ の単位元の連結成分に含まれ，$\rho(SU(2)) \subset SO(3)$ となる[§1.9 例題 1]．ところが

$$\rho\left(\begin{pmatrix} e^{i\theta} & 0 \\ 0 & e^{-i\theta} \end{pmatrix}\right) = \begin{pmatrix} 1 & 0 & 0 \\ 0 & \cos 2\theta & -\sin 2\theta \\ 0 & \sin 2\theta & \cos 2\theta \end{pmatrix},$$

$$\rho\left(\begin{pmatrix} \cos\theta, & -\sin\theta \\ \sin\theta, & \cos\theta \end{pmatrix}\right) = \begin{pmatrix} \cos 2\theta & -\sin 2\theta & 0 \\ \sin 2\theta & \cos 2\theta & 0 \\ 0 & 0 & 1 \end{pmatrix} \qquad (\theta \in \mathbf{R})$$

となることがわかり，$\rho(SU(2))$ は3次元空間 $\mathfrak{g}$ において e_1 軸，e_2 軸の周囲の任意の回転を含む．いま，任意に与えられた $g \in SO(3)$ に対して，e_1 軸の周囲の回転 g_1 を $g_1^{-1}g(e_1)$ が e_1, e_3 によってはられる $\mathfrak{g}$ の平面に属するようにとることができる．つぎに，e_2 軸の周囲の回転 g_2 を $g_1^{-1}g(e_1) = g_2(e_1)$ となるように選ぶならば，$g_2^{-1}g_1^{-1}g$ は e_1 軸の周囲の回転 g_1' である．したがって $g = g_1'g_2g_1$ と表わされ，群 $SO(3)$ は e_1 軸，e_2 軸の周囲の回転によって生成されていることがわかった．したがって，$\rho(SU(2)) = SO(3)$ でなければならない．　　　　(以上)

以下の例題では指数写像が大局的に全射となるかどうかを議論する．

例題 2　$GL(n, \mathbf{C})$ の中で対角元がすべて1の上半三角行列全体のつくる部分群を N とし，$M_n(\mathbf{C})$ の中で対角元がすべて0の上半三角行列のつくる部分空間を $\mathfrak{n}$ とすれば，指数写像は $\mathfrak{n}$ と N の間の同相写像を定義する．

解 多項式

$$P(x)=\sum_{p=1}^{n}\frac{1}{p!}x^p,\qquad Q(x)=\sum_{p=1}^{n}\frac{(-1)^{p-1}}{p}x^p$$

とそれぞれつぎのベキ級数 $F(x)$, $G(x)$ とは x^p $(p\leqq n)$ の係数が等しい.

$$F(x)=\exp x-1,\qquad G(x)=\sum_{p=1}^{\infty}\frac{(-1)^{p-1}}{p}x^p.$$

したがって，任意の $q\geqq 0$ に対して $Q(x)^q$ と $G(x)^q$ とについても同じことがなりたつ．このことから，形式的ベキ級数 $F(Q(x))$ と $F(G(x))$ とは x^p $(p\leqq n)$ の係数が等しいことがわかる．同じことは，$Q(F(x))$ と $G(F(x))$ に対しても明らかに成立する．$F(G(x))=G(F(x))=x$ であるから[定理 2.6]，これにより

$$\exp(Q(x))-1=x+\sum_{p=n+1}^{\infty}a_px^p,$$

$$Q(\exp x-1)=x+\sum_{p=n+1}^{\infty}b_px^p$$

という関係式がなりたつことがわかった．$F(x)$ および $Q(x)$ は収束半径 ∞ のベキ級数だから，これらの関係は x に任意の $\alpha\in M_n(\mathbf{C})$ を代入してなりたつ[定理 2.5]．さて，$\gamma\in N$ のとき $Q(\gamma-1_n)\in\mathfrak{n}$ である．そして $(\gamma-1_n)^n=0$ であるから，上の結果から

$$\exp(Q(\gamma-1_n))=1_n+(\gamma-1_n)=\gamma$$

がわかる．同じく，$\alpha\in\mathfrak{n}$ のとき $\exp\alpha\in N$ であり，$\alpha^n=0$ であるから

$$Q(\exp\alpha-1_n)=\alpha$$

がなりたつ．ゆえに，指数写像 exp は $\mathfrak{n}$ から N への全単射であり，その逆写像は $\gamma\to Q(\gamma-1_n)$ によって与えられている．したがって，$\exp:\mathfrak{n}\to N$ は同相写像である． (以上)

例題 3 指数写像 exp による実ベクトル空間 M^{sh} からユニタリ群 $U(n)$ への写像[定理 2.10]は全射である.

解 周知のように任意の $\tau\in U(n)$ に対して適当に $\sigma\in U(n)$ を選び $\sigma^{-1}\tau\sigma$ を対角行列とすることができ，このときその対角元は $(e^{\sqrt{-1}t_1},\cdots,e^{\sqrt{-1}t_n})$ な

る形である．ここに $t_1,\cdots,t_n$ は実数である．すると，$(\sqrt{-1}t_1,\cdots,\sqrt{-1}t_n)$ を対角元とする対角行列 β は M^{sh} に属する．$\alpha=\sigma\beta\sigma^{-1}$ も M^{sh} に属し，$\tau=\sigma(\exp\beta)\sigma^{-1}=\exp\alpha$ であるから，$\exp M^{sh}=U(n)$ である． (以上)

例題 4 指数写像 exp による実ベクトル空間 $M_2(\mathbf{R})\cap M^s$ から群 $SL(2,\mathbf{R})$ への写像[定理 2.10]は全射ではない．

解 $g\in SL(2,\mathbf{R})$ を $g=\begin{pmatrix} a & b \\ c & d \end{pmatrix}$ とするとき，$ad-bc=1$ だから

$$g^2=\begin{pmatrix} a(a+d)-1 & b(a+d) \\ c(a+d) & d(a+d)-1 \end{pmatrix}$$

となり，$\mathrm{Tr}\,g^2=(\mathrm{Tr}\,g)^2-2\geqq-2$ がなりたつ．$\tau\in SL(2,\mathbf{R})$ が $\tau=\exp\alpha(\alpha\in M_2(\mathbf{R})\cap M^S)$ と表わされるとき，$g=\exp(1/2)\alpha$ とおけば $g\in SL(2,\mathbf{R})$ であって $\tau=g^2$ となり，ゆえに $\mathrm{Tr}\,\tau\geqq-2$ とならねばならない．しかるに，-2, $-1/2$ を対角元とする対角行列のように，$\mathrm{Tr}\,\tau<-2$ となる元が $SL(2,\mathbf{R})$ の中に存在するから，exp は $M_2(\mathbf{R})\cap M^S$ を $SL(2,\mathbf{R})$ の上には写さない．

(以上)

2.5 線型群の極表示

0 以外の複素数 z は $z=re^{\sqrt{-1}\theta}$ といういわゆる極表示をもち，ゆえに複素数の乗法群 $\mathbf{C}^\times$ は円周と半直線の直積空間に同相である．本節では，この事実の一般化がある種の線型群に対して成立することを示す．

複素ベクトル空間 $\mathbf{C}^n$ の一次変換とそれを $\mathbf{C}^n$ の自然な基底 $\{e_1,\cdots,e_n\}$ に関して表わす行列とを同一視することにし，また $\mathbf{C}^n$ の 2 元 $x=(x_1,\cdots,x_n)$ と $y=(y_1,\cdots,y_n)$ の間の内積を

$$(x,y)=\sum_{i=1}^{n}x_i\bar{y}_i$$

とする．行列 $\alpha\in M_n(\mathbf{C})$ が**エルミート行列**であるとは ${}^t\bar{\alpha}=\alpha$ となることであるが，この条件は

$$(\alpha x,y)=(x,\alpha y) \qquad (x,y\in\mathbf{C}^n)$$

に同値である．さらに，ここで

$$(\alpha x, x) \geqq 0, \qquad (\alpha x, x) = 0 \Leftrightarrow x = 0$$

がなりたつとき，α は**正定値エルミート行列**であるという．$M_n(\mathbf{C})$ に属するエルミート行列，正定値エルミート行列の全体をそれぞれ $H(n)$, $H^+(n)$ と表わす．$H(n)$ は実ベクトル空間 $M_n(\mathbf{C})_{\mathbf{R}}$ の部分ベクトル空間であり，$\mathbf{R}^{n^2}$ と同相である．そして $H^+(n)$ は $H(n)$ の開集合である．また，$H(n)$ 上にユニタリ行列 τ の作用 T_τ を

$$T_\tau(\alpha) = \tau\alpha\tau^{-1} \qquad (\alpha \in H(n))$$

とおいて定義すれば，ユニタリ群 $U(n)$ は $H(n)$ の変換群と考えられ，$H^+(n)$ は $U(n)$ の作用によってそれ自身に写される．実 n 次対角行列すべての集合を $D(n)$，この中で対角元がすべて正となる行列の集合を $D^+(n)$ とするとき，$D(n) \subset H(n)$, $D^+(n) \subset H^+(n)$ である．線型代数学の周知の定理によれば，エルミート行列はユニタリ行列によって実対角行列に変換されるが，これは群 $U(n)$ の $H(n)$ への作用によって定義される写像

$$\Phi : U(n) \times D(n) \to H(n)$$

が全射であることを示している．この写像は

$$\Phi : U(n) \times D^+(n) \to H^+(n)$$

をひきおこし，これも全射である．なぜならば，$\alpha \in H(n)$ が正定値となるのは α の固有値がすべて正のとき，かつその場合に限るからである．

補題 2.11 指数写像 exp は $H(n)$ から $H^+(n)$ への全単射をひきおこし，しかもこれは同相写像である．

証明 $\alpha \in H(n)$ のとき ${}^t\overline{(\exp\alpha)} = \exp{}^t\bar{\alpha} = \exp\alpha$ となり[定理 2.8]，したがって $\exp\alpha \in H(n)$ である．指数写像により $(c_1, \cdots, c_n)$ を対角元とする実対角行列は $(e^{c_1}, \cdots, e^{c_n})$ を対角元とする実対角行列に写るから，exp は $D(n)$ から $D^+(n)$ への同相写像を定義する．また，$\sigma(\exp\alpha)\sigma^{-1} = \exp(\sigma\alpha\sigma^{-1})$ だから，図

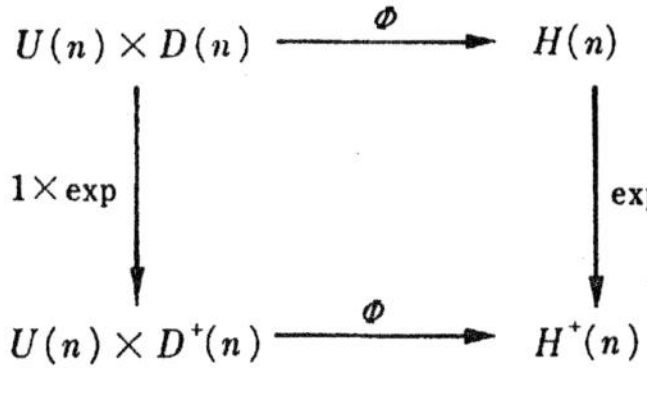

図 2.1

2.1 は可換図式である．ただし，$1\times\exp$ は $U(n)$ の恒等写像と exp によって定義される写像である．$\exp(D(n))=D^+(n)$ および図 2.1 の Φ はいずれも全射だから，これによって $\exp(H(n))=H^+(n)$ がなりたつことがわかる．

つぎに，$\exp: H(n)\to H^+(n)$ が単射であることを証明する．このため，α, $\alpha'\in H(n)$ とし，$\exp\alpha=\exp\alpha'$ とする．群 $U(n)$ の $H(n)$ 上への作用と exp が可換であることからすぐにわかるように，$\alpha\in D(n)$ と仮定してこの条件から $\alpha=\alpha'$ を導けば十分である．いま，$\alpha'=\sigma\beta\sigma^{-1}$ $(\sigma\in U(n),\ \beta\in D(n))$ とすれば，$\exp\alpha=\sigma(\exp\beta)\sigma^{-1}$ であり，よって $\exp\alpha$ と $\exp\beta$ とは固有値の等しい対角行列となり，それらの対角元は順序を除いて一致する．対角行列の対角元の任意の置換は $D(n)$ 上への適当なユニタリ行列の作用によってひきおこされる．ゆえに，必要ならば σ を取り直して β の対角元の置換をひきおこすことにより，$\exp\alpha=\exp\beta$ であるとしてよい．すると，$\exp: D(n)\to D^+(n)$ は全単射だから，$\alpha=\beta$ である．α の対角元を $(c_1,\cdots,c_n)$ とすれば，$\exp\alpha$ は $(e^{c_1},\cdots,e^{c_n})$ を対角元とする対角行列である．さて，σ は $\sigma(\exp\alpha)=(\exp\alpha)\sigma$ をみたすから，$e^{c_i}\neq e^{c_j}$ のとき，すなわち $c_i\neq c_j$ のときには，σ の (i,j) 成分は 0 とならねばならない．ゆえに $\sigma\alpha=\alpha\sigma$ がなりたち，$\alpha'=\sigma\alpha\sigma^{-1}=\alpha$ である．これで $\exp: H(n)\to H^+(n)$ が単射であることが証明された．

最後に，$\exp: H(n)\to H^+(n)$ が同相写像であることを示す．この写像の連続性は指数写像の連続性から明らかである．逆写像が連続であることを証明するには，$H^+(n)$ の中の任意の収束点列 $\{\beta_p;\ p=1,2,\cdots\}$ に対して，その極限を β とし $\beta_p=\exp\alpha_p$ $(\alpha_p\in H(n))$, $\beta=\exp\alpha$ $(\alpha\in H(n))$ とするとき，点列 $\{\alpha_p\}$ の部分列が α に収束することをいえば十分である．なぜなら，$H(n)$ は $\mathbf{R}^{n^2}$ と同相であり $H^+(n)$ はその部分空間であるから，これがいえれば exp は $H(n)$ の閉集合を $H^+(n)$ の閉集合に写すこととなるからである．そこで，$\alpha_p=\sigma_p\gamma_p\sigma_p{}^{-1}$ $(\sigma_p\in U(n),\ \gamma_p\in D(n))$ とおく．よって $\beta_p=\sigma_p(\exp\gamma_p)\sigma_p{}^{-1}$ である．ユニタリ群 $U(n)$ はコンパクト[§1.4 例題 2]だから，必要ならば部分列をとることによって，σ_p は $p\to\infty$ のとき $\sigma\in U(n)$ に収束するとしてさしつかえない．すると，$\exp\gamma_p=\sigma_p{}^{-1}\beta_p\sigma_p$ は $p\to\infty$ のとき $\sigma^{-1}\beta\sigma$ に収束する

$H^+(n)$ の点列であるが，$D^+(n)$ は $H^+(n)$ の閉集合だから，この極限はまた $D^+(n)$ に属し $\exp\gamma\ (\gamma\in D(n))$ と表わすことができる．すなわち，$\sigma^{-1}\beta\sigma=\exp\gamma$ となり，$\beta=\sigma(\exp\gamma)\sigma^{-1}=\exp(\sigma\gamma\sigma^{-1})$ である．$\beta=\exp\alpha$ だから，すでに証明したところにより，$\alpha=\sigma\gamma\sigma^{-1}$ でなければならない．ところで，$\exp$: $D(n)\to D^+(n)$ は同相写像であるから，$\exp\gamma_p\to\exp\gamma$ から $\gamma_p\to\gamma\ (p\to\infty)$ がわかる．ゆえに，$\alpha_p=\sigma_p\gamma_p\sigma_p{}^{-1}$ は $\alpha=\sigma\gamma\sigma^{-1}$ に収束することとなり，これが証明すべきことであった． （証終）

補題 2.12 ユニタリ行列 σ と正定値エルミート行列 β の組 (σ,β) にその積 $\sigma\beta$ を対応させる写像

$$\Psi: U(n)\times H^+(n)\to GL(n,\mathbf{C})$$

は全単射であって，同相写像である．

証明 $\alpha\in GL(n,\mathbf{C})$ に対して ${}^t\bar{\alpha}\alpha$ はエルミート行列である．$({}^t\bar{\alpha}\alpha x, x)=(\alpha x,\alpha x)\geqq 0$，しかも等号は $\alpha x=0$ のとき，すなわち $x=0$ のときに限るから，${}^t\bar{\alpha}\alpha\in H^+(n)$ である．前補題により ${}^t\bar{\alpha}\alpha=\exp\gamma\ (\gamma\in H(n))$ と表わし，$\beta=\exp(1/2)\gamma$ とおくとき，$\beta\in H^+(n)$ であり，${}^t\bar{\beta}\beta=\beta^2={}^t\bar{\alpha}\alpha$ がなりたつ．すると $\sigma=\alpha\beta^{-1}$ はユニタリ行列となり，$\alpha=\sigma\beta$ である．すなわち，$\alpha=\Psi(\sigma,\beta)$ となり Ψ は全射である．

写像 Ψ が単射であることを示す．いま，$\alpha\in GL(n,\mathbf{C})$ に対し $\alpha=\sigma\beta=\sigma'\beta'$ $(\sigma,\sigma'\in U(n),\ \beta,\beta'\in H^+(n))$ とすれば，${}^t\bar{\alpha}\alpha=\beta^2=\beta'^2$ である．前補題により，$\beta=\exp\gamma$，$\beta'=\exp\gamma'\ (\gamma,\gamma'\in H(n))$ とおけば $\exp 2\gamma=\exp 2\gamma'$，したがって $2\gamma=2\gamma'$，$\gamma=\gamma'$ となり $\beta=\beta'$ である．このとき $\sigma=\alpha\beta^{-1}=\alpha\beta'^{-1}=\sigma'$ だから，写像 Ψ が単射であることがわかった．

つぎに，写像 Ψ は明らかに連続であるから，Ψ が同相写像であることを示すには逆写像の連続性を示せばよい．$GL(n,\mathbf{C})$ の点列 $\{\alpha_p;\ p=1,2,\cdots\}$ が $\alpha\in GL(n,\mathbf{C})$ に収束したとする．$\alpha_p=\sigma_p\beta_p\ (\sigma_p\in U(n),\ \beta_p\in H^+(n))$ とするとき，群 $U(n)$ はコンパクトであるから，$\{\sigma_p\}$ は収束する部分列 $\{\sigma_{p_\nu}\}$ を含む．その極限を σ とすると，点列 $\{\beta_{p_\nu}\}$ は $GL(n,\mathbf{C})$ において点 $\sigma^{-1}\alpha$ に収束する．$\sigma^{-1}\alpha$ はエルミート行列 β_{p_ν} の極限としてエルミート行列であって，それは正

則でしかも

$$((\sigma^{-1}\alpha)x, x)=\lim_{\nu\to\infty}(\beta_{p_\nu}x, x)\geqq 0$$

であるからその固有値はすべて正であり，$\sigma^{-1}\alpha\in H^+(n)$ となることがわかる．したがって，$\alpha=\Psi(\sigma, \sigma^{-1}\alpha)$ である．これで $GL(n, \mathbf{C})$ の点列 $\{\alpha_p\}$ が α に収束するとき，$\{\Psi^{-1}(\alpha_p)\}$ は $\Psi^{-1}(\alpha)$ に収束する部分列をもつことが証明された．したがって，Ψ は $U(n)\times H^+(n)$ の閉集合を $GL(n, \mathbf{C})$ の閉集合に写し，逆写像 Ψ^{-1} が連続であることがわかった．　(証終)

定理 2.13　写像

$$\Xi : U(n)\times H(n)\to GL(n, \mathbf{C})$$

を $\Xi(\sigma, \beta)=\sigma(\exp\beta)$ $(\sigma\in U(n),\ \beta\in H(n))$ とおいて定義するとき，Ξ は同相写像である．

証明　$\Xi(\sigma, \beta)=\Psi(\sigma, \exp\beta)$ であるから，補題 2.11，2.12 により明らかである．　(証終)

この定理は $n=1$ のとき複素数の極表示を与え，その一般線型群への拡張と考えられる．より一般の線型群に対してこの結果を拡張するためにつぎのように定義する．

定義　一般線型群 $GL(n, \mathbf{C})$ (または $GL(n, \mathbf{R})$) の部分群 G はつぎの場合に**複素代数群**(または**実代数群**)であるという．n^2 個の不定元 x_{ij} $(1\leqq i,\ j\leqq n)$ の複素数(または実数)を係数とする多項式の族 $\{F_\lambda(x_{ij})\}_{\lambda\in\Lambda}$ があり，複素(または実)正則行列 $\alpha=(a_{ij})$ が G に属するのは

$$F_\lambda(a_{ij})=0 \qquad (\lambda\in\Lambda)$$

のとき，かつそのときに限る．また，$GL(n, \mathbf{C})$ の部分群 G が**準代数群**であるとはつぎの条件をみたすこととする．$2n^2$ 個の不定元 x_{ij}', x_{ij}'' $(1\leqq i,\ j\leqq n)$ の実係数多項式の族 $\{F_\lambda(x_{ij}', x_{ij}'')\}_{\lambda\in\Lambda}$ があり，$\alpha=(\alpha_{ij})\in GL(n, \mathbf{C})$ が G に属するのは

$$F_\lambda(a_{ij}', a_{ij}'')=0 \qquad (\lambda\in\Lambda)$$

のとき，かつそのときに限る．ここに a_{ij}', a_{ij}'' はそれぞれ a_{ij} の実部，虚部を表わす．

この定義からすぐわかるように，複素代数群，実代数群は準代数群である．また，準代数群 G は一般線型群 $GL(n, \mathbf{C})$ の閉部分群である．

例 1 定理2.9の表の群の中で，$SL(n, \mathbf{C})$, $O(n, \mathbf{C})$, $Sp(m, \mathbf{C})$ は複素代数群，$GL(n, \mathbf{R})$, $SL(n, \mathbf{R})$, $O(n)$, $SO(n)$, $O(r, n-r)$, $Sp(m, \mathbf{R})$ は実代数群，$U(n)$, $SU(n)$, $Sp(n)$ は準代数群である．(この事実はほとんど明らかである．読者自身で験証してほしい．)

補題 2.14 $G \subset GL(n, \mathbf{C})$ を準代数群とする．エルミート行列 β に対して $\exp \beta \in G$ であれば，$\exp t\beta \in G\ (t \in \mathbf{R})$ がなりたつ．

証明 β に対して $\sigma \in GL(n, \mathbf{C})$ をとり $\sigma^{-1}\beta\sigma$ を対角行列とすることができる．$\exp(\sigma^{-1}\beta\sigma) = \sigma^{-1}(\exp\beta)\sigma \in \sigma^{-1}G\sigma$ である．ここで $\sigma^{-1}G\sigma$ はまた準代数群となるから，はじめから β は対角行列であると仮定して補題を証明すればよいことがわかる．そこで

$$\beta = \begin{pmatrix} a_1 & & 0 \\ & \ddots & \\ 0 & & a_n \end{pmatrix}, \quad \text{ゆえに} \quad \exp t\beta = \begin{pmatrix} e^{ta_1} & & 0 \\ & \ddots & \\ 0 & & e^{ta_n} \end{pmatrix}$$

とおく．ここに $a_1, \cdots, a_n$ は実数である．さて，G を定義する実多項式の族 $\{F_\lambda(x_{ij}', x_{ij}'')\}_{\lambda \in \Lambda}$ において，x_{ii}' を x_i とし，$x_{ij}'\ (i \neq j)$ とすべての x_{ij}'' を 0 とおいて生まれる $x_1, \cdots, x_n$ の実多項式を $\{F_\lambda'(x_1, \cdots, x_n)\}_{\lambda \in \Lambda}$ とする．任意の整数 k について $(\exp\beta)^k = \exp(k\beta)$ は G に属するから，

$$F_\lambda'(e^{ka_1}, \cdots, e^{ka_n}) = 0 \qquad (\lambda \in \Lambda)$$

がなりたつ．これから，すべての $t \in \mathbf{R}$ に対して

$$F_\lambda'(e^{ta_1}, \cdots, e^{ta_n}) = 0 \qquad (\lambda \in \Lambda)$$

を導ければ，$\exp t\beta \in G$ となり補題の主張が証明される．このために各 λ について $F_\lambda'(x_1, \cdots, x_n)$ を $x_1, \cdots, x_n$ の単項式の一次和として

$$F_\lambda'(x_1, \cdots, x_n) = \sum_h c_h P_h(x_1, \cdots, x_n) \qquad (c_h \in \mathbf{R})$$

なる形に表わすならば，$P_h(e^{ta_1}, \cdots, e^{ta_n}) = e^{tB_h}$ となり，ここに B_h は $a_1, \cdots, a_n$ の整数係数の一次和である．これらの B_h の中で相異なるものを $A_1, \cdots, A_m$ とし，$A_1 > \cdots > A_m$ とするとき

$$F_\lambda'(e^{ta_1},\cdots,e^{ta_n})=\sum_{i=1}^m b_i e^{tA_i}$$

となり，ここに $b_1,\cdots,b_m$ は実数である．この右辺が恒等的に0ではないとしよう．それは t が整数 k のとき0となるから，$m>1$ でなければならない．しかるに，

$$\left|\sum_{i=2}^m b_i e^{kA_i}\right|\Big/|b_1 e^{kA_1}|\leqq\sum_{i=2}^m |b_i/b_1|e^{k(A_i-A_1)}$$

であり，$A_i<A_1$ ゆえこの右辺は整数 k が十分大きくなれば1よりも小さく，このとき $\left|\sum_{i=2}^m b_i e^{kA_i}\right|<|b_1e^{kA_1}|$ がなりたつ．これは $F_\lambda'(e^{ka_1},\cdots,e^{ka_n})=0$ に矛盾する．ゆえに 各 $\lambda\in\Lambda$ について $F_\lambda'(e^{ta_1},\cdots,e^{ta_n})=0\ (t\in\mathbf{R})$ でなければならないことが示された． (証終)

定理 2.15 G を一般線型群 $GL(n,\mathbf{C})$ の部分群とし，準代数群であって $\alpha\in G$ のとき ${}^t\bar{\alpha}\in G$ であるという条件をみたすものとする．さらに，

$$\mathfrak{g}=\{\beta\in M_n(\mathbf{C});\ \exp t\beta\in G\ (t\in\mathbf{R})\}$$

が $M_n(\mathbf{C})_\mathbf{R}$ の部分ベクトル空間であるとする．

この場合，写像

$$\Xi:(G\cap U(n))\times(\mathfrak{g}\cap H(n))\to G$$

を $\Xi(\sigma,\beta)=\sigma\exp\beta$ によって定義すれば，これは同相写像である．したがって位相空間 G は群 $G\cap U(n)$ と $\mathbf{R}^m\ (m=\dim(\mathfrak{g}\cap H(n)))$ の積空間に同相である．また，$G\cap U(n)$ は G の極大コンパクト部分群である．

証明 この定理の写像 Ξ は定理 2.13 の写像 Ξ の制限であるから明らかに単射である．いま，$\alpha\in G$ を $\alpha=\sigma(\exp\beta)\ (\sigma\in U(n),\ \beta\in H(n))$ と表わす[定理 2.13]．仮定により ${}^t\bar{\alpha}=(\exp\beta)\sigma^{-1}\in G$ であり，したがって ${}^t\bar{\alpha}\alpha=\exp 2\beta\in G$ である．G が準代数群だから補題2.14を適用することができて，その結果 $\exp t\beta\in G$ がわかり $\beta\in\mathfrak{g}\cap H(n)$ である．とくに $\exp\beta\in G$ であるから，$\sigma=\alpha(\exp\beta)^{-1}\in G\cap U(n)$ であってこれは Ξ が全射であることを示している．定理 2.13 の Ξ が同相写像であるから，その部分空間への制限としてこの定理の Ξ は同相写像である．

K を $G\cap U(n)$ を含む G のコンパクト部分群とし，$\alpha\in K$ を $\alpha=\sigma\exp\beta$ $(\sigma\in U(n),\ \beta\in\mathfrak{g}\cap H(n))$ と表わす．$\sigma\in K$ だから $\exp\beta\in K$ である．したがって $\exp(k\beta)=(\exp\beta)^k\in K\ (k=1,2,\cdots)$ である．$\beta\neq 0$ ならば $\{k\beta;\ k=1,2,\cdots\}$ は明らかに $\mathfrak{g}\cap H(n)$ において収束せず，写像 Ξ が同相写像だから，$\{\exp(k\beta);\ k=1,2,\cdots\}$ は G，したがって K において集積点をもたず，このことは K がコンパクトであることに反する．ゆえに $\beta=0$ でなければならず，$\alpha=\sigma\in U(n)$ となり $K=G\cap U(n)$ である．$G\cap U(n)$ はユニタリ群 $U(n)$ の閉部分群だからコンパクトである．これで $G\cap U(n)$ は G の極大コンパクト部分群であることが証明された．　（証終）

注意　この定理中に仮定した $\mathfrak{g}$ が $M_n(\mathbf{C})_{\mathbf{R}}$ の部分ベクトル空間となることはのちに §5.1 において証明される事実である．

例 2　定理 2.10 の表にあげた群 G についてはこの定理の仮定がすべてなりたつ．これらの群が準代数群であることは例 1 に述べたし，$\alpha\in G$ のとき ${}^t\bar{\alpha}\in G$ となることも容易に験証できる．$\mathfrak{g}$ は定理 2.10 に実際に与えられている．よって定理 2.14 をこれらの群に適用すれば，G は極大コンパクト部分群 $G\cap U(n)$ とある $\mathbf{R}^m$ との直積空間に同相である．群 $U(n)$, $SU(n)$, $O(n)$, $SO(n)$ はコンパクト群であり，その他の群について結果を列記すればつぎの通りである．

$$SL(n,\mathbf{C})\approx SU(n)\times\mathbf{R}^{n^2-1},$$
$$O(n,\mathbf{C})\approx O(n)\times\mathbf{R}^{n(n-1)/2},$$
$$Sp(m,\mathbf{C})\approx Sp(n)\times\mathbf{R}^{2m^2+m},$$
$$GL(n,\mathbf{R})\approx O(n)\times\mathbf{R}^{n(n+1)/2},$$
$$SL(n,\mathbf{R})\approx SO(n)\times\mathbf{R}^{\{n(n+1)/2\}-1},$$
$$Sp(m,\mathbf{R})\approx U(m)\times\mathbf{R}^{m(m+1)},$$
$$O(r,n-r)\approx(O(r)\times O(n-r))\times\mathbf{R}^{(n-r)r}.$$

問 1　例 2 の結果を確かめよ．

問　題　2

1.　実4次元ベクトル空間 $\mathbf{Q}$ があり，その基底を $\{e_0, e_1, e_2, e_3\}$ とする．ここで

$$e_0e_i = e_ie_0 = e_i, \quad e_0{}^2 = e_0, \quad e_i{}^2 = -e_0 \quad (1 \leqq i \leqq 3),$$
$$e_ie_j = -e_je_i = e_k \quad ((i, j, k) \text{ は } (1, 2, 3) \text{ の偶置換})$$

とし，$\mathbf{Q}$ の2元 $q = \sum_{i=0}^{3} a_ie_i$，$q' = \sum_{i=0}^{3} b_ie_i$ に対して

$$qq' = \sum_{i,j=0}^{3} a_ib_je_ie_j$$

とおいて積を定義する．すると，$\mathbf{Q}$ は $\mathbf{R}$ 代数となり，$\mathbf{Q}$ の元を**四元数**という．これについてつぎのことを証明せよ．

（1）$\mathbf{Q}$ は実際に $\mathbf{R}$ 代数である．$0 \neq q \in \mathbf{Q}$ に対しては，$qq^{-1} = q^{-1}q = e_0$ となる $q^{-1} \in \mathbf{Q}$ が存在する．

$q = \sum_{i=0}^{3} a_ie_i$ に対して $\bar{q} = a_0e_0 - \sum_{i=1}^{3} a_ie_i$，$\|q\| = \sum_{i=0}^{3} a_i{}^2$ とすれば，$q\bar{q} = \|q\|^2 \cdot e_0$ であり，$\|q\|$ は $\mathbf{R}$ 代数 $\mathbf{Q}$ の完備ノルムである．

（2）複素数 $c = a + \sqrt{-1}\,b$ による $\mathbf{Q}$ の元 q のスカラー積を（c を右側にかくこととして）

$$qc = q(ae_0 + be_1)$$

と定義すれば，$\mathbf{Q}$ は複素ベクトル空間であって，$\mathbf{Q}$ の元 $q = \sum_{i=0}^{3} a_ie_i$ は

$$q = e_0(a_0 + \sqrt{-1}\,a_1) + e_2(a_2 - \sqrt{-1}\,a_3)$$

と一意的に表わされる．$\{e_0, e_2\}$ はこの複素ベクトル空間の基底である．

2.　四元数の集合 $\mathbf{Q}$ の m 個の直積 $\mathbf{Q}^m$ において，$x = (x_1, \cdots, x_m) \in \mathbf{Q}^m$，$y = (y_1, \cdots, y_m) \in \mathbf{Q}^m$，$q \in \mathbf{Q}$ のとき

$$x + y = (x_1 + y_1, \cdots, x_m + y_m),$$
$$xq = (x_1q, \cdots, x_mq)$$

とおくならば，$\mathbf{Q}^m$ は加群であり，つぎの関係がなりたつという意味で $\mathbf{Q}$ 上のベクトル空間である．

$$(x+y)q = xq + yq, \qquad x(q_1 + q_2) = xq_1 + xq_2,$$
$$xe_0 = x, \qquad x(q_1q_2) = (xq_1)q_2.$$

ここに $x, y \in \mathbf{Q}^m$，$q_1, q_2 \in \mathbf{Q}$ である．$\mathbf{Q}$ 上のベクトル空間に対しても，一次独立，一次変換などの概念が普通のように定義される．この $\mathbf{Q}^m$ についてつぎのことを証明せよ．

（1）$x = (x_1, \cdots, x_m) \in \mathbf{Q}^m$ に対して，各 $x_i (1 \leqq i \leqq m)$ を

$$x_i = e_0z_i + e_2z_{m+i} \qquad (z_i, z_{m+i} \in \mathbf{C})$$

とかき，x に対して $\mathbf{C}^{2m}$ の元 x' を

$$x'=(z_1, \cdots, z_m, z_{m+1}, \cdots, z_{2m})$$

とおいて定めるとき，対応 $x \to x'$ は加群 $\mathbf{Q}^m$ から加群 $\mathbf{C}^{2m}$ への同型写像であって，$(x(ae_0+be_1))'=(a+\sqrt{-1}\,b)x'(a, b\in\mathbf{R})$ がなりたつ．

（2） $\mathbf{Q}^m$ の2元 $x=(x_1, \cdots, x_m)$，$y=(y_1, \cdots, y_m)$ に対して

$$x\cdot y=\sum_{i=1}^{m}\bar{x}_i y_i$$

とおくとき，

$$(x_1+x_2)\cdot y=x_1\cdot y+x_2\cdot y, \qquad x\cdot(y_1+y_2)=x\cdot y_1+x\cdot y_2,$$
$$(x\cdot q)\cdot y=\bar{q}(x\cdot y), \qquad x\cdot(yq)=(x\cdot y)q$$

がなりたつ．また，$x, y\in\mathbf{Q}^m$ に（1）の意味で $z, w\in\mathbf{C}^{2m}$ が対応したとすれば，$z=(z_1, \cdots, z_{2m})$，$w=(w_1, \cdots, w_{2m})$ とするとき，

$$x\cdot y=e_0\sum_{i=1}^{2m}\bar{z}_i w_i+e_2\sum_{i=1}^{m}(z_i w_{m+i}-z_{m+i}w_i).$$

3. $\mathbf{Q}^m$ の一次変換全体を $\mathrm{End}(\mathbf{Q})$ とする．これは加群であって，写像の合成をつくることによって2元の積がある．正則一次変換(すなわち $\mathbf{Q}^m$ の全単射となる一次変換)の全体は，この積に関して群 $GL(\mathbf{Q}^m)$ をつくる．また，$T\in\mathrm{End}(\mathbf{Q}^m)$ に対して

$$T'x'=(Tx)' \qquad (x\in\mathbf{Q}^m)$$

によって $\mathbf{C}^{2m}$ の一次変換 T' が定まる．ただし，$x\to x'$ は前題（1）の対応 $\mathbf{Q}^m\to\mathbf{C}^{2m}$ である．これについてつぎのことを証明せよ．

（1） $G=\{T'; T\in GL(\mathbf{Q}^m)\}$ は $GL(\mathbf{C}^{2m})$ の部分群である．$\mathbf{C}^{2m}$ の自然な基底に関して $GL(\mathbf{C}^{2m})$ と $GL(2m, \mathbf{C})$ を同一視するとき

$$G=\{\alpha\in GL(2m, \mathbf{C})\,;\,\alpha J=J\bar{\alpha}\}$$

である．ただし，J はシンプレクティック群の定義[§4.1]に現われた $2m$ 次の行列である．

（2） $GL(\mathbf{Q}^m)$ の中で

$$Tx\cdot Ty=x\cdot y \qquad (x, y\in\mathbf{Q}^m)$$

をみたす一次変換 T の全体がつくる部分群は，対応 $T\to T'$ によりシンプレクティック群 $Sp(m)$ に同型である．

（3） シンプレクティック群 $Sp(m)$ は $\mathbf{C}^{2m}$ の単位球面 S^{4m-1} に推移的に作用し，その1点での等方性群は $Sp(m-1)$ に同型で

$$Sp(m)/Sp(m-1)\approx S^{4m-1}$$

なる関係がなりたつ．ただし，$Sp(0)=\{e\}$ とする．これから，$Sp(m)$ が連結な群であることがわかる．

4. $SO(2m)\cap Sp(m)\cong U(n)$ を証明せよ．

5. 指数写像 $\exp: M_n(\mathbf{C})\to GL(n, \mathbf{C})$ は全射であることを証明せよ．

3. 基本群とファイバー空間

3.1 基 本 群

この章では位相空間を X, Y などで表わし，I は実数の閉区間 $[0,1]$ を示すものとする．

連続写像

$$k : I \to X$$

を X の**道**とよぶ．このとき，点 $k(0)$, $k(1)$ をこの道 k のそれぞれ**始点**，**終点**といい，k を $k(0)$ と $k(1)$ を結ぶ道ということもある．道 k の像が X の 1 点 x_0 となるとき，この道を点 x_0 に値をとる**定値の道**といい 0_{x_0} で表わす．また，道 k に対して

$$k^{-1}(t)=k(1-t) \qquad (t\in I)$$

により定まる道 k^{-1} を k の**逆の道**という．X の 2 つの道 k, l が $k(1)=l(0)$ をみたす場合には，k と l を**つないだ道** $k\vee l$ がつぎの式によって定義される．

$$(k\vee l)(t)=\begin{cases} k(2t) & (0\leqq t\leqq 1/2) \\ l(2t-1) & (1/2\leqq t\leqq 1). \end{cases}$$

X の道であってその始点と終点が一致し，$k(0)=k(1)=x_0$ となる道 k を x_0 を基点とする**閉じた道**という．このような道の全体を $\Omega(X, x_0)$ と表わすことにする．明らかに，$k, l\in\Omega(X, x_0)$ に対して，$k^{-1}, k\vee l\in\Omega(X, x_0)$ であるが，$\Omega(X, x_0)$ はこれらの算法によって群とはならないことに注意しておこう．われわれはつぎに定義するホモトープなる概念により $\Omega(X, x_0)$ の道を類別し，この類の間に上の算法から誘導される演算を考えて X の基本群なる概念を得るのである．

X の 2 つの道 k と l が**ホモトープ**，記号で $k\sim l$，とはつぎの条件を満足するところの正方形 $I^2=[0,1]\times[0,1]$ から X への連続写像

$$\varphi : I^2 \to X$$

が存在することとし，この φ を k から l への**ホモトピー写像**という．I^2 の元

を (t,s) とかくとき，

$$\varphi(t,0)=k(t),\qquad \varphi(t,1)=l(t)\qquad (t\in I),$$
$$\varphi(0,s)=k(0)=l(0),$$
$$\varphi(1,s)=k(1)=l(1)\qquad (s\in I).$$

とくに，ホモトープな2つの道は始点と終点を共有している．

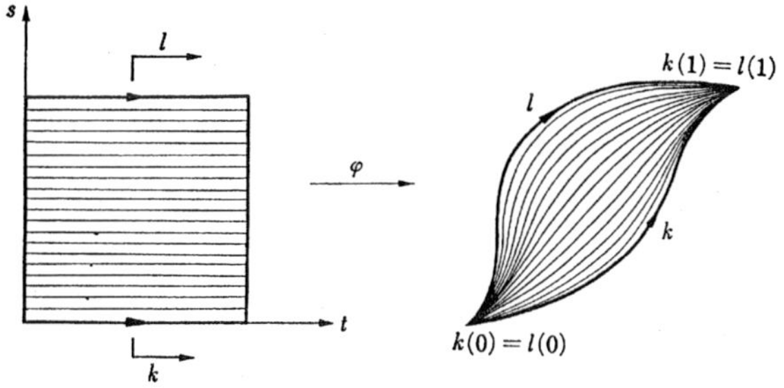

図 3.1

X の2点 x, y を固定し，x を始点，y を終点とする道全体を $\Omega(X,x,y)$ とするとき，ホモトープなる関係は $\Omega(X,x,y)$ における同値関係である．すなわち，$k\sim k$ であり，$k\sim l$ ならば $l\sim k$, また $k\sim l$, $l\sim m$ ならば $k\sim m$ がなりたつ．

問 1　このことを確かめよ．

定理 3.1　X を位相空間 k, l, k', l', m は X の道を表わし，$x\in X$ に値をとる定値の道を 0_x とする．

（1）　$k\sim k'$, $l\sim l'$ かつ $k(1)=l(0)$ ならば，$k\vee l$, $k'\vee l'$ が定義され $k\vee l\sim k'\vee l'$.

（2）　$k\sim k'$ のとき，$k^{-1}\sim k'^{-1}$.

（3）　$x_0=k(0)$, $x_1=k(1)$ とするとき，$0_{x_0}\vee k\sim k$, $k\vee 0_{x_1}\sim k$.

（4）　k, l, m に対して $k(1)=l(0)$, $l(1)=m(0)$ ならば，$(k\vee l)\vee m$, $k\vee(l\vee m)$ が定義され $(k\vee l)\vee m\sim k\vee(l\vee m)$.

（5）　$k\vee k^{-1}$ が定義され，$k\vee k^{-1}\sim 0_{x_0}$. ただし，$x_0=k(0)$.

（6） $k\sim l$ なるための必要十分条件は $k\vee l^{-1}$ が定義され，$k\vee l^{-1}\sim 0_{x_0}$ となることである．ここに，$x_0=k(0)$．

証明 （1） $k\vee l$, $k'\vee l'$ が定義されていることは明白であろう．φ, ψ をそれぞれ k から k', l から l' へのホモトピー写像とする．$\chi: I^2\to X$ を

$$\chi(t,s)=\begin{cases}\varphi(2t,s) & (0\leqq t\leqq 1/2)\\ \psi(2t-1,s) & (1/2\leqq t\leqq 1)\end{cases}$$

と定義するとき，これは $k\vee l$ から $k'\vee l'$ へのホモトピー写像を与える．

（2） $k\sim k'$ を与えるホモトピー写像 φ に対して，$\psi(t,s)=\varphi(1-t,s)$ とおけば ψ により $k^{-1}\sim k'^{-1}$ である．

（3） $k\sim 0_{x_0}\vee k$ を証明する．$\varphi: I^2\to X$ を

$$\varphi(t,s)=\begin{cases}k(0) & \left(0\leqq t\leqq \dfrac{s}{2}\right)\\ k\left(\dfrac{s}{2}+\left(1-\dfrac{s}{2}\right)t\right) & \left(\dfrac{s}{2}\leqq t\leqq 1\right)\end{cases}$$

とおけば，この φ は k から $0_{x_0}\vee k$ へのホモトピー写像である．$k\sim k\vee 0_{x_1}$ も同様である．

（4） $(k\vee l)\vee m$, $k\vee(l\vee m)$ の定義されることは明白．この間のホモトピー写像としてはつぎの $\varphi: I^2\to X$ を考えればよい．

$$\varphi(t,s)=\begin{cases}k(4t/(1+s)) & (0\leqq t\leqq (1+s)/4)\\ l(4t-1-s) & ((1+s)/4\leqq t\leqq (2+s)/4)\\ m(1-4(1-t)/(2-s)) & ((2+s)/4\leqq t\leqq 1).\end{cases}$$

（5） $k\vee k^{-1}$ から 0_{x_0} へのホモトピー写像 φ は

$$\varphi(t,s)=\begin{cases}k(2t(1-s)) & (0\leqq t\leqq 1/2)\\ k(2(1-t)(1-s)) & (1/2\leqq t\leqq 1)\end{cases}$$

によって与えられる．

（6） $k\sim l$ ならば，$k(1)=l(1)=l^{-1}(0)$ ゆえ，$k\vee l^{-1}$ が定義される．このとき（1）と（5）により

$$k\vee l^{-1}\sim l\vee l^{-1}\sim 0_{x_0}.$$

逆に $k\vee l^{-1}$ が定義され $k\vee l^{-1}\sim 0_{x_0}$ とすれば，すでに証明した（1）—（5）

により，$x_0=k(0)$，$x_1=k(1)$ とするとき $k\sim k\vee 0_{x_1}\sim k\vee(l^{-1}\vee l)\sim(k\vee l^{-1})\vee l\sim 0_{x_0}\vee l\sim l$ がなりたつ．（証終）

さて，位相空間 X とその1点 x_0 を選ぶ．x_0 を始点とする閉じた道すべての集合 $\Omega(X,x_0)$ において，ホモトープという関係は同値関係を与え，その類別を定義する．$\Omega(X,x_0)/\sim$ により同値類の集合を示し，$k\in\Omega(X,x_0)$ を含む同値類を k を含む**ホモトピー類**といい $[k]$ で表わす．

同値類の集合 $\Omega(X,x_0)/\sim$ における積をつぎのように定義する．その2元 $\kappa=[k]$, $\lambda=[l]$ に対して，$\kappa\lambda=[k\vee l]$ とおく．定理 3.1（1）により積 $\kappa\lambda$ は κ,λ を代表する道 k,l のとり方によらず一意的に定まるから，このように定義できるのである．ここに定義した積に関して $\Omega(X,x_0)/\sim$ は群となる．実際，定理 3.1（4）により，この積は結合法則 $(\kappa\lambda)\mu=\kappa(\lambda\mu)$ をみたす．また，x_0 に値をとる定値の道 0_{x_0} にホモトープな道(これを**零ホモトープ**な道という)のつくる同値類を ε とするとき，定理 3.1（3）により，任意の $\kappa\in\Omega(X,x_0)/\sim$ に対して $\varepsilon\kappa=\kappa\varepsilon=\kappa$ がなりたち，よって ε は単位元の役割を果たす．任意の元 $\kappa=[k]$ に対して $\kappa^{-1}=[k^{-1}]$ とおくと，κ^{-1} は定理 3.1（2）により(κ の代表元 k のとり方によらずに)一意的に定まり，同定理（5）により $\kappa\kappa^{-1}=\varepsilon$ がなりたつ．したがって κ^{-1} は κ の逆元である．これで $\Omega(X,x_0)/\sim$ が群となることが証明された．

定義　ここに定めた群構造を考慮に入れた集合 $\Omega(X,x_0)/\sim$ を位相空間 X の点 x_0 を基点とする**基本群**とよび，これを $\pi_1(X,x_0)$ と表わす．

この定義から推察されるように基本群を考える位相空間として適当なものは弧状連結な空間である．実際，この場合には，つぎの定理の主張するように，その基本群 $\pi_1(X,x_0)$ は抽象群としては基点 x_0 のとり方によらずに一意的に定まる．この群を X の基本群とよび，$\pi_1(X)$ とかく．

定理 3.2　X を弧状連結な位相空間，x_0, x_1 を X の任意の2点とするとき，x_0, x_1 を基点とする X の基本群は同型である：$\pi_1(X,x_0)\cong\pi_1(X,x_1)$.

証明　仮定により x_0 を始点として x_1 を終点とする道 h が存在する．この h を用いて $\Omega(X,x_0)$ から $\Omega(X,x_1)$ への写像を道 $k\in\Omega(X,x_0)$ に道 $(h\vee k)$

$\vee h^{-1}$ を対応させるものとすれば，定理 3.1 によりこの写像はホモトピー同値関係を保存し，したがって基本群 $\pi_1(X, x_0)$ から $\pi_1(X, x_1)$ への写像をひき起こす．同じく定理 3.1 を用いればこれは $\pi_1(X, x_0)$ から $\pi_1(X, x_1)$ への準同型写像となることがわかる．同様に，$\Omega(X, x_1)$ から $\Omega(X, x_0)$ への写像を $l \in \Omega(X, x_1)$ に $h^{-1} \vee (l \vee h) \in \Omega(X, x_0)$ を対応させて定義するとき，これにより $\pi_1(X, x_1)$ から $\pi_1(X, x_0)$ への準同型写像がひき起こされる．定理 3.1 により容易にわかるように，ここに得た 2 つの準同型写像は互いに一方が他方の逆写像である．よって $\pi_1(X, x_0)$ と $\pi_1(X, x_1)$ は同型である． （証終）

単連結な位相空間 弧状連結な位相空間 X においてその基本群 $\pi_1(X)$ が単位元のみに帰するとき，X を**単連結**な位相空間という．いいかえれば，弧状連結な位相空間 X が単連結とは，X の任意の点を始点とする閉じた道がすべて零ホモトープとなることを意味する．

位相空間 X が**可縮**であることは積空間 $X \times I$ から X への連続写像 Φ であって，つぎの条件をみたすものが存在することとする．

$$\Phi(x, 0) = x, \qquad \Phi(x, 1) = x_0 \qquad (x \in X)$$

ここに x_0 は X の 1 点を表わす．

例題 1 可縮な位相空間は弧状連結かつ単連結である．

解 $\Phi : X \times I \to X$ を上の連続写像とするとき X の各点 x に対して $k(t) = \Phi(x, t)$ は x と x_0 を結ぶ道である．よって X の任意の 2 点を結ぶ道が存在し，X は弧状連結である．いま，$\Omega(X, x_0)$ に属する道 k に対して

$$\varphi(t, s) = \Phi(k(t), s) \qquad ((t, s) \in I^2)$$

とおけば，φ により k は定値の道 0_{x_0} にホモトープとなり，よって $\pi_1(X, x_0)$ は単位元のみに帰する． （以上）

実 n 次元数空間 $\mathbf{R}^n$ や球の内部

$$E^n = \left\{ (x_1, \cdots, x_{n+1}) \in \mathbf{R}^{n+1} ; \sum_{i=1}^{n+1} x_i^2 < 1 \right\}$$

はいずれも可縮な位相空間である．ゆえに，この例題により，これらは単連結な位相空間である．

例題 2 n 次元球面

$$S^n=\left\{(x_1,\cdots,x_{n+1})\in\mathbf{R}^{n+1};\sum_{i=1}^{n+1}x_i{}^2=1\right\}$$

は弧状連結な位相空間であって，$n\geqq 2$ のときには単連結である．

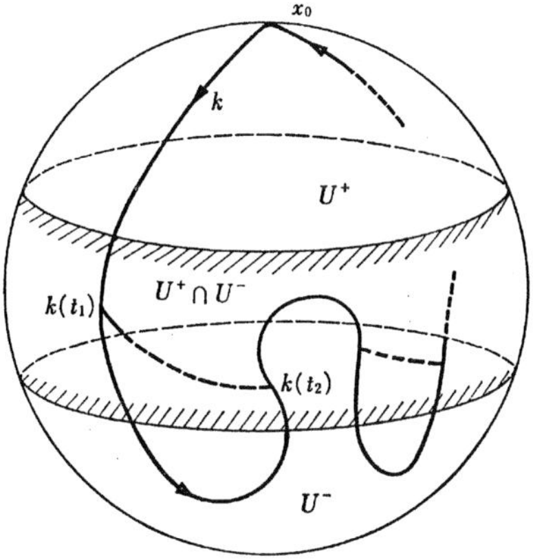

図 3.2

解 S^n の開集合 U^+, U^- をそれぞれ $x_1>-1/3$, $x_1<1/3$ をみたす S^n の点

$$x=(x_1,\cdots,x_{n+1})$$

の集合として定義する．

$$x_0=(1,0,\cdots,0)$$

とおく．すぐにわかるように U^+, U^- は n 次元球の内部と同相であり，したがって弧状連結である．$S^n=U^+\cup U^-$, $U^+\cap U^-\neq\phi$ であるから，S^n の任意の点は $U^+\cap U^-$ の1点と道によって結ばれ，したがって S^n は弧状連結である．

$n\geqq 2$ の場合，S^n は単連結であることを証明しよう．k を x_0 を始点とする S^n の閉じた道とする．k は $I=[0,1]$ から S^n への連続写像であり，$S^n=U^+\cup U^-$ だから，任意の $t\in I$ に対してその I における近傍を十分小さくとれば，その像は U^+ または U^- に含まれる．I はコンパクトゆえ，I はこれら

の近傍の有限個で被覆される．したがって，k に対して I の分割

$$0=t_0<t_1<\cdots<t_{m-1}<t_m=1$$

をとって，各閉区間 $[t_{i-1},t_i]\,(i=1,\cdots,m)$ の k による像は U^+，または U^- のいずれかに含まれるようにすることができる．必要とあれば分点を減らして，$k([t_{i-1},t_i])$ は U^+, U^- のいずれか一方に含まれ，$k([t_i,t_{i+1}])$ は他方に含まれていると仮定して差支えない．

さて，$n\geqq 2$ であるから $U^+\cap U^-$ は積空間 $S^{n-1}\times I$ に同相で，これは弧状連結である．いまある i について $k([t_{i-1},t_i])\subset U^-$ とする．分割のとり方から $k(t_{i-1}),\,k(t_i)\in U^+\cap U^-$ となり，よって $k(t_{i-1})$ を $k(t_i)$ に結ぶ $U^+\cap U^-$ 内の道 l が存在する．道 k_i を $k_i(t)=k(t_{i-1}+t(t_i-t_{i-1}))$ と定義すれば，U^- 内の閉じた道 $k_i\vee l^{-1}$ は U^- が単連結だから零ホモトープである．したがって定理 3.1 (5) より k_i と l はホモトープであることがわかる．すると，もとの道 k がつぎの道 k' にホモトープとなることは明らかであろう．

$$k'(t)=\begin{cases}k(t) & (t\notin[t_{i-1},t_i])\\ l((t-t_{i-1})/(t_i-t_{i-1})) & (t\in[t_{i-1},t_i]).\end{cases}$$

k' については $[t_{i-1},t_i]$ は U^+ の中に写る．

そこで，$k([t_0,t_1])\subset U^+$ に注意し，この操作を $k([t_{i-1},t_i])\subset U^-$ なる各 i について順次に行なって，k をこれにホモトープな道でおきかえていくならば，結局 k は U^+ に含まれ x_0 を基点とする閉じた道にホモトープとなる．U^+ は単連結だから，この道は U^+ の中で零ホモトープであり，したがって k は S^n の中で零ホモトープである．これで $S^n(n\geqq 2)$ が単連結であることが証明された． （証終）

基本群と連続写像 位相空間 $Y,\,X$ とその間の連続写像

$$f:\,Y\to X$$

が与えられたとする．$y_0\in Y$ をとり，$x_0=f(y_0)\in X$ とおくとき，y_0 を基点とする Y の閉じた道 k に対して，合成写像 $f\circ k$ は x_0 を基点とする X の閉じた道である．ゆえに，k に $f\circ k$ を対応させることにより写像

$$\Omega(Y,y_0)\to\Omega(X,x_0)$$

が定義される．しかも，$k, l \in \Omega(Y, y_0)$ が $k \sim l$ であるとき，$f \circ k \sim f \circ l$ となり，また，$k, l \in \Omega(Y, y_0)$ に対して $f \circ (k \vee l) = (f \circ k) \vee (f \circ l)$ がなりたつ．これは $[k] \in \pi_1(Y, y_0)$ に $[f \circ k] \in \pi_1(X, x_0)$ を対応させる写像が定義可能であり，しかも基本群の間の準同型写像となることを示している．この準同型写像を f がひきおこす準同型写像とよび，f_* で表わす．

位相空間 Z, Y, X と連続写像

$$g : Z \to Y, \qquad f : Y \to X$$

があり $z_0 \in Z$, $y_0 = g(z_0)$, $x_0 = f(y_0)$ とするとき，準同型写像

$$g_* : \pi_1(Z, z_0) \to \pi_1(Y, y_0),$$
$$f_* : \pi_1(Y, y_0) \to \pi_1(X, x_0),$$
$$(f \circ g)_* : \pi_1(Z, z_0) \to \pi_1(X, x_0)$$

がひきおこされる．これらの間に

$$(3.1) \qquad (f \circ g)_* = f_* \circ g_*$$

がなりたつことは明らかであろう．

位相空間 Y, X が連続写像 $f : Y \to X$ によって同相であるときには，$f_*: \pi_1(Y, y_0) \to \pi_1(X, x_0)$ $(x_0 = f(y_0))$ は同型写像である．なぜならば（3）により $(f^{-1})_*$ と f_* は互いに逆写像となるからである．したがって同相な二つの弧状連結な位相空間の基本群は同型となり，この結果は基本群が位相的不変量であるといい表わされている．

問 2 位相空間 Y, X と連続写像 $f : Y \to X$ があり，$f(y_0) = f(y_1) = x_0$ とする．Y が弧状連結ならば群 $\pi_1(Y, y_0)$ と $\pi_1(Y, y_1)$ の準同型写像 f_* による像は $\pi_1(X, x)$ の共役部分群となることを示せ．

3.2 ファイバー空間

位相空間 Y, X とその間の連続な全射

$$p : Y \to X$$

があるとき，これを (Y, X, p) によって示すこととする．この (Y, X, p) が X の開集合 U の上で**自明**であるとは，位相空間 F_U および積空間 $F_U \times U$ から

$p^{-1}(U)$ への同相写像

$$\phi_U : U\times F_U \to p^{-1}(U)$$

であって，$p\circ\phi_U=p_U$ がなりたつものが存在することとする．ただし，写像 $p_U : U\times F_U \to U$ は第1の因子への射影を示す．このとき，F_U を U 上のファイバーとよび，ϕ_U を $p^{-1}(U)$ の**自明化写像**ということにする．各 $x\in U$ について Y の部分空間 $p^{-1}(x)$ は F_U と同相である．

定義　(Y, X, p) に対して，位相空間 F があってつぎの条件がみたされるとき，これを**ファイバー空間**とよぶ．X の開被覆 $\{U_\lambda\}$ が存在して各メンバー U_λ の上で (Y, X, p) は自明であり，しかもそのファイバー F_{U_λ} は(λ によらず) すべて F に同相である．このファイバー空間を (Y, X, p, F) によって表わし，Y をその**全空間**，X をその**底空間**，F をその**ファイバー**，p をその**射影**という．

ファイバー空間の射影は開写像となることに注意しておく．

問 1　このことを証明せよ．

例 1　位相空間 X, F に対して積空間 $Y=X\times F$ をつくり，Y から第一因子 X への射影を p とすれば，(Y, X, p) はファイバー空間である．これを自明なファイバー空間という．

われわれが主として扱うファイバー空間はつぎの場合である．

例題 1　G を位相群，H をその閉部分群とし

$$p : G\to G/H$$

を G から剰余空間 G/H への射影とする．いま，G/H の原点 $x_0=p(e)$ の近傍 U および連続写像 $s : U\to G$ であって $p\circ s$ が U の恒等写像となるものが存在するとすれば，$(G, G/H, p)$ は H をファイバーとするファイバー空間である．

解　$g\in G$ による G の左移動を L_g, G/H の変換を T_g とするとき，$p\circ L_g=T_g\circ p$ である．G/H の点 $x_0=p(e)$ の与えられた近傍 U を用いて，$g\in G$ に対して点 $p(g)\in G/H$ の近傍 U_g を $U_g=T_g(U)$ とおいて定め，つぎに連続写像 $s_g : U_g\to G$ を

$$s_g = L_g \circ s \circ T_g^{-1}$$

とする．s に関する仮定により $p \circ s_g$ は U_g の恒等写像である．いま，写像 $\phi_g : U_g \times H \to p^{-1}(U_g)$ を

$$\phi_g(x, h) = s_g(x) \cdot h$$

とおいて定義すれば，ϕ_g によって $(G, G/H, p)$ は U_g の上で自明となり，H をファイバーとしてもつ．$\{U_g;\ g \in G\}$ は G/H の開被覆だから，この結果 $(G, G/H, p)$ は H をファイバーとするファイバー空間である． (以上)

この例題の仮定は H として G の離散部分群 Γ をとるときにはつねに満足されている．なぜならば，Γ は閉部分群であり[§1.4 例題 4]，U を $U \cap \Gamma = \{e\}$ となる G の単位元 e の近傍，V を $V^{-1}V \subset U$ となる e の近傍とすれば，p は V から G/Γ の点 $x_0 = p(e)$ の近傍 $p(V)$ の上への同相写像をひきおこし，s としてはその逆写像を考えればよい．一般にも，G が一般線型群 $GL(n, \mathbf{C})$ の閉部分群であって，H がその閉部分群の場合にはこの例題の仮定が満足される．このことの証明は §5.3 において与えられる．

これらの注意により例題 1 からつぎの例が得られる．

例 2 実直線 $\mathbf{R}$ から複素平面内の単位円周 S^1 への写像 p を $p(t) = e^{2\pi\sqrt{-1}t}$ $(t \in \mathbf{R})$ とすれば，整数のつくる離散集合 $\mathbf{Z}$ をファイバーとするファイバー空間 $(\mathbf{R}, S^1, p, \mathbf{Z})$ を得る．

例 3 回転群 $SO(n)$，ユニタリ群 $U(n)$，特殊ユニタリ群 $SU(n)$ の球面上への自然な作用により，つぎのファイバー空間が得られる[§1.7 例 1 参照]．

$$(SO(n), S^{n-1}, p, SO(n-1)) \qquad (n \geqq 2),$$
$$(U(n), S^{2n-1}, p, U(n-1)) \qquad (n \geqq 2),$$
$$(SU(n), S^{2n-1}, p, SU(n-1)) \qquad (n \geqq 2).$$

ファイバー空間の基本群 ファイバー空間が与えられたとき，その全空間，底空間，ファイバーの基本群の間の関係を論じよう．まず，最も簡単な場合として自明なファイバー空間に対してはつぎの定理がなりたつ．

定理 3.3 X, F を位相空間，$Y = X \times F$ とし，$x_0 \in X$，$z_0 \in F$，$y_0 = (x_0, z_0) \in Y$ とすれば，自然な同型対応

$$\pi_1(Y, y_0) \cong \pi_1(X, x_0) \times \pi_1(F, z_0)$$

が存在する．

証明　$\Omega(Y, y_0)$ を y_0 を基点とする閉じた道の集合とし，$\Omega(X, x_0)$，$\Omega(F, z_0)$ を同様の集合とする．$Y = X \times F$ から X, F への射影を p_X，p_F とするとき，$k \in \Omega(Y, y_0)$ に対して組（$p_X \circ k$, $p_F \circ k$）を対応させて全単射

$$\Omega(Y, y_0) \to \Omega(X, x_0) \times \Omega(F, z_0)$$

が定義される．この写像が求める同型写像をひきおこすことは容易にわかる．詳細は読者自身験証されたい．　　（証終）

この定理の状況のもとで射影 $p_X: Y \to X$ は $\pi_1(Y, y_0)$ から $\pi_1(X, x_0)$ の上への準同型写像を定義し，その核は $\pi_1(F, z_0)$ に同型である．以下，一般のファイバー空間において同様の結果がどの程度なりたつかを調べる．

補題 3.4　K をコンパクト距離空間，d は K の距離とする．X を開被覆 $\{U_\alpha\}$ が与えられた位相空間とし，連続写像 $f: K \to X$ がある．このとき，つぎのような正数 δ が存在する．K の 2 点 c, c' が $d(c, c') < \delta$ なる限りそれらの像 $f(c)$, $f(c')$ はある U_α に同時に含まれる．

証明　終結を否定すれば，任意の自然数 n に対して K の 2 点 c_n, c_n' の組を $d(c_n, c_n') < 1/n$ かつ $f(c_n)$, $f(c_n')$ はどの U_α にも同時には含まれないように選べる．K はコンパクト距離空間だから，$\{c_n\}$ は K の 1 点 c_0 に収束する部分列 $\{c_{n_\nu}; \nu = 1, 2, \cdots\}$ を含み，このとき $\{c_{n_\nu}'\}$ も c_0 に収束しなければならない．$f(c_0) \in U_\alpha$ なる U_α をとるとき，f の連続性により ν が十分大きいとき $f(c_{n_\nu})$, $f(c_{n_\nu}')$ がともに U_α に含まれることとなり矛盾である．

（証終）

ファイバー空間（Y, X, p, F）が与えられたとし，X の道 k に対して Y の道 $\tilde{k}$ であって

$$p \circ \tilde{k} = k$$

となるものを k の**リフト**とよぶ．

定理 3.5　ファイバー空間（Y, X, p, F）があり，x_0 をその底空間 X の 1 点，$y_0 \in Y$ は $p(y_0) = x_0$ なる任意の点とする．このとき，x_0 を始点とする X

の任意の道 k に対して，y_0 を始点とする k のリフト $\tilde{k}$ が存在する．

証明 X はその上で (Y, X, p) が自明となるような開集合からなる開被覆をもつから，$k: I \to X$ に補題 3.4 を適用してつぎのことを知る．I を十分細かく n 等分するとき，各小区間 $I_i=[(i-1)/n, i/n]$ $(1 \leqq i \leqq n)$ の k による像は上の開被覆のあるメンバー U_i に含まれる．

$$\phi_{U_i}:\ U_i \times F \to p^{-1}(U_i)$$

を U_i 上の自明化写像として，これを用いて $\tilde{k}$ を各小区間 I_i の上で順次に定義していく．まず，$y_0 \in p^{-1}(x_0) \subset p^{-1}(U_1)$ だから，$y_0=\phi_{U_1}(x_0, z_1)$ $(z_1 \in F)$ と表わし，

$$\tilde{k}(t)=\phi_{U_1}(k(t), z_1) \qquad (t \in I_1)$$

とおく．このとき，$p(\tilde{k}(t))=k(t)$ $(t \in I_1)$ である．$\tilde{k}(t)$ が区間 $I_1 \cup \cdots \cup I_{i-1}$ において，$p(\tilde{k}(t))=k(t)$ となるように定義されたとき，$k((i-1)/n) \in U_i$ だから，適当な $z_i \in F$ により $\tilde{k}((i-1)/n)=\phi_{U_i}(k((i-1)/n), z_i)$ となり，このとき

$$\tilde{k}(t)=\phi_{U_i}(k(t), z_i) \qquad (t \in I_i)$$

とすれば，$\tilde{k}$ は $I_1 \cup \cdots \cup I_i$ に拡大され，そこで $p(\tilde{k}(t))=k(t)$ をみたす．この操作を繰返せば $\tilde{k}$ は $I=I_1 \cup \cdots \cup I_n$ 全体で定義され，$\tilde{k}(0)=y_0$ なる k のリフトを与える．（証終）

この定理の応用としてつぎの定理が得られる．

定理 3.6 ファイバー空間 (Y, X, p, F) において，ファイバー F が弧状連結であるとする．このとき，$y_0 \in Y$，$x_0=p(y_0) \in X$ に対して，p によってひきおこされる準同型写像

$$p_*:\ \pi_1(Y, y_1) \to \pi_1(X, x_0)$$

は全射である．

証明 $\kappa=[k]$ を $\pi_1(X, x_0)$ の任意の元とする．ここに k は x_0 を基点とする閉じた道である．前定理により k のリフト $\tilde{k}$ であって $\tilde{k}(0)=y_0$ となるものが存在する．すると $p(\tilde{k}(1))=k(1)=x_0$，したがって $\tilde{k}(1)$ と y_0 はともに $p^{-1}(x_0)$ に属する．$p^{-1}(x_0)$ は F に同相で F は弧状連結と仮定しているから，

$p^{-1}(x_0)$ の中で $\tilde{k}(1)$ と y_0 を結ぶ道 $\tilde{l}$ が存在する．すると，$\tilde{k}$ と $\tilde{l}$ をつないだ道 $\tilde{k}\vee\tilde{l}$ は y_0 を基点とする閉じた道であり，

$$p\circ(\tilde{k}\vee\tilde{l})=(p\circ\tilde{k})\vee(p\circ\tilde{l})\sim p\circ\tilde{k}=k$$

となる．ここに，$p\circ\tilde{l}$ が点 x_0 に値をとる定値の道 0_{x_0} であるから，定理 3.1 (3) により ～ がなりたつのである．これは $[\tilde{k}\vee\tilde{l}]\in\pi_1(Y,y_0)$ の p_* による像が与えられた $\kappa=[k]$ となることを示し，p_* は全射である．　　(証終)

補題 3.7　$\mathbf{R}^2=\{(t,s)\}$ の中の長方形

$$Q=[t_0,t_1]\times[s_0,s_1]$$

の 2 辺の和集合

$$([t_0,t_1]\times\{s_0\})\cup(\{t_0\}\times[s_0,s_1])$$

において定義されて位相空間 F に値をとる連続写像 ψ は，Q 全体から F への連続写像に拡張することができる．

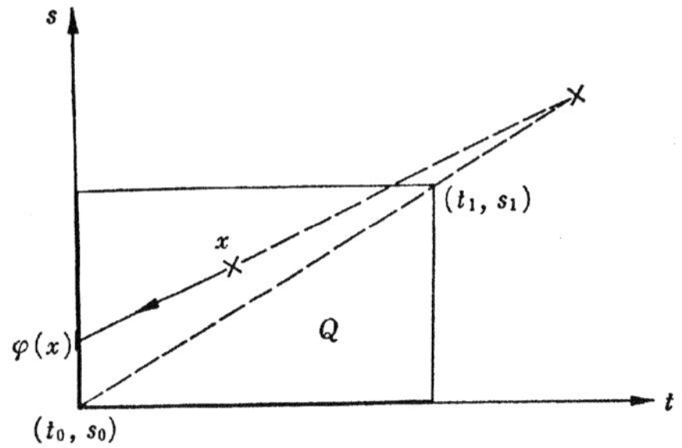

図 3.3

証明　図 3.3 に示すように，(t_0,s_0) と (t_1,s_1) を結ぶ対角線の延長上の 1 点を用いて，Q の各点を与えられた 2 辺の和集合の上に射影する写像 φ は Q からこの 2 辺の和集合への連続写像である．すると，合成写像 $\psi\circ\varphi: Q\to F$ は連続であって ψ の Q への拡張を与えている．　　(証終)

定理 3.8 (被覆ホモトピー定理)　ファイバー空間 (Y,X,p,F) において，底空間 X の点 x_0 を始点とする 2 つの道 k,l がホモトープであるとし，その間のホモトピー写像を $\varphi: I^2\to X$ とする．k の一つのリフト $\tilde{k}$ が与えられた

とき，これらに対してつぎの条件をみたす連続写像 $\tilde{\varphi}: I^2 \to Y$ が存在する．

（1）　$p(\tilde{\varphi}(t,s)) = \varphi(t,s) \qquad ((t,s) \in I^2)$,

（2）　$\tilde{\varphi}(t,0) = \tilde{k}(t), \qquad \tilde{\varphi}(0,s) = \tilde{k}(0) \qquad (t,s \in I)$.

とくに，$\tilde{l}(t) = \tilde{\varphi}(t,1)$ とおいて l の一つのリフト $\tilde{l}$ が得られる．

証明　ホモトピー写像の定義により φ は

$$\varphi(t,0) = k(t), \qquad \varphi(t,1) = l(t),$$
$$\varphi(0,s) = x_0, \qquad \varphi(1,s) = k(1) = l(1)$$

をみたす．定理の条件（2）により，定義されるべき $\tilde{\varphi}$ は正方形 I^2 の 2 辺の和集合 $(I \times \{0\}) \cup (\{0\} \times I)$ では，すでに定義されていると考えられる．これを正方形 I^2 全体から Y への連続写像として，条件（1）をみたすように，拡張できればよい．このために，$\varphi: I^2 \to X$ に補題 3.4 を用いる．すると，十分大きな整数 n をとり，I^2 を n^2 個の小正方形

$$I_{ij} = [(i-1)/n, i/n] \times [(j-1)/n, j/n] \qquad (1 \leq i, j \leq n)$$

に分割するとき，それぞれの I_{ij} の φ による像はその上で (Y, X, p, F) が自明となるような X の開集合 U_{ij} に含まれるようにすることができる．そこで $\tilde{\varphi}$ を

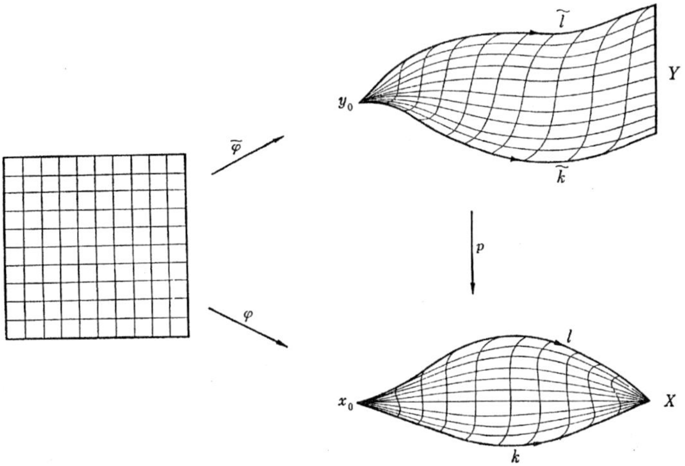

図 3.4

$$I_{11}, I_{21}, \cdots, I_{n1}, I_{12}, \cdots, I_{n2}, \cdots, I_{1n}, \cdots, I_{nn}$$

の上の連続写像に順次に拡張し，そこで（1）がなりたつようにしていこう．U_{ij} の上の (Y, X, p, F) の自明化写像を $\phi_{U_{ij}}$ とする．まず I_{11} において $\tilde{\varphi}$ が存在したとすれば，条件（1）により

$$\tilde{\varphi}(t, s) = \phi_{U_{11}}(\varphi(t, s), z_{11}(t, s)) \qquad ((t, s) \in I_{11})$$

となり，ここに $z_{11}(t, s)$ は I_{11} から F への連続写像であって条件（2）により

$$\tilde{k}(t) = \phi_{U_{11}}(k(t), z_{11}(t, 0)) \qquad (t \in [0, 1/n]),$$
$$\tilde{k}(0) = \phi_{U_{11}}(x_0, z_{11}(0, s)) \qquad (s \in [0, 1/n])$$

をみたさねばならない．逆に，連続写像 $z_{11}: I_{11} \to F$ がこの2条件をみたせば，この z_{11} を用い上式で $\tilde{\varphi}$ を定義すればよい．ところで，このような z_{11} の存在は補題 3.7 によって保証されている．事実，上の2条件は z_{11} が正方形 I_{11} の2辺の和の上で F への連続写像としてすでに与えられていることを示し，この補題によりこの写像を連続写像 $z_{11}: I_{11} \to F$ に拡張できるからである．つぎに，I_{21} における $\tilde{\varphi}$ は

$$\tilde{\varphi}(t, s) = \phi_{U_{21}}(\varphi(t, s), z_{21}(t, s)) \qquad ((t, s) \in I_{21})$$

として定義され，ここに $z_{21}: I_{21} \to F$ は

$$\tilde{k}(t) = \phi_{U_{21}}(k(t), z_{21}(t, 0)) \qquad (t \in [1/n, 2/n]),$$
$$\tilde{\varphi}\left(\frac{1}{n}, s\right) = \phi_{U_{21}}\left(\varphi\left(\frac{1}{n}, s\right), z_{21}\left(\frac{1}{n}, s\right)\right) \qquad (s \in [0, 1/n])$$

をみたす連続写像であって，その存在は z_{11} と同様に補題3.7によって保証される．以下同様に続けて結局 I^2 の2辺の和の上で条件（2）によって定義された $\tilde{\varphi}$ は条件（1）をみたす連続写像 $\tilde{\varphi}: I^2 \to Y$ に拡張される．これで定理は証明された．　　（証終）

つぎに，ファイバー空間 (Y, X, p, F) の底空間 X の1点 x_0 をとり，x_0 を含む開集合 U をその上で自明化写像

$$\phi_U : U \times F \to p^{-1}(U)$$

が存在するものとする．このとき，連続写像 $i: F \to Y$

$$i(z)=\phi_U(x_0, z) \qquad (z\in F)$$

によって定義するならば，i は F から $p^{-1}(x_0)$ への同相写像である．$z_0\in F$ を選んで $i(z_0)=y_0$ とすれば，i は準同型写像

$$i_*: \pi_1(F, z_0)\to\pi_1(Y, y_0)$$

をひきおこす．

定理 3.9 ファイバー空間 (Y, X, p, F) が与えられ，連続写像 $i: F\to Y$ を上のように構成したものとする．このとき，準同型写像 i_* の像は準同型写像

$$p_*: \pi_1(Y, y_0)\to\pi_1(X, x_0)$$

の核に一致する．

証明 まず，$p\circ i$ は F から点 x_0 への定値写像であるから，i_* の像は p_* の核に含まれる．逆の包含関係を証明するために，$\kappa\in\pi_1(Y, y_0)$ が p_* の核に含まれたとし，$\kappa=[\tilde{k}]$ とする．ここに，$\tilde{k}$ は y_0 を基点とする Y の閉じた道である．すると，x_0 を基点とする X の閉じた道 $k=p\circ\tilde{k}$ は点 x_0 に値をもつ定値の道 0_{x_0} にホモトープとなる．k と 0_{x_0} の間のホモトピー写像を φ とする．明らかに $\tilde{k}$ は k のリフトである．連続写像 $\tilde{\varphi}: I^2\to Y$ を前定理の条件 (1)，(2) をみたすように構成しよう．これらの条件により

$$\begin{aligned}&\tilde{\varphi}(t,0)=\tilde{k}(t), \qquad \tilde{\varphi}(1,0)=\tilde{k}(1)=y_0,\\&\tilde{\varphi}(0,s)=\tilde{k}(0)=y_0,\\&p(\tilde{\varphi}(t,1))=\varphi(t,1)=x_0,\\&p(\tilde{\varphi}(1,s))=\varphi(1,s)=x_0\end{aligned}$$

がなりたつ．ここに，t, s は I を動くものとする．したがって，Y において y_0 より始まる閉じた道 $\tilde{m}$ を

$$\tilde{m}(t)=\begin{cases}\tilde{\varphi}(2t,1) & (t\in[0,1/2])\\ \tilde{\varphi}(1,2-2t) & (t\in[1/2,1])\end{cases}$$

として定義することができ，図 3.5 より明らかなように $\tilde{k}\vee\tilde{m}^{-1}$ は y_0 に値をとる定値の道にホモトープである．したがって，$\tilde{k}\sim\tilde{m}$ である[定理 3.1]．しかるに，$\tilde{m}$ の値は $p^{-1}(x_0)=i(F)$ に入るから，$\tilde{m}$ は z_0 を基点とする F の

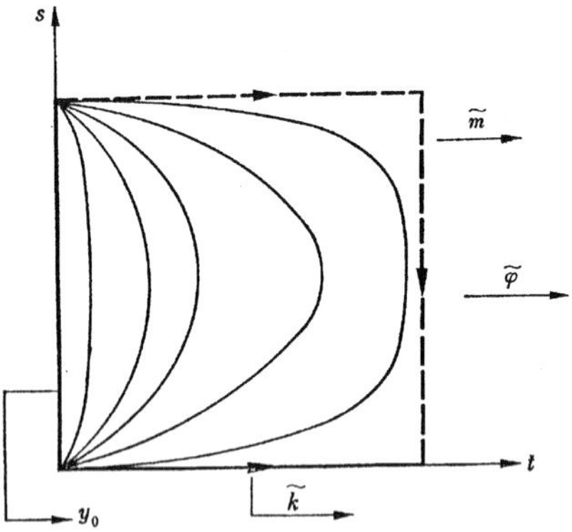

図 3.5

閉じた道 m' を用いて $\widetilde{m}=i\circ m'$ と表わされる．したがって，$\kappa=[\tilde{k}]=[\widetilde{m}]=i_*[m']$ となり，κ が i_* の像に含まれることが証明された． (証終)

定理 3.10 ファイバー空間 (Y, X, p, F) について記号は前定理の通りとする．ファイバー F が弧状連結であるときには，つぎのような群の完全系列がなりたつ．

$$(e) \to \pi_1(F, z_0) \xrightarrow{i_*} \pi_1(Y, y_0) \xrightarrow{p_*} \pi_1(X, x_0) \to (e).$$

ここに (e) は単位元のみからなる群を示し，これが完全系列とはここに現われる各準同型写像の像がそのつぎの準同型写像の核に等しいことを意味する．この結果，とくに

$$\pi_1(X, x_0) \cong \pi_1(Y, y_0)/i_*(\pi_1(F, z_0))$$

がなりたつ．

証明 定理 3.7 と前定理を組合せて明らかである． (証終)

3.3 位相群の基本群

ここでは第 2 章で現われた線型群など位相群の例についてその基本群を求めてみよう．このための手段としては前節の定理 3.10，およびつぎの定理が有効である．

定理 3.11 G を弧状連結で単連結な位相群とし，Γ を G の離散部分群と

する．このとき，剰余空間 $X=G/\Gamma$ は弧状連結であって，その基本群 $\pi_1(X)$ は Γ に同型である．

証明 弧状連結な位相空間 G の連続像として X は明らかに弧状連結である．つぎに，$p: G\to X$ を自然な射影として，ファイバー空間 (G, X, p, Γ) を得る[§3.2 例題 1]．$x_0=p(e)$ とし，$\pi_1(X)$ は x_0 を基点とする基本群と考えよう．いま，Γ の任意の元 γ に対して G の単位元 e と γ^{-1} を結ぶ道 $\tilde{k}$ をとり，$k=p\circ\tilde{k}$ とおくと k は x_0 を基点とする閉じた道である．k のホモトピー類 $[k]\in\pi_1(X)$ は ($\tilde{k}$ のとり方によらず) γ によって一意的に定まる．なぜならば，$\tilde{l}$ をいま一つの e と γ^{-1} を結ぶ道とするとき，閉じた道 $\tilde{k}\vee\tilde{l}^{-1}$ は G が単連結だから $\sim 0_e$ である．ここに 0_e は e に値をとる定値の道を示す．よって，その p による像をとれば $k\vee l^{-1}\sim 0_{x_0}$ となり，$k\sim l$ である[定理 3.1 (6)]．ゆえに $[k]$ は γ によって定まり，これを $\rho(\gamma)$ とすることにより写像

$$\rho: \Gamma\to\pi_1(X)$$

が得られる．

x_0 を基点とする閉じた道 k に対して，その e を始点とするリフト $\tilde{k}$ は $p^{-1}(x_0)=\Gamma$ の点を終点とするから，ρ は全射である．また，$\gamma, \delta\in\Gamma$ とし，e と γ^{-1}, δ^{-1} を結ぶ道 $\tilde{k}$, $\tilde{l}$ をとるとき，道 $\tilde{k}\vee(R_{\gamma^{-1}}\circ\tilde{l})$ をつくることができ $\delta^{-1}\gamma^{-1}$ を終点にもつ．ここに $R_{\gamma^{-1}}$ は γ^{-1} による G の右移動を示す．$p\circ R_{\gamma^{-1}}=p$ であるから，この道の p による像は $k\vee l$ に等しい．ゆえに $\rho(\gamma\delta)=[k\vee l]=[k]\cdot[l]=\rho(\gamma)\rho(\delta)$ となり，ρ は準同型写像である．

この ρ が同型写像となることを証明しよう．このためには ρ の核が単位元に帰することを示せばよく，これには X の x_0 を基点とする零ホモトープな道の e を始点とするリフト $\tilde{k}$ が閉じた道であることを示せばよい．$k\sim 0_{x_0}$ を与えるホモトピー写像 φ に対し定理 3.8 の写像 $\tilde{\varphi}: I^2\to G$ をつくる．この写像は $p\circ\tilde{\varphi}=\varphi$, $\tilde{\varphi}(t,0)=\tilde{k}(t)$, $\tilde{\varphi}(0,s)=e$ をみたしている．このとき，$p(\tilde{\varphi}(t,1))=x_0$ であるから，$\tilde{\varphi}(t,1)\in\Gamma$ となり，Γ が離散位相をもつから，$\tilde{\varphi}(t,1)=\tilde{\varphi}(0,1)=e\ (t\in I)$ でなければならない．すると，$p(\tilde{\varphi}(1,s))=\varphi(1,s)=x_0$ だから同じ理由により，$\tilde{\varphi}(1,s)=\tilde{\varphi}(1,1)=e\ (s\in I)$ がわかる．ゆえに，$\tilde{k}(1)$

$=\tilde{\varphi}(1,0)=e$ となり，$\tilde{k}$ が閉じた道であることが証明された．　(証終)

例題 1　円周 S^1 の基本群 $\pi_1(S^1)$ は整数の加法群 $\mathbf{Z}$ に同型である．S^1 の r 個の直積 T^r (これを r 次元トーラスという)の基本群は $\mathbf{Z}$ の r 個の直和に同型である．

解　$S^1\cong\mathbf{R}/\mathbf{Z}$ であるから定理 3.11 により前半を得る．すると，後半は定理 3.3 によって明らかである．　(以上)

例を扱うためにつぎの補題は有用である．

補題 3.12　連結な位相群 G において，その単位元が弧状連結な近傍 U をもてば，G は弧状連結である．

証明　G の任意の元 g に対して gU は g の弧状連結な近傍であり，とくにその任意の点は g と gU 内の道で結ぶことができる．これは G の弧状連結成分のおのおのが開集合であることを示している．Gは互いに交わらない弧状連結成分の和集合だから，G が連結な位相群のときには G はただ1つの弧状連結成分からなる．すなわち，G は弧状連結である．　(証終)

この補題によれば，群 $GL(n,\mathbf{C})$，$U(n)$，$SL(n,\mathbf{C})$，$SU(n)$，$SL(n,\mathbf{R})$，$SO(n)$ は弧状連結であることがわかる．実際，§1.9 例題1および2により，これらの群は連結である．また，定理 2.10 によればこれらの群は局所ユークリッド的，すなわち単位元がある次元の $\mathbf{R}^d$ の零元の近傍と同相な近傍をもち，したがってそれは弧状連結な近傍をもつわけである．これらの群の基本群を求めよう．

例題 2　つぎの同型がなりたつ．

(1)　$\pi_1(U(n))\cong\pi_1(GL(n,\mathbf{C}))\cong\mathbf{Z}$　　$(n\geqq 1)$,

(2)　$\pi_1(SU(n))\cong\pi_1(SL(n,\mathbf{C}))\cong\{e\}$　　$(n\geqq 1)$,

(3)　$\pi_1(SO(n))\cong\pi_1(SL(n,\mathbf{R}))\cong\mathbf{Z}_2$　　$(n\geqq 3)$.

ここで，$\mathbf{Z}$ は整数の加法群，$\mathbf{Z}_2$ は位数 2 の巡回群を示す．

解　(1)　$U(1)$ は絶対値の 1 の複素数の集合だから，円周 S^1 と同一視される．よって例題1により $\pi_1(U(1))\cong\mathbf{Z}$ である．$n\geqq 2$ のとき，§3.2 例題1およびそのあとの注意によりファイバー空間

$$(U(n), U(n)/U(n-1), p, U(n-1))$$

が考えられ，ここでファイバー $U(n-1)$ は弧状連結である．また §1.8 例1 により底空間 $U(n)/U(n-1)$ は球面 S^{2n-1} に同相であり，これは単連結である．定理 3.10 を用いてこれから $\pi_1(U(n))\cong\pi_1(U(n-1))$ を知る．したがって，n に関する帰納法により $U(n)\cong\mathbf{Z}$ がわかる．定理 2.13 により $GL(n, \mathbf{C})$ は $U(n)\times\mathbf{R}^d$ $(d=n^2)$ に同相であり，ここで $\pi_1(\mathbf{R}^d)=\{e\}$ だから定理 3.3 により，$\pi_1(GL(n, \mathbf{C}))\cong\pi_1(U(n))$ がなりたつ．（1）が示された．

（2） $SU(1)$ は単位行列だけからなる群だから，明らかに $\pi_1(SU(1))=\{e\}$ である． $n\geqq 2$ のときは，ファイバー空間

$$(SU(n), SU(n)/SU(n-1), p, SU(n-1))$$

を考え，ここで $SU(n-1)$ は弧状連結，$SU(n)/SU(n-1)\approx S^{2n-1}$ であるから，（1）の場合と同じく $\pi_1(SU(n))=\pi_1(SU(n-1))$ を知る．したがって帰納法で $\pi_1(SU(n))=\{e\}$ を得る．§2.5 例2 によれば $SL(n, \mathbf{C})\approx SU(n)\times\mathbf{R}^d$ $(d=n^2-1)$ だから，$\pi_1(SL(n, \mathbf{C}))\cong\pi_1(SU(n))$ がなりたつ．

（3） $\pi_1(SO(3))\cong\mathbf{Z}_2$ を示す．§2.4 例題1 によれば，準同型写像 $\rho: SU(2)\to SO(3)$ が存在し，これは全射でありまたその核 N は $\mathbf{Z}_2$ に同型である．ゆえに $SO(3)\cong SU(2)/N$ である[定理 1.13]．また，（2）により $SU(2)$ は単連結だから，定理 3.11 を用いてこれから $\pi_1(SO(3))\cong\mathbf{Z}_2$ が結論される．$n\geqq 4$ のとき，ファイバー空間

$$(SO(n), SO(n)/SO(n-1), p, SO(n-1))$$

を考え，ここで $SO(n-1)$ が弧状連結，$SO(n)/SO(n-1)\approx S^{n-1}$ であるから，（1）の場合と同じく $\pi_1(SO(n))\cong\pi_1(SO(n-1))$ がなりたつことがわかる．よって帰納法により $\pi_1(SO(n))\cong\mathbf{Z}_2$ を知る． §2.5 例2 によれば $SL(n, \mathbf{R})\approx SO(n)\times\mathbf{R}^d$ $(d=n(n+1)/2)$ であるから，$\pi_1(SL(n, \mathbf{R}))\cong\pi_1(SO(n))$ がなりたつ． （以上）

位相群の基本群については一般につぎの性質がある．

定理 3.13 弧状連結な位相群 G の基本群 $\pi_1(G)$ は可換群である．

証明 単位元 e を基点とする G の基本群が可換であることを示す．k, l を

e を基点とする閉じた道とし，連続写像 $\psi: I^2 \to G$ を

$$\psi(t,s)=k(t)l(s) \qquad ((t,s)\in I^2)$$

と定義する．すると，

$$\psi(t,0)=k(t), \qquad \psi(1,s)=l(s),$$
$$\psi(0,s)=l(s), \qquad \psi(t,1)=k(t)$$

であるから，ψ により正方形 I^2 の頂点 $(0,0)$ から頂点 $(1,1)$ にいたる2組の2辺の和は $k\vee l$, $l\vee k$ の上に写る．このとき，ψ はこの2つの道の間のホモトピー写像をひきおこし，$k\vee l\sim l\vee k$ である．これは $[k][l]=[l][k]$ を示し，群 $\pi_1(G,e)$ は可換である．　　　　(証終)

ここで，本節の冒頭の定理 3.11 に戻れば，それは特別の場合としてつぎの主張を含んでいる．弧状連結な位相群 G が，単連結で弧状連結な位相群 $\tilde{G}$ とその正規離散部分群 Γ により $G\cong\tilde{G}/\Gamma$ と表わされるならば，$\pi_1(G)\cong\Gamma$ である．それでは与えられた G に対してこのような $\tilde{G}$ と Γ が見出せるであろうか．G の位相について局所的な性質を少し要請するときこの問題は肯定的に解決される．これを説明するために，まず被覆空間について知られていることを述べる*)．一般に，位相空間 X が**局所連結**，**局所弧状連結**，または**局所単連結**であるとは X の各点がそれぞれ連結，弧状連結，または単連結な開集合からなる基本近傍系をもつこととする．X の各点が $\mathbf{R}^n$ の開集合と同相な近傍をもつ場合，X はこの3条件をいずれも満足している．さて，X は弧状連結，局所連結な位相空間とする．この X の**被覆空間** (Y,p) とは弧状連結，局所連結な位相空間 Y と連続写像 $p: Y\to X$ の組であって，(Y,X,p) がそのファイバーが離散位相をもつところのファイバー空間となるものをいう．弧状連結，局所連結な位相空間 X, Y と連続写像 $p: Y\to X$ があるとき，これが X の被覆空間 (Y,p) を定義するのは，X の各点がつぎの条件をみたす連結な近傍 U をもつとき，かつそのときに限る．U の原像 $p^{-1}(U)$ の各連結成分は p により U と同相となる．X の被覆空間 (Y,p) があるとき，準同型写像 p_*: $\pi_1(Y)\to\pi_1(X)$ は単射である[定理 3.9]．X が局所弧状連結であれば，被覆

---

*) 以下本節で述べることの証明は巻末 参考書［2］第9章にある．

空間 (Y,p) はこの p_* の像によって同型を除いて一意的に定まることも証明される．ここに，X の2つの被覆空間 (Y,p)，(Y',p') が同型であるとは同相写像 $f: Y\to Y'$ であって $p'\circ f=p$ となるものが存在することである．そして，X が局所弧状連結かつ局所単連結のときには，$\pi_1(X)$ の任意の部分群に対してそれを p_* の像とするところの X の被覆空間 (Y,p) を構成できる．これらの結果の特別の場合として，Y が単連結となる被覆空間 (Y,p) が存在し，これは同型を除いてただ1つ定まることとなる．この (Y,p) は X の**普遍被覆空間**とよばれるものである．

さて，G を連結，局所弧状連結，局所単連結な位相群とする．便宜上このような位相群をここでは可容位相群とよぼう．具体的な例としては，局所ユークリッド的な連結位相群は可容位相群である．可容位相群 G に対してその普遍被覆空間 $(\tilde{G},p)$ をつくるとき，この $\tilde{G}$ に群構造を導入し p が位相群 $\tilde{G}$ から G への準同型写像となるようにすることができて，しかもこの群構造は（被覆空間 $(\tilde{G},p)$ の自己同型写像で移り合うものを同一視すれば）一意的に定まる．この $(\tilde{G},p)$ を G の**普遍被覆群**という．p は被覆空間の射影だから，p による G の単位元 e の原像 $\Gamma=p^{-1}(e)$ は G の離散正規部分群であって，したがって $\pi_1(G)\cong\Gamma$ である[定理 3.11]．また，Γ は G の中心に含まれる[定理 1.16]から，この結果は定理 3.13 の別証明も与えている．

ここに述べた可容位相群に対する普遍被覆群の存在よりもっと精密なつぎの結果がある．これを述べるために，位相群 G から位相群 G' への**局所準同型写像**とは G の単位元 e のある近傍 U から G' への連続写像 ρ であって $g\in U$, $h\in U$, $gh\in U$ のときには $\rho(g)\rho(h)=\rho(gh)$ をみたすものとする．この ρ がさらに U から G' の単位元の近傍 U' への同相写像であって，ρ^{-1} が G' から G への局所準同型写像となるとき，ρ を**局所同型写像**といい，このような ρ が存在する場合に G と G' は**局所同型**であるという．G を位相群，Γ を G の離散正規部分群とすれば G と G/Γ は局所同型である．これらのことばを用いるとき，つぎの事実が知られている．一つの群に局所同型な可容位相群すべてのつくる類を考えるとき，その中には（同型なものを同一視するとき）ただ

1つの単連結な群 G が存在し，この類の他の群はすべて G/Γ と表わされる．ここに Γ は G の離散正規部分群である．したがって，この類は G の中心に含まれる離散部分群をすべて求めれば決定され，また G はこの G に局所同型な任意の群の普遍被覆群を与えるわけである．一方，G, G' が弧状連結な位相群で，ここに G は単連結，局所連結であるとする．このとき，G から G' への局所準同型写像 ρ に対して，G から G' への準同型写像 $\tilde{\rho}$ であって G の単位元の十分小さな近傍では ρ に一致するものを一意的に構成できる．これらの結果は §5.6 で用いられるはずである．

問　題　3

1. 位相空間 Z が2つの弧状連結な部分空間 X, Y の和集合として表わされ，ここでつぎの条件がみたされているとする．X は単連結，$X\cap Y$ は弧状連結であって，さらに，包含写像 $i: X\cap Y\to Y$ による準同型写像 $i_*: \pi_1(X\cap Y)\to\pi_1(Y)$ は全射であるとする．このとき，$\pi_1(Z)$ を求めよ．

2. つぎのような特別のファイバー空間 (Y, X, p, F) を考えよう．ファイバー F の上には位相群 G が作用している．そして，ファイバー空間の定義により存在するところの X の開被覆 $\{U_\lambda\}$ と各 U_λ の上で (Y, X, p) を自明とする写像

$$\phi_\lambda:\ U_\lambda\times F\to p^{-1}(U_\lambda)$$

について，つぎの条件がなりたつ．

$$\phi_\lambda(x, g_{\lambda\mu}(x)z)=\phi_\mu(x, z)\qquad (x\in U_\lambda\cap U_\mu,\ z\in F).$$

ここに $g_{\lambda\mu}$ は $U_\lambda\cap U_\mu$ で定義され G に値をとる連続写像である．このとき (Y, X, p, F) を G を構造群とするファイバー束という．とくに，$F=G$ で各元 $g\in G$ は F 上に左移動によって作用している場合には主ファイバー束という．さて，つぎのことを証明せよ．

（1） §3.2 例題1 のファイバー空間 $(G, G/H, p)$ は位相群 H をファイバーとする主ファイバー束である．

（2） (Y, X, p, G) が主ファイバー束であるとき，$g\in G$ は Y の変換 $R_g: Y\to Y$ を

$$R_g\phi_\lambda(x, z)=\phi_\lambda(x, zg)\qquad (x\in U_\lambda,\ z\in G)$$

により矛盾なく定義する．これにより G は Y に(右から)作用し，Y の各点を含む G の軌道はその点を通る (Y, X, p) のファイバーに等しい．

（3） 主ファイバー束 (Y, X, p, G) と G が作用する位相空間 F があるとき，積空間 $Y\times F$ において，

$$(y, z)\sim(y', z')\Leftrightarrow\exists g\in G;\ y'=R_g y,\ z'=g^{-1}z$$

とおいて同値関係 $\sim$ を定義する．$Y\times F$ から同値類の集合 $Z=(Y\times F)/\sim$ への射影を r とし，$D\subset Z$ は $r^{-1}(D)$ が $Y\times F$ の開集合であるとき Z の開集合であるとして Z に位相を入れる．すると $q\circ r=p\circ\pi_Y$ (π_Y は射影 $Y\times F\to Y$) となる連続写像 $q: Z\to X$ が定まり，(Z, X, q) は F をファイバーとし，G を構造群とするファイバー束となることを証明せよ．

3. 位相群 $Sp(m)$，$Sp(m, \mathbf{C})$，$Sp(m, \mathbf{R})$ は連結となることを示し，それらの基本群を決定せよ ($m\geqq 1$)．

4. ファイバー空間 (Y, X, p, F) があり，$y_0\in Y$，$x_0=p(y_0)$ とする．このとき，群 $\pi_1(X, x_0)$ において，部分群 $p_*(\pi_1(Y, y_0))$ の共役部分群はまた適当な $y_1\in p^{-1}(x_0)$ によって $p_*(\pi_1(Y, y_1))$ と表わされることを証明せよ．(逆は §3.1 問2 で与えられている．)

5. ファイバー空間 (Y, X, p, F) において，Y は弧状連結でありファイバー F は離散集合とする．$y_0\in Y$，$x_0=p(y_0)$ として，k, l は x_0 を始点とする道を示し，$\tilde{k}$, $\tilde{l}$ はそれぞれの y_0 を始点とするリフトを表わすものとする．このとき，つぎのことを順次に証明せよ．

(1) $k\sim 0_{x_0}$ のとき，$\tilde{k}$ は閉じた道で $\tilde{k}\sim 0_{y_0}$．

(2) k に対して $\tilde{k}$ は一意的に定まる．

(3) $k\sim l\Leftrightarrow \tilde{k}\sim\tilde{l}$．

(4) k が閉じた道のとき，$[k]$ を k が代表する $\pi_1(X, x_0)$ の元とする．この k のリフト $\tilde{k}$ が閉じた道となるのは，$[k]$ が部分群 $p_*(\pi_1(Y, y_0))$ に属するときかつそのときに限る．

(5) x_0 を基点とする閉じた道 k のリフト $\tilde{k}$ の終点は，k のホモトピー類 $[k]$ によって一意的に定まり，さらにこれによって $\pi_1(X, x_0)$ の $p_*(\pi_1(Y, y_0))$ を法とする右剰余集合と集合 $p^{-1}(x_0)$ の間の全単射がひきおこされる．

6. (Y, X, p, F) を前問の通りとし，$y_0\in Y$，$x_0=p(y_0)$ とする．このとき，つぎの2条件は同値である．

(i) $p_*(\pi_1(Y, y_0))$ は $\pi_1(X, x_0)$ の正規部分群である．

(ii) x_0 を基点とする任意の閉じた道に対し，$p^{-1}(x_0)$ のいろいろな点を始点としてそのリフトを考えるとき，これらはすべてが閉じた道となるか，すべてが閉じない道となる．

7. (Y, X, p, F)，(Y', X, p', F) を2つのファイバー空間として，ここで Y, Y' は弧状連結，F は離散集合，X は局所弧状連結であるとする．$x_0\in X$，$y_0\in p^{-1}(x_0)$，$y_0'\in p'^{-1}(x_0)$ とするとき，同相写像 $\varphi: Y\to Y'$ であって，$p'\circ\varphi=p$ なるものが存在するために必要十分条件は $p_*(\pi_1(Y, y_0))$ と $p_*'(\pi_1(Y', y_0'))$ が $\pi_1(X, x_0)$ の共役部分群となることである．

8. (Y, X, p, F) は前問の通りとし，同相写像 $\varphi: Y\to Y$ であって，$p\circ\varphi=p$ をみた

すものすべての集合を Φ とする．この Φ は写像の合成を積として群をつくっている．さて，(Y, X, p, F) について第6問の条件は，Φ が X の任意の点 x の原像 $p^{-1}(x)$ の上に推移的に作用することと同値である．そして，この場合には，群 Φ は剰余群 $\pi_1(X, x_0)/p_*(\pi_1(X, y_0))$ に同型である．これらを証明せよ．(この場合 (Y, p) は X の被覆空間であり，Φ はその被覆変換群とよばれている．本問の条件がなりたつとき (Y, p) は X の正則被覆空間であるという．)

4. リ ー 群

4.1 実解析関数

この章では実解析多様体という構造と群構造を複合したものとしてリー群を定義し，その基本的性質について述べる．このために，実解析関数と実解析写像について必要な事柄の説明からはじめよう．

n 個の文字 $x_1, \cdots, x_n$ に関する実係数**形式的ベキ級数**，または単にベキ級数とは形式的な式

$$\sum_{p_1, \cdots, p_n=0}^{\infty} a_{p_1 \cdots p_n} x_1^{p_1} \cdots x_n^{p_n} \tag{4.1}$$

をいい，ここに $a_{p_1 \cdots p_n} \in \mathbf{R}$ $(p_1, \cdots, p_n = 0, 1, \cdots)$ である．この形のベキ級数すべての集合を $\mathbf{R}[[x_1, \cdots, x_n]]$ で表わすとき，§2.3 に述べたところの $n=1$ の場合と同じように，$\mathbf{R}[[x_1, \cdots, x_n]]$ では 2 元の和，積および実数によるスカラー倍が自然に定義され，これは $\mathbf{R}$ 代数をつくる．その単位元 1 は $a_{0 \cdots 0} = 1$, $a_{p_1 \cdots p_n} = 0$ $(p_1 + \cdots + p_n \geqq 1)$ となるベキ級数 (4.1) である．

$\mathbf{A}$ をノルムをもつ $\mathbf{R}$ 代数とするとき，ベキ級数 (4.1) の文字 $x_1, \cdots, x_n$ に $\mathbf{A}$ の元 $\zeta_1, \cdots, \zeta_n$ を代入して得られる級数の収束性を，§2.2 での $n=1$ の場合と同様に論じることができる．ここで必要なのは $\mathbf{A}$ が $\mathbf{R}$ または $\mathbf{C}$ の場合である．まず，ベキ級数 (4.1) に対して $r_1 \geqq 0, \cdots, r_n \geqq 0$ として正項級数

$$\sum_{p_1, \cdots, p_n=0}^{\infty} |a_{p_1 \cdots p_n}| r_1^{p_1} \cdots r_n^{p_n}$$

をつくり，これが収束するような組 $(r_1, \cdots, r_n)$ のつくる $\mathbf{R}^n$ の部分集合を Γ, Γ の内点の集合を Δ とする．$\Delta \neq \phi$ のとき，ベキ級数 (4.1) を**収束ベキ級数**といい，Δ をその**収束域**という．容易にわかるように，正数の組 $(r_1, \cdots, r_n)$ が Δ に属するためには $r_i' > r_i$ $(1 \leqq i \leqq n)$ なる $(r_1', \cdots, r_n') \in \Gamma$ が存在することが必要十分である．

定理 4.1 実係数収束ベキ級数

$$F(x_1, \cdots, x_n) = \sum_{p_1, \cdots, p_n = 0}^{\infty} a_{p_1 \cdots p_n} x_1^{p_1} \cdots x_n^{p_n}$$

があり，その収束域を Δ とする．

（1） $(r_1, \cdots, r_n) \in \Delta$ のとき，$\zeta_1, \cdots, \zeta_n \in \mathbf{R}$ として級数

$$\sum_{p_1, \cdots, p_n = 0}^{\infty} a_{p_1 \cdots p_n} \zeta_1^{p_1} \cdots \zeta_n^{p_n}$$

をつくれば，これは $\mathbf{R}^n$ の閉集合

$$\bar{Q}_r = \{(\zeta_1, \cdots, \zeta_n) \in \mathbf{R}^n;\ |\zeta_i| \leqq r_i\ (1 \leqq i \leqq n)\}$$

において正規収束し，その和 $F(\zeta_1, \cdots, \zeta_n)$ はそこでの連続関数である．

（2） ベキ級数 $F(x_1, \cdots, x_n)$ の x_i による偏微分 $\partial F/\partial x_i$ を

$$\frac{\partial F}{\partial x_i}(x_1, \cdots, x_n) = \sum_{p_1, \cdots, p_n = 0}^{\infty} p_i a_{p_1 \cdots p_n} x_1^{p_1} \cdots x_i^{p_i - 1} \cdots x_n^{p_n}$$

として定義するとき，$\partial F/\partial x_i$ は F と同一の収束域をもつ$(1 \leqq i \leqq n)$．

（3） 関数 $F(\zeta_1, \cdots, \zeta_n)$ は閉集合 $\bar{Q}_r$ の内部では，各変数 ζ_i に関して偏微分可能であって，その偏導関数は（2）に定義したベキ級数 $\partial F/\partial x_i$ によって定義される関数

$$\frac{\partial F}{\partial x_i}(\zeta_1, \cdots, \zeta_n)$$

に等しい．

証明 （1）は定理 2.1 と同じ論法でわかる．関数を項とする級数が正規収束すれば絶対一様収束しているから，その和は連続関数である．（2），（3）は $n=1$ のとき定理 2.2 に主張したところであり，$n \geqq 2$ の場合も $n=1$ の場合と同様に証明される． （証終）

この定理の（3）からつぎのことがわかる．関数 $F(\zeta_1, \cdots, \zeta_n)$ は何回でも偏微分可能であって，

$$a_{p_1 \cdots p_n} = \frac{1}{p_1! \cdots p_n!} \frac{\partial^{p_1 + \cdots + p_n} F}{\partial \zeta_1^{p_1} \cdots \partial \zeta_n^{p_n}}(0, \cdots, 0) \tag{4.2}$$

がなりたつ．よって，収束ベキ級数 $F(x_1, \cdots, x_n)$ は関数 $F(\zeta_1, \cdots, \zeta_n)$ によって一意的に定まる．

定義 実 n 次元数空間 $\mathbf{R}^n$ の1点 u の近傍で定義された実数値関数 f が点 u の周囲で**実解析的**であるとは，収束ベキ級数 $F_u \in \mathbf{R}[[x_1, \cdots, x_n]]$ により，u のある近傍 U においては，

$$f(\zeta) = F_u(\zeta - u) \qquad (\zeta \in U)$$

と表わされることとする．ここに，$u = (u_1, \cdots, u_n)$ とし

$$\zeta = (\zeta_1, \cdots, \zeta_n), \qquad \zeta - u = (\zeta_1 - u_1, \cdots, \zeta_n - u_n)$$

である．したがって，F_u が (4.1) の形であれば

$$f(\zeta) = \sum_{p_1, \cdots, p_n = 0}^{\infty} a_{p_1 \cdots p_n} (\zeta_1 - u_1)^{p_1} \cdots (\zeta_n - u_n)^{p_n} \qquad (\zeta \in U)$$

がなりたつ．これを点 u を中心とする f の**ベキ級数展開**という．$\mathbf{R}^n$ の開集合 D で定義された実数値関数 f が D の各点の周囲において実解析的であるとき，f をば D 上の**実解析関数**という．

例 1 多項式 $P(x_1, \cdots, x_n)$ によって $\mathbf{R}^n$ 上で定義される関数 $P(\zeta_1, \cdots, \zeta_n)$ は $\mathbf{R}^n$ 上の実解析関数である．実際，$P(x_1, \cdots, x_n)$ の x_i に $(\zeta_i - u_i) + u_i$ を代入して整理すれば，$P(\zeta_1, \cdots, \zeta_n)$ の点 u を中心とするベキ級数展開を得る．

定理 4.2 $\mathbf{R}^n$ の開集合 D において定義された実解析関数 f は D において連続であって，何回でも偏微分可能な関数である．また，D の各点を中心とする f のベキ級数展開は一意的に定まる．

証明 定理 4.1 およびその後に述べたところによって明らかであろう．D の各点 u に対して，ζ の関数 $f(\zeta + u)$ はベキ級数 F_u によって $\mathbf{R}^n$ の原点 $o = (0, \cdots, 0)$ の近傍で定義される関数となるからである． （証終）

ここに実係数収束ベキ級数を用いて実解析関数を定義したのとまったく平行に，複素係数収束ベキ級数，およびこれを用いて**複素解析関数**が定義され，これについて定理 4.1, 4.2 の主張が $\mathbf{R}$ を $\mathbf{C}$ にかえてなりたつ．ところで，$\mathbf{C}^n$ の開集合 $\tilde{D}$ で定義された複素数値の関数

$$\tilde{f}(z) = \tilde{f}(z_1, \cdots, z_n) \qquad (z \in \tilde{D})$$

は，それが $\tilde{D}$ 上で連続，かつ各変数 z_i について1階の偏導関数をもつとき，**正則関数**であるとよばれている．

補題 4.3　複素解析関数は正則関数であり，逆も正しい．

証明　前半は複素解析関数に対する定理 4.2 の主張である．この補題は $n=1$ の場合は周知といってよかろう．$n\geqq 2$ の場合も同様にわかるが，ここで簡単のため $n=2$ として，後半の証明の概要を述べる．$\mathbf{C}^2$ の 1 点 u の近傍で定義された正則関数 $\tilde{f}$ は u を中心としてベキ級数展開されることを示せばよい．すぐにわかるように，u が $\mathbf{C}^2$ の原点 $(0,0)$ であるときに証明すれば十分である．$\rho>0$ を十分小さくとり，関数 $f(z_1, z_2)$ は円板の直積 $\{(z_1, z_2); |z_1|<\rho, |z_2|<\rho\}$ において連続であって，z_1, z_2 のおのおのについて（1 変数の）正則関数であるとしてよい．すると，1 変数の正則関数に対するコーシー (Cauchy) の積分定理を繰返し適用し，$|z_i|<r<\rho\ (i=1,2)$ のとき

$$(4.3)\qquad \tilde{f}(z_1, z_2)=\frac{1}{(2\pi\sqrt{-1})^2}\iint\frac{\tilde{f}(\zeta_1, \zeta_n)}{(\zeta_1-z_1)(\zeta_2-z_2)}d\zeta_1 d\zeta_2$$

がなりたつことがわかる．ここに重積分はそれぞれ正の向きにとった円周 $|\zeta_1|=r$, $|\zeta_2|=r$ の上で行なう．ところが $0<r'<r$ とし，$|z_i|\leqq r'$ ならば

$$\frac{1}{(\zeta_1-z_1)(\zeta_2-z_2)}=\sum_{p,q=0}^{\infty}\frac{z_1{}^p z_2{}^q}{\zeta_1{}^{p+1}\zeta_2{}^{q+1}}$$

であり，この級数は $|z_i|\leqq r', |\zeta_i|=r\ (i=1,2)$ においては明らかに正規収束し，したがって一様収束する．ゆえに，(4.3) の右辺にこれを代入した結果を項別積分することができて，$|z_i|\leqq r'$ においては

$$f(z_1, z_2)=\sum_{p,q=0}^{\infty}a_{p,q}z_1{}^p z_2{}^q$$

がなりたつ．ここに，

$$a_{p,q}=\frac{1}{(2\pi\sqrt{-1})^2}\iint\frac{f(\zeta_1, \zeta_2)}{\zeta_1{}^{p+1}\zeta_2{}^{q+1}}d\zeta_1 d\zeta_2$$

である．この級数は $|z_i|\leqq r'$ において正規収束するから，そこで絶対一様収束し $f(z_1, z_2)$ の $(0,0)$ を中心とするベキ級数展開を与えていることがわかる．

（証終）

補題 4.4　$\mathbf{C}^n$ の開集合 $\tilde{D}$ において定義された正則関数の列 $\{\tilde{f}_p\}$ が $\tilde{D}$ において複素関数 $\tilde{f}$ に広義に(すなわち，$\tilde{D}$ に含まれる任意のコンパクト集合

の上で)一様収束すれば，$\tilde{f}$ はまた正則関数である．

証明 やはり $n=2$ として証明する．他の場合も同様である．$\tilde{D}$ は $\mathbf{C}^2$ の原点 $(0,0)$ を含むものとし，$\tilde{f}$ が $(0,0)$ を中心としてベキ級数展開をもつことを示せばよい．明らかに $\tilde{f}$ は連続関数であるから，r を十分小さくとれば (4.3) の右辺の積分が可能である．この積分により $\{(z_1, z_2); |z_1|<r, |z_2|<r\}$ で定義される関数を $\tilde{f}^*(z_1, z_2)$ とする．また，$\tilde{f}_p(z_1, z_2)$ も積分表示

$$\tilde{f}_p(z_1, z_2)=\frac{1}{(2\pi\sqrt{-1})^2}\iint\frac{\tilde{f}_p(\zeta_1, \zeta_2)}{(\zeta_1-z_1)(\zeta_2-z_2)}d\zeta_1 d\zeta_2$$

をもつ．ここで被積分関数は (z_1, z_2) を固定して考えれば積分の範囲 $\{(\zeta_1, \zeta_2); |\zeta_1|=|\zeta_2|=r\}$ の上で一様に (4.3) の右辺の被積分関数に収束し，したがって $\tilde{f}_p(z_1, z_2)$ は $\tilde{f}^*(z_1, z_2)$ に収束する．ゆえに，$|z_i|<r\ (i=1,2)$ のときには，$\tilde{f}(z_1, z_2)=\tilde{f}^*(z_1, z_2)$ である．$\tilde{f}^*(z_1, z_2)$ は (4.3) のあとに見たように $\mathbf{C}^2$ の原点を中心としてベキ級数展開をもつから，これで主張が証明された．(証終)

実解析関数に話を戻そう．実解析関数はつぎのようにして局所的にはこれを自然に複素解析関数の制限と考えることができる．いま，関数 f が $\mathbf{R}^n$ の点 $u=(u_1, \cdots, u_n)$ の周囲で実解析的であり，u のある近傍 U において収束ベキ級数 F_u により

$$f(\zeta)=F_u(\zeta-u) \qquad (\zeta\in U)$$

と表わされたとする．自然な包含関係 $\mathbf{R}^n\subset\mathbf{C}^n$ により $u\in\mathbf{C}^n$ とみる．また，F_u は複素係数ベキ級数ともみなされ，これを $\tilde{F}_u$ とすれば $\tilde{F}_u$ は F_u と同じ収束域をもつ収束ベキ級数である．ゆえに，点 u の $\mathbf{C}^n$ における近傍 $\tilde{U}$ を適当にとればそこでの複素数値関数 $\tilde{f}$ を

$$\tilde{f}(z)=\tilde{F}_u(z-u) \qquad (z\in\tilde{U})$$

によって定義することができて，f は $\tilde{f}$ の $\tilde{U}\cap\mathbf{R}^n$ への制限であると考えられる．(4.2) により $\tilde{f}$ の u を中心とするベキ級数展開は f によって定まり，したがって $\tilde{f}$ は f によって一意的に定まることとなる．この $\tilde{f}$ を f の点 u の周囲での**拡張**ということにしよう．

逆に，$u\in\mathbf{C}^n$ の周囲で複素解析的な関数 $\tilde{f}$ が与えられ，$u\in\mathbf{R}^n$ であり，$\tilde{f}$

の $\mathbf{R}^n$ への制限が実数値関数 f となるならば，f は u の周囲で実解析的であって $\tilde{f}$ は f の拡張である．なぜならば，$\tilde{f}$ の u を中心とするベキ級数展開を考えれば，その係数はやはり (4.2) によって定まるから，$\tilde{f}$ に関する仮定のもとではこの係数がすべて実数となり，したがって f は u の近傍ではこの実係数収束ベキ級数によって定義されるからである．

ここで述べたことを応用して，つぎのいくつかの定理を証明する．

定理 4.5 $F\in\mathbf{R}[[x_1,\cdots,x_n]]$ を収束ベキ級数とし，$(r_1,\cdots,r_n)$ を F の収束域の点とする．F によって

$$Q_r=\{(\zeta_1,\cdots,\zeta_n)\in\mathbf{R}^n;\ |\zeta_i|<r_i\ (1\leqq i\leqq n)\}$$

において定義される関数 $F(\zeta_1,\cdots,\zeta_n)$ は実解析関数である．

証明 F を複素係数ベキ級数とみたものを $\tilde{F}$ とすれば，$\tilde{F}$ は F と同一の収束域をもち，したがって，

$$\tilde{Q}_r=\{(z_1,\cdots,z_n)\in\mathbf{C}^n;\ |z_i|<r_i\ (1\leqq i\leqq n)\}$$

において正則関数 $\tilde{F}(z_1,\cdots,z_n)$ を定義する [定理 4.2]．この関数は $\tilde{Q}_r$ の各点の周囲で複素解析的であり [補題 4.3]，その $Q_r=\tilde{Q}_r\cap\mathbf{R}^n$ への制限は関数 $F(\zeta_1,\cdots,\zeta_n)$ にほかならない． $F(\zeta_1,\cdots,\zeta_n)$ は実数値関数だから，上にみたとおり $F(\zeta_1,\cdots,\zeta_n)$ は Q_r 上での実解析関数となる． (証終)

定理 4.6 D を $\mathbf{R}^n$ の開集合，f, g を D 上に定義された実解析関数とするとき，和 $f+g$，積 fg は D 上の実解析関数である．また，$f(u)\neq 0$ なる点 $u\in D$ の周囲では $1/f$ は実解析的である．

証明 D の各点 u に対して，$u\in\mathbf{C}^n$ とみるとき，u の近傍で f, g の拡張 $\tilde{f}, \tilde{g}$ が考えられる． $\tilde{f}, \tilde{g}$ は正則関数だから， $\tilde{f}+\tilde{g}$， $\tilde{f}\tilde{g}$， さらに $f(u)\neq 0$ のとき $1/\tilde{f}$，はどれも u の近傍で正則関数であり， u の周囲で複素解析的である[補題 4.3]，実関数 $f+g$, fg, $1/f$ はそれぞれ $\tilde{f}+\tilde{g}$, $\tilde{f}\tilde{g}$, $1/\tilde{f}$ の制限だから，u の周囲で実解析的な関数であることがわかる． (証終)

例 2 2つの多項式 $P(x_1,\cdots,x_n)$, $Q(x_1,\cdots,x_n)$ によって定義される $\mathbf{R}^n$ 上の**有理関数** $P(\zeta_1,\cdots,\zeta_n)/Q(\zeta_1,\cdots,\zeta_n)$ は，この定理 4.6 により $\mathbf{R}^n$ の開集合 $\{u\in\mathbf{R}^n;\ Q(u)\neq 0\}$ における実解析関数である．

定理 4.7 $g_1, \cdots, g_m$ を $\mathbf{R}^n$ の点 u の近傍で定義され，u の周囲で実解析的な関数とし，f を $\mathbf{R}^m$ の点 $v=(g_1(u), \cdots, g_m(u))$ の周囲で実解析的な関数とすれば，合成関数

$$f(g_1(x), \cdots, g_m(x))$$

は $\mathbf{R}^n$ の点 u の近傍で定義され，u の周囲で実解析的である．

証明 $\mathbf{C}^n$ の点とみた u の近傍で g_j の拡張 $\tilde{g}_j$ が与えられ$(1\leqq j\leqq m)$，また $v\in\mathbf{C}^m$ の近傍で f の拡張 $\tilde{f}$ が考えられる．合成関数 $\tilde{f}(\tilde{g}_1(z), \cdots, \tilde{g}_m(z))$ は u の近傍で定義された正則関数となり，これの $\mathbf{R}^n$ への制限は定理の合成関数である．ゆえに，この関数は $u\in\mathbf{R}^n$ の周囲で実解析的である．（証終）

4.2 実解析写像

定義 $\mathbf{R}^n$ の開集合 D において定義され，$\mathbf{R}^m$ に値をもつ写像 φ があり，

$$\varphi(x)=(\varphi_1(x), \cdots, \varphi_m(x)) \qquad (x\in D) \tag{4.4}$$

とする．ここで $\varphi_j(x)$ $(1\leqq j\leqq m)$ がいずれも実解析関数であるとき，φ を**実解析写像**という．$\mathbf{R}^n$ の開集合 D_1 から開集合 D_2 への全単射 φ であって，φ および逆写像 φ^{-1} がいずれも実解析写像となるものを**実解析同型**という．

2つの実解析写像 φ, ψ があり，これらの合成写像 $\varphi\circ\psi$ が定義可能なときには，$\varphi\circ\psi$ も実解析写像である．このことは定理 4.7 により明らかであろう．

例 1 複素 n 次正方行列すべてのつくる実ベクトル空間 $M_n(\mathbf{C})_\mathbf{R}$ は，行列の成分の実部，虚部をある一定の順序に並べたものをこの行列の座標としてとることにより，$\mathbf{R}^{2n^2}$ と同一視できる．このとき，行列の指数写像 exp は $\mathbf{R}^{2n^2}$ から $\mathbf{R}^{2n^2}$ 自身への実解析写像である．実際，定義[§2.2 例 3]により

$$\exp\alpha=\sum_{p=0}^{\infty}\frac{1}{p!}\alpha^p$$

である．これを成分ごとに考えれば，$\exp\alpha$ の座標は $\mathbf{R}^{2n^2}$ の原点を中心として $\mathbf{R}^{2n^2}$ 全体で収束するベキ級数展開をもつことがわかり，そこでの実解析関数である[定理 4.5]．

さて，$\mathbf{R}^n$ の開集合 D で定義され，$\mathbf{R}^m$ に値をとる実解析写像 (4.4) に対

して，$u \in D$ における偏微分係数 $(\partial\varphi_j/\partial x_i)_u$ を成分とする (m, n) 型行列

$$\left(\left(\frac{\partial\varphi_j}{\partial x_i}\right)_u\right)_{\substack{j=1,\cdots,m\\ i=1,\cdots,n}}$$

を点 u における φ の**ヤコビ**(Jacobi)**行列**という．とくに，$m=n$ のとき，この行列の行列式が考えられ，これを点 u における φ の**ヤコビ行列式**という．

以下，$\mathbf{R}^n$ の元 $x=(x_1, \cdots, x_n)$ のノルム $\|x\|$ を

$$\|x\| = \max_{1 \leqq i \leqq n} |x_i| \tag{4.5}$$

によって定めておく．そして

$$Q_r{}^n = \{x \in \mathbf{R}^n;\ \|x\| < r\}; \qquad \bar{Q}_r{}^n = \{x \in \mathbf{R}^n;\ \|x\| \leqq r\}$$

とする．

定理 4.8　$\mathbf{R}^n$ の開集合 D において定義され，$\mathbf{R}^n$ に値をもつ実解析写像 φ があり，D の1点 u での φ のヤコビ行列式が $\neq 0$ とする．このとき，u の適当な近傍 U をとれば $\varphi(U)$ は開集合であって，φ は U と $\varphi(U)$ の間の実解析同型をひきおこす．

証明　必要ならば φ と $\mathbf{R}^n$ の平行移動との合成写像によって φ をおきかえて，$u=\varphi(u)=o$ ($\mathbf{R}^n$ の原点) と仮定してよい．また，仮定によって o でのヤコビ行列は正則行列であり，これは $\mathbf{R}^n$ の正則一次変換 α を定義する．φ の代りに $\alpha^{-1}\circ\varphi$ について定理が証明できれば十分だから，o における φ のヤコビ行列が単位行列であるとしても一般性を失わない．さて，

$$\varphi(x) = x + g(x)$$

とおくとき，写像 $g: D \to \mathbf{R}^n$ は $\mathbf{R}^n$ の原点 o を o に写し，そこでのヤコビ行列は 0 である．g のヤコビ行列の成分は連続関数だから，g の成分のテイラー展開を考えれば，$\bar{Q}_{2r}{}^n \subset D$ であり

$$\|g(x) - g(y)\| \leqq s\|x-y\| \qquad (x, y \in \bar{Q}_{2r}{}^n) \tag{4.6}$$

がなりたつよう $r>0$ をとることができる．ここに，s は $0<s\leqq 1/2$ をみたすあらかじめ与えられた数である．このとき，

$$\|x-y\| \leqq \|\varphi(x)-\varphi(y)\| + \|g(x)-g(y)\|,$$

$$(1-s)\|x-y\| \leqq \|\varphi(x)-\varphi(y)\| \qquad (x, y \in \bar{Q}_{2r}{}^n)$$

となるから，φ は $\bar{Q}_{2r}{}^n$ においては単射である．

そこで $y\in\bar{Q}_r{}^n$ のとき，写像 $f_y:\bar{Q}_{2r}{}^n\to\mathbf{R}^n$ を

$$f_y(x)=y-g(x) \tag{4.7}$$

と定義する．(4.6) で $y=o$ とすれば $g(x)\in\bar{Q}_r{}^n\,(x\in\bar{Q}_{2r}{}^n)$ がわかる．ゆえに $f_y(\bar{Q}_{2r}{}^n)\subset\bar{Q}_{2r}{}^n$ である．そして $x_1,x_2\in\bar{Q}_{2r}{}^n$ のとき，

$$\|f_y(x_1)-f_y(x_2)\|=\|g(x_1)-g(x_2)\|\leqq s\|x_1-x_2\|$$

がなりたつ．1点 $x\in\bar{Q}_{2r}{}^n$ に f_y を順次に施こして得られた点列 $\{f_y{}^p(x)\}$ を考えれば，$p\geqq q$ のとき

$$\|f_y{}^p(x)-f_y{}^q(x)\|\leqq s^q\|f_y{}^{p-q}(x)-x\|\leqq 4rs^q$$

であるから，閉集合 $\bar{Q}_{2r}{}^n$ のコーシー列をつくる．ゆえにこの点列は $\bar{Q}_{2r}{}^n$ の1点 x_y に収束しなければならない．このとき，

$$\begin{aligned}\|f_y(x_y)-x_y\|&\leqq\|f_y(x_y)-f_y{}^{p+1}(x)\|+\|f_y{}^{p+1}(x)-x_y\|\\&\leqq s\|x_y-f_y{}^p(x)\|+\|f_y{}^{p+1}(x)-x_y\|\end{aligned}$$

において，右辺は $p\to\infty$ のときいくらでも 0 に近づくから，$f_y(x_y)=x_y$ である．また，$x_0\in\bar{Q}_{2r}{}^n$ を $f_y(x_0)=x_0$ となる点とすれば，

$$\|x_y-x_0\|=\|f_y(x_y)-f_y(x_0)\|\leqq s\|x_y-x_0\|$$

だから，$\|x_y-x_0\|=0$，すなわち $x_0=x_y$ である．結局，f_y は $\bar{Q}_{2r}{}^n$ において1つかつただ1つの不動点をもつことがわかった．この点を $\psi(y)$ として写像

$$\psi:\ \bar{Q}_r{}^n\to\bar{Q}_{2r}{}^n$$

を定義しよう．この議論によってわかるように，$\psi_p(y)=f_y{}^p(o)$ とするとき，$\psi(y)$ は点列 $\{\psi_p(y)\}$ の収束点である．また，$\psi(y)=y-g(\psi(y))$ だから

$$\varphi(\psi(y))=y \qquad (y\in\bar{Q}_{2r}{}^n)$$

がなりたつ．この ψ が $Q_r{}^n$ においては実解析写像となることがわかれば，定理の証明は終る．実際，$\mathbf{R}^n$ の原点 o の近傍 $U\subset\bar{Q}_{2r}{}^n$ を小さくとって $\varphi(U)\subset Q_r{}^n$ となるように選ぼう．$x\in U$ のとき，$\psi(\varphi(x))$ と x は $\bar{Q}_{2r}{}^n$ の点でその φ による像はいずれも $\varphi(x)$ である．φ は $\bar{Q}_{2r}{}^n$ においては単射だから，これは

$$\psi(\varphi(x))=x \qquad (x\in U)$$

がなりたつことを示す．すると $\varphi(U)=\psi^{-1}(U)\cap Q_r{}^n$ は $\mathbf{R}^n$ の開集合であって，φ は U と $\varphi(U)$ の間の実解析同型をひきおこしている．

ψ が実解析写像であることを証明する．このために自然に $\mathbf{R}^n\subset\mathbf{C}^n$ とみなす．$\mathbf{C}^n$ のノルムをやはり (4.5) で定義し，これを用いて $P_r{}^n, \bar{P}_r{}^n\subset\mathbf{C}^n$ を $Q_r{}^n, \bar{Q}_r{}^n\subset\mathbf{R}^n$ と同様に定義する．また，$\mathbf{C}^n$ の開集合 $\tilde{D}$ から $\mathbf{C}^m$ への写像 $\tilde{\varphi}$ が正則写像であるとは

$$\tag{4.8} \tilde{\varphi}(z)=(\tilde{\varphi}_1(z), \cdots, \tilde{\varphi}_m(z)) \qquad (z\in\tilde{D})$$

とするとき，$\tilde{\varphi}_j(z)\ (1\leqq j\leqq m)$ がいずれも正則関数であることとする．与えられた実解析写像 φ に対して，この証明のはじめに g に対して選んだ r が十分小さくて，φ のすべての成分 φ_j が $P_{2r}{}^n$ を含む $\mathbf{C}^n$ の原点の近傍 $\tilde{D}$ での正則関数 $\tilde{\varphi}_j$ に拡張され，したがって φ は (4.8) により正則写像 $\tilde{\varphi}:\tilde{D}\to\mathbf{C}^n$ に拡張されると仮定することができる．すると，$\tilde{g}(z)=\tilde{\varphi}(z)-z\ (z\in\tilde{D})$ とおいて g も拡張され，(r を十分小さくとって)

$$\|\tilde{g}(z)-\tilde{g}(w)\|\leqq s\|z-w\| \qquad (z, w\in\bar{P}_{2r}{}^n)$$

が成立しているとしてよい．そうすれば，φ, g から出発してすでに述べたことは，$\tilde{\varphi}$, $\tilde{g}$ を用いて同様になりたち，その結果，写像 $\tilde{\psi}:\bar{P}_r{}^n\to\bar{P}_{2r}{}^n$ が定義される．すなわち，$w\in\bar{P}_r{}^n$ に対して $\tilde{f}_w(z)=w-\tilde{g}(z)\ (z\in\bar{P}_{2r}{}^n)$ によって正則写像 $\tilde{f}_w$ を定めるとき，$\tilde{\psi}(w)$ は $\tilde{\psi}_p(w)=\tilde{f}_w{}^p(o)\ (p=1, 2, \cdots)$ の収束点として定義される．$\tilde{\psi}_p(w)$ は w に関する正則写像を p 回合成したものだから，また正則写像であることに注意しておく．また，$\tilde{\psi}(w)=\psi(w)\ (w\in Q_r{}^n)$ である．さて，$\bar{P}_r{}^n$ では

$$\begin{aligned}\|\tilde{\psi}_{p+1}(w)-\tilde{\psi}_p(w)\| &= \|\{w-\tilde{g}(\tilde{\psi}_p(w))\}-\{w-\tilde{g}(\tilde{\psi}_{p-1}(w))\}\| \\ &= \|\tilde{g}(\tilde{\psi}_{p-1}(w))-\tilde{g}(\tilde{\psi}_p(w))\|\leqq s\|\tilde{\psi}_p(w)-\tilde{\psi}_{p-1}(w)\| \\ &\leqq\cdots\leqq s^{p-1}\|\tilde{\psi}_2(w)-\tilde{\psi}_1(w)\| \\ &= s^{p-1}\|\tilde{g}(w)\|\leqq 2rs^p\end{aligned}$$

がなりたつ．ゆえに，級数

$$\sum_{p=0}^{\infty}\{\tilde{\psi}_{p+1}(w)-\tilde{\psi}_p(w)\} \qquad (\tilde{\psi}_0(w)=0)$$

は $\bar{P}_r{}^n$ の上で正規収束し，したがって $\tilde{\psi}_p(w)$ は $P_r{}^n$ において $\tilde{\psi}(w)$ に一様収束する．補題4.4によりこのとき $\tilde{\psi}(w)$ は $P_r{}^n$ から $\mathbf{C}^n$ への正則写像を与えている．写像 $\psi: Q_r{}^n \to \mathbf{R}^n$ はこの $\tilde{\psi}$ の制限だから，前節に見たところにより，ψ は実解析写像であることがわかる． （証終）

問 1 例1にあげた行列の指数写像 exp は $\mathbf{R}^{2n^2}$ の原点 o でのヤコビ行列式 $\neq 0$ であることを示せ．つぎに，定理4.8をここに適用した結論を述べ，これと補題2.7を比較せよ．

定理 4.9 $\mathbf{R}^{n+1}=\mathbf{R}\times\mathbf{R}^n$ の原点 o の近傍 $(-\varepsilon,\varepsilon)\times Q_r{}^n$ において定義され，$\mathbf{R}^n$ に値をとる実解析写像 $\varphi(t,x)$ が与えられたとする．このとき，$\delta>0$ と $s>0$ を十分小さくとれば，$(-\delta,\delta)\times Q_s{}^n$ で定義され $\mathbf{R}^n$ に値をもつ実解析写像 $\alpha(t,x)$ でつぎの条件をみたすものが存在する*)．$x\in Q_s{}^n$ を任意に固定するとき，

$$(4.9)\qquad \begin{cases} \dfrac{d\alpha(t,x)}{dt}=\varphi(t,\alpha(t,x)), \\ \alpha(0,x)=x \qquad ((t,x)\in(-\delta,\delta)\times Q_s{}^n). \end{cases}$$

しかも，点 $x\in Q_s{}^n$ を任意に固定するとき，0 の近傍で定義され $\mathbf{R}^n$ に値をもつ t の実解析写像 $\alpha(t,x)$ であって (4.9) をみたすものは一意的に定まる．

なお，ここの $\alpha(t,x)$ を (4.9) の第1式で与えられる**微分方程式の解**で**初期値** x をもつものという．

証明 $\mathbf{R}^{n+1}$ の原点 o の近傍で定義され，$\mathbf{R}^n$ に値をもつ実解析写像 $\alpha(t,x)$ が条件 (4.9) をみたすことと

$$(4.10)\qquad \alpha(t,x)=x+\int_0^t\varphi(\tau,\alpha(\tau,x))d\tau$$

をみたすこととは同値である．この解を見出すために，$\delta>0$, $s>0$ はのちの条件をみたすように十分小さくとることとし，$M=[-\delta,\delta]\times\bar{Q}_s{}^n$ とする．集合 F を写像 $f: M\to\bar{Q}_{2s}{}^n$ であって，$f(t,x)$ $((t,x)\in M)$ が $t\in[-\delta,\delta]$ につい

*) $\mathbf{R}^n$ に値をもつ関数の微分，積分はその成分ごとに行なうものとする．したがって (4.9) 第1式は成分ごとにかけば連立常微分方程式である．

ては連続となるものすべての集合とする．$f_1, f_2 \in F$ に対し

$$d(f_1, f_2) = \sup_{u \in M} \|f_1(u) - f_2(u)\|$$

とおくならば，F は完備な距離空間となる．まず，$\delta < \varepsilon$ とし，$s > 0$ は $\bar{Q}_{2s}{}^n \subset Q_r{}^n$ となるものとして，$f \in F$ に対して関数 $Tf : M \to \mathbf{R}^n$ を

$$(Tf)(t, x) = x + \int_0^t \varphi(\tau, f(\tau, x)) d\tau$$

として定義する．明らかに Tf は t に関して連続である．いま，(t, x) が $\bar{Q}_\delta{}^1 \times \bar{Q}_{2s}{}^n$ を動くときの $\|\varphi(t, x)\|$ の上限を L とすれば，積分の評価によってすぐわかるように

$$\|(Tf)(t, x) - x\| \leqq |t| L \leqq \delta L \qquad ((t, x) \in M)$$

がなりたつ．δ が十分小さく $\delta L < s$ であるようにする．このとき，

$$\|(Tf)(t, x)\| < \|x\| + s \leqq 2s \qquad ((t, x) \in M)$$

だから，T は F から F 自身への写像である．写像 $\varphi(t, x)$ の成分関数は x に関して連続な偏導関数をもつ．それらのテイラー展開を考えてすぐわかるように $K \geqq 1$ を十分大きくとるとき

$$\|\varphi(t, x) - \varphi(t, y)\| \leqq K \|x - y\| \qquad (t \in [-\delta, \delta],\ x, y \in \bar{Q}_{2s}{}^n)$$

がなりたつ．すると，$f_1, f_2 \in F$ に対して

$$\begin{aligned} \|(Tf_1)(t, x) - (Tf_2)(t, x)\| &\leqq \delta \sup_\tau \|\varphi(\tau, f_1(\tau, x)) - \varphi(\tau, f_2(\tau, x))\| \\ &\leqq \delta K \sup_\tau \|f_1(\tau, x) - f_2(\tau, x)\|. \end{aligned}$$

ここに右辺で τ は $[-\delta, \delta]$ を動く．したがって，

$$d(Tf_1, Tf_2) \leqq \delta K d(f_1, f_2)$$

である．ここで δ は十分小さくて，$\delta K < 1$ であるとしてよい．すると，前定理の証明中と同様に，任意の $f \in F$ に対して $T^p f$ は完備な距離空間 F でのコーシー列をつくり，その収束点として $Tf_0 = f_0$ となる $f_0 \in F$ が見出され，しかもこのような f_0 はただ1つであることがわかる．この f_0 が $(-\delta, \delta) \times Q_s{}^n$ において実解析写像であることが証明されれば，$\alpha = f_0$ として (4.10)，したがって定理の条件 (4.9) をみたす α の存在が示されたこととなる．

f_0が実解析写像であることの証明は，前定理の証明の終りに述べたところの ψ に対する同じ主張の証明と同様である．まず，φ を $\mathbf{C}^{n+1}$ の原点の近傍での正則写像 $\tilde{\varphi}$ に拡張し，この $\tilde{\varphi}$ を φ の代りに用いて，上記の証明を複素数の範囲で繰返すことができる．そこに現われるものを実数の範囲でそれに対応するものに ～ をつけて示すこととするとき，上の f_0 は $\tilde{f}_0$ の $\mathbf{R}^n$ への制限であると考えてよい．$P_r{}^n, \bar{P}_r{}^n$ は前定理の証明中のものとし，$\tilde{g}\in\tilde{F}$ を

$$\tilde{g}(t, z)=z \qquad ((t, z)\in\bar{P}_\delta{}^1\times\bar{P}_s{}^n)$$

とすれば，$\tilde{g}$ は正則写像であり，$\tilde{f}_0$ は点列 $\{\tilde{T}^p\tilde{g}\}$ の収束点である．一般に，$\tilde{f}$ が $P_\delta{}^1\times P_s{}^n$ での正則写像のとき，$\tilde{T}\tilde{f}$ は $\tilde{g}$ と $\tilde{\varphi}(t, \tilde{f}(t, z))$ の t に関する不定積分の和だからまた正則写像である．ゆえに，$\tilde{f}_0$ は正則写像の一様収束列の極限となり，$P_\delta{}^1\times P_s{}^n$ での正則写像である[補題 4.4]．f_0は $\tilde{f}_0$ の $\mathbf{R}^n$ への制限だから，実解析写像となる．

最後に $\alpha(t, x)$ の一意性を示そう．主張をもう一度述べれば，$|t|<\delta_0\leqq\delta$ において定義され $\mathbf{R}^n$ に値をもつ実解析写像 $\beta(t)$ が，与えられた1点 $x\in Q_s{}^n$ に対して

$$\frac{d\beta}{dt}=\varphi(t, \beta(t)), \qquad \beta(0)=x$$

をみたすならば，$\beta(t)=\alpha(t, x)$ $(|t|<\delta_0)$ がなりたつ，ということである．このために，F' を開区間 $(-\delta_0, \delta_0)$ で定義され $\bar{Q}_{2s}{}^n$ に値をとる連続写像 g で $g(0)=x$ なるものすべての集合とする，$g\in F'$ に対して

$$(T'g)(t)=x+\int_0^t\varphi(\tau, g(\tau))d\tau$$

とおく．すると T に対するのと同様に，$g_1, g_2\in F'$ のとき

$$\sup_{|t|<\delta_0}\|T'g_1(t)-T'g_2(t)\|\leqq\delta K\sup_{|t|<\delta_0}\|g_1(t)-g_2(t)\|$$

がなりたつことがわかる．ゆえに，$T'g_1=g_1$, $T'g_2=g_2$ であるとすれば，$\delta K<1$ だから，この関係から g_1 と g_2 は $(-\delta_0, \delta_0)$ で等しいことが導かれる．ところが，$g_1(t)=\beta(t)$, $g_2(t)=\alpha(t, x)$ としてこの仮定がみたされるから，これによって $\beta(t)=\alpha(t, x)$ $(|t|<\delta_0)$ が証明された．　(証終)

定理 4.10 $\mathbf{R}^{n+m+1}=\mathbf{R}\times\mathbf{R}^n\times\mathbf{R}^m$ の原点を含む開集合 $(-\varepsilon,\varepsilon)\times Q_r{}^n\times Q_{r'}{}^m$ において定義され，$\mathbf{R}^n$ への実解析写像 $\varphi(t,x,y)$ が与えられたとき，$\delta>0$, $s>0$, $s'>0$ を十分小さくとれば，$(-\delta,\delta)\times Q_s{}^n\times Q_{s'}{}^m$ で定義され $\mathbf{R}^n$ への実解析写像 $\alpha(t,x,y)$ であって，$(x,y)\in Q_s{}^n\times Q_{s'}{}^m$ を固定するとき，

$$(4.11)\qquad \begin{cases} \dfrac{d\alpha(t,x,y)}{dt}=\varphi(t,\alpha(t,x,y),y), \\ \alpha(0,x,y)=x \end{cases}$$

をみたすものが存在し，(前定理と同じ意味で)一意的に定まる．

証明 $(-\varepsilon,\varepsilon)\times Q_r{}^n\times Q_{r'}{}^m$ で定義され $\mathbf{R}^{n+m}$ への写像 $\psi(t,x,y)$ を

$$\psi(t,x,y)=(\varphi(t,x,y),0,\cdots,0)$$

とする．この ψ を前定理の φ としてとったとき得られる (4.9) の解を β とする．この β は $\mathbf{R}^{n+m}$ に値をとる実解析写像であるが，ψ の形により

$$\beta(t,x,y)=(\alpha(t,x,y),y)$$

と表わされる．ここに α は定理の条件をみたすところの $\mathbf{R}^n$ への実解析写像である．一意性の主張は前定理によって明らかである． (証終)

4.3 実解析多様体

定義 ハウスドルフ空間 M において開被覆 $\{U_\lambda;\lambda\in\Lambda\}$，および各開集合 U_λ での写像 $\psi_\lambda: U_\lambda\to\mathbf{R}^n$ が与えられ，つぎの条件がみたされているとき，M を**実解析多様体**，または単に多様体という．ここで n は一定の整数 $\geqq 0$ とし，これを M の次元といい $\dim M$ で表わす．($\mathbf{R}^0=\{0\}$ として) 次元が0の多様体とは離散集合のことである．

(1) $\psi_\lambda(U_\lambda)$ は $\mathbf{R}^n$ の開集合であって，ψ_λ は M の開集合 U_λ と $\psi_\lambda(U_\lambda)$ の間の同相写像である．

(2) $U_\lambda\cap U_\mu\neq\phi$ のとき，$\psi_\lambda\circ\psi_\mu{}^{-1}$ は $\mathbf{R}^n$ の開集合の間の写像

$$\psi_\mu(U_\lambda\cap U_\mu)\to\psi_\lambda(U_\lambda\cap U_\mu)$$

をひきおこすが，これは実解析同型である．

この場合 M の多様体構造は $\{(U_\lambda,\psi_\lambda);\lambda\in\Lambda\}$ によって与えられていると

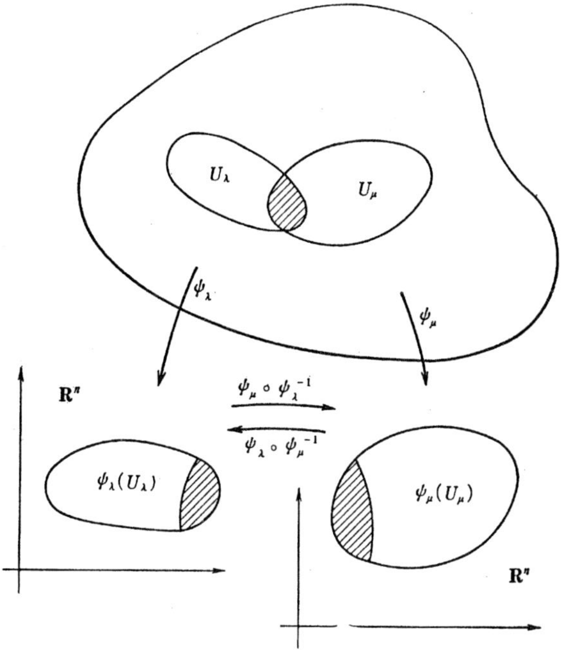

図 4.1

いう．

例 1 $M=\mathbf{R}^n$ はただ1つの開集合 $U=\mathbf{R}^n$ と恒等写像

$$\psi : U \to \mathbf{R}^n$$

によって実解析多様体となる．

例 2 実解析多様体 M があり，その多様体構造が $\{(U_\lambda, \psi_\lambda);\ \lambda\in\Lambda\}$ によって定義されているとする．このとき，N を M の開集合とすれば $\{U_\lambda\cap N;\ \lambda\in\Lambda\}$ は N の開被覆であり，その各メンバー $U_\lambda\cap N$ で ψ_λ の制限を考えるとき，$\{(U_\lambda\cap N, \psi_\lambda);\ \lambda\in\Lambda\}$ によって N は実解析多様体である．これを M の**開部分多様体**という．

例 3 M, N を実解析多様体とし，それらの構造がそれぞれ $\{(U_\lambda, \psi_\lambda);\ \lambda\in\Lambda\}$，$\{(V_\gamma, \chi_\gamma);\ \gamma\in\Gamma\}$ によって与えられ，$\dim M=n$, $\dim N=m$ とする．

このとき，積空間 $M\times N$ で開被覆 $\{U_\lambda\times V_\gamma;\ (\lambda,\gamma)\in\Lambda\times\Gamma\}$ およびその各メンバー $U_\lambda\times V_\gamma$ に対して写像

$$\psi_\lambda\times\chi_\gamma : U_\lambda\times V_\gamma\to\mathbf{R}^{n+m}=\mathbf{R}^n\times\mathbf{R}^m$$

を考えるとき，これによって $M\times N$ は $(n+m)$ 次元の実解析多様体となる．この $M\times N$ を M と N の**積多様体**という．

定義 M を n 次元実解析多様体とし，その構造が $\{(U_\lambda,\psi_\lambda);\ \lambda\in\Lambda\}$ によって与えられているとする．このとき，M の開集合 U と写像

$$\psi : U\to\mathbf{R}^n$$

の組 (U,ψ) が(U の点の)**座標近傍**であるとは，つぎの2条件のみたされていることとする．

(1) $\psi(U)$ は $\mathbf{R}^n$ の開集合であって，ψ は U と $\psi(U)$ の間の同相写像である．

(2) $U\cap U_\lambda\neq\phi$ のときには，$\psi\circ\psi_\lambda^{-1}$ は $\mathbf{R}^n$ の開集合 $\psi_\lambda(U\cap U_\lambda)$ と $\psi(U\cap U_\lambda)$ の間の実解析同型である．

座標近傍 (U,ψ) に対して，$p\in U$ のとき

$$\psi(p)=(x_1,\cdots,x_n)$$

とすれば，$x_1,\cdots,x_n$ は p の関数と考えられる．これらを (U,ψ) における**局所座標**といい，これらの関数の組 $(x_1,\cdots,x_n)$ を U における**局所座標系**という．局所座標系によって ψ が決定されるから，(U,ψ) を $(U;\ x_1,\cdots,x_n)$ と表わしてこれを(U の点の)**局所座標近傍**という．ψ の条件 (1) により $p\in U$ と $\psi(p)\in\mathbf{R}^n$ を同一視して $U\subset\mathbf{R}^n$ とみなすとき，$(x_1,\cdots,x_n)$ は点 p の座標と考えられる．

なお，多様体 M の構造を与える $\{(U_\lambda,\psi_\lambda)\}$ の各メンバーは M の座標近傍である．このことから M の各点 p はいくらでも小さな座標近傍 (U,ψ) をもつことがわかる．また，ψ と $\mathbf{R}^n$ の平行移動との合成を新たに ψ とすることによりはじめから $\psi(p)=o$ ($\mathbf{R}^n$ の原点) としてもよい．M にいま一つの多様体の構造が $\{(V_\gamma,\chi_\gamma)\}$ によって定義されているとき，もし各 (U_λ,ψ_λ) がこの構造の座標近傍であるならば，$\{(U_\lambda,\psi_\lambda)\}$ と $\{(V_\gamma,\chi_\gamma)\}$ は同一の多様体

を定義しているものとみなすことにする.

定義 実解析多様体 M の開集合 O において定義された実数値関数 f が**実解析関数**であるとは，$U\subset O$ となるような任意の座標近傍 (U,ψ) に対して，開集合 $\psi(U)\subset\mathbf{R}^n$ での実関数 $f\circ\psi^{-1}$ が実解析関数であることとする.

容易にわかるように，実数値関数 $f:O\to R$ が実解析関数となるためには，O の各点に対してそれを含む一つの座標近傍 (U,ψ) についてこの定義の条件がみたされれば十分である．このとき，任意の他の (U,ψ) についても条件がみたされるからである.

接ベクトル空間 実解析多様体 M の1点 p を選び，p の近傍で定義される実解析関数すべての集合を $F(p)$ とする．$F(p)$ の2元 f, g がそれぞれ p の近傍 U, V で定義されているとき，和 $f+g$，積 fg がいずれも $U\cap V$ で定義され，$F(p)$ の元である．同様に，$f\in F(p)$ の実数 a によるスカラー倍 $af\in F(p)$ も定義される．そこで，$f,g\in F(p)$ は p の十分小さな近傍において一致するときに同値であるということにする．これは集合 $F(p)$ での同値関係である．この関係による同値類の集合を $\mathfrak{F}(p)$ とし，$f\in F(p)$ が定める同値類を f の p での**芽**といい f_p で示す．上に定義した $F(p)$ における和，積，実数によるスカラー倍は自然に $\mathfrak{F}(p)$ でのこれらの演算をひきおこし，$\mathfrak{F}(p)$ が $\mathbf{R}$ 代数となることが容易に確かめられる．また，$F(p)$ の元 f の p における値 $f(p)$ は同値な元について共通だから，$f_p\in\mathfrak{F}(p)$ に対しその p での値を $f_p(p)=f(p)$ として定めることができる.

定義 以上の記号のもとで，実解析多様体 M の点 p における**接ベクトル**とは線型写像

$$u:\mathfrak{F}(p)\to\mathbf{R}$$

であって，

$$u(f_pg_p)=u(f_p)g_p(p)+f_p(p)u(g_p)\qquad(f_p, g_p\in\mathfrak{F}(p))$$

をみたすものである．点 p における接ベクトルの全体は(線型写像の和とスカラー倍によって)実ベクトル空間をつくる．これを p における M の**接ベクトル空間**といい，$T_p(M)$ で表わす.

多様体 M の点 p に対し，p を含む局所座標近傍 $(U; x_1, \cdots, x_n)$ を任意に1つ選ぶ．局所座標系 $(x_1, \cdots, x_n)$ により $U \subset \mathbf{R}^n$ とみなすとき，$f \in F(p)$ は点 $(x_1(p), \cdots, x_n(p)) \in \mathbf{R}^n$ の近傍での実解析関数

$$f(x_1, \cdots, x_n)$$

を定義する．この関数 f の $(x_1(p), \cdots, x_n(p))$ での偏微分係数を $(\partial f/\partial x_i)_p$ $(1 \leqq i \leqq n)$ とかくならば，各 i に対して

$$u_i(f_p) = \left(\frac{\partial f}{\partial x_i}\right)_p \qquad (f \in F(p))$$

によって，p における接ベクトル u_i が定義される．ただし，f_p は f の p における芽である．この u_i を

$$\left(\frac{\partial}{\partial x_i}\right)_p$$

と表わす．

実解析多様体 M の1点 p における接ベクトル u に対して，$u: F(p) \to \mathbf{R}$ を

$$u(f) = u(f_p) \qquad (f \in F(p))$$

とする．明らかに，$u(f+g) = u(f) + u(g)$，$u(af) = au(f)$ $(a \in \mathbf{R}$，$f, g \in F(p))$ である．また，

$$u(fg) = u(f)g(p) + f(p)u(g) \tag{4.12}$$

がなりたつ．実数 a をもって定数値 a をとる関数をも表わすこととすれば，$u \in T_p(M)$ のとき

$$u(a) = 0 \tag{4.13}$$

である．なぜなら，$a=1$ のとき (4.12) により $u(1) = 2u(1)$ だから $u(1)=0$ となり，したがって $u(a) = au(1) = 0$ である．

定理 4.11　n 次元実解析多様体 M の点 p における接ベクトル空間 $T_p(M)$ の次元は n である．より詳しくつぎのことがなりたつ．$(U; x_1, \cdots, x_n)$ を p の局所座標近傍とするとき，

$$\left(\frac{\partial}{\partial x_1}\right)_p, \cdots, \left(\frac{\partial}{\partial x_n}\right)_p$$

は $T_p(M)$ の基底である．

証明 $u\in T_p(M)$ が

$$u=a_1\left(\frac{\partial}{\partial x_1}\right)_p+\cdots+a_n\left(\frac{\partial}{\partial x_n}\right)_p$$

と表わされたとすれば，$a_i=u(x_i)$ となる．ゆえに，この表示は一意的であり，定理の n 個の接ベクトルは $T_p(M)$ の一次独立な元である．

つぎに，局所座標系 $(x_1,\cdots,x_n)$ により $U\subset\mathbf{R}^n$ とみなすとき，p の近傍での実解析関数 f は p を中心とするベキ級数展開をもつから，f はそこでは

$$\begin{aligned}f(x_1,\cdots,x_n)=f(p)&+\sum_{i=1}^n a_i(x_i-x_i(p))\\&+\sum_{i\leqq j}g_{ij}(x)(x_i-x_i(p))(x_j-x_j(p))\end{aligned}$$

と表わすことができる．ただし，$a_i=(\partial f/\partial x_i)_p$ であり，g_{ij} は p の近傍での実解析関数である．$u\in T_p(M)$ とするとき，u のこの両辺への効果は等しい．すると，(4.12)，(4.13) により，

$$\begin{aligned}u(f)&=\sum_{i=1}^n a_iu(x_i-x_i(p))=\sum_{i=1}^n a_iu(x_i)\\&=\sum_{i=1}^n u(x_i)\left(\frac{\partial f}{\partial x_i}\right)_p\end{aligned}$$

がなりたち，ここに $f\in F(p)$ は任意だから，これは

$$u=\sum_{i=1}^n u(x_i)\left(\frac{\partial}{\partial x_i}\right)_p$$

を示す．ゆえに，定理の n 個の元は $T_p(M)$ の基底をつくる． (証終)

ベクトル場 実解析多様体 M の開集合 O の各点 p に，p における接ベクトル X_p を対応させる対応 X を O で定義された**ベクトル場**という．O に含まれる任意の局所座標近傍 $(U;\,x_1,\cdots,x_n)$ について，定理 4.11 により

$$X_p=a_1(p)\left(\frac{\partial}{\partial x_1}\right)_p+\cdots+a_n(p)\left(\frac{\partial}{\partial x_n}\right)_p \qquad (p\in U) \tag{4.14}$$

とおくとき，ここに生ずる関数 $a_1(p),\cdots,a_n(p)$ が U 上の実解析関数となるとき，X を**実解析ベクトル場**という．X_p をベクトル場 X の p における値と

いう．

例えば，実解析多様体 M の局所座標近傍 $(U; x_1, \cdots, x_n)$ があるとき，U の点 p に接ベクトル $(\partial/\partial x_i)_p$ を対応させて U で定義されたベクトル場が得られる．これを

$$\frac{\partial}{\partial x_i}$$

とかく．ただし，$1 \leqq i \leqq n$ である．

一般に，開集合 $O \subset M$ で定義されたベクトル場 X と O に含まれる開集合 D で定義された実解析関数 f に対して

$$(Xf)(p) = X_p(f) \qquad (p \in D)$$

によって D 上の関数 Xf が定まる．X が実解析ベクトル場のときには，Xf は実解析関数である．このことは X_p の表示 (4.14) から明らかであろう．この記号を用いれば (4.14) により U 上に定まる関数 a_i は

(4.15)
$$a_i = X x_i \qquad (1 \leqq i \leqq n)$$

と表わされる．この事実によりベクトル場 $\partial/\partial x_i$ は U において実解析的であることがわかる．

多様体 M の開集合 O で定義された実関数 f とベクトル場 X, Y に対してベクトル場 $fX, X+Y$ が $(fX)_p = f(p)X_p$, $(X+Y)_p = X_p + Y_p$ $(p \in O)$ により定義される．f が実解析関数，X, Y が実解析ベクトル場のとき，$fX, X+Y$ もそうである．さらに，この場合，X, Y の**交換子積**とよぶところの O 上の実解析ベクトル場 $[X, Y]$ がつぎのように定義される．O の各点 p の近傍で定義された実解析関数 f に対して

$$[X, Y]_p(f) = X_p(Yf) - Y_p(Xf)$$

とおくとき，この値は f の p における芽 f_p に対して一意的に定まり，これを $[X, Y]_p(f_p)$ とおくことにより，点 p での接ベクトル $[X, Y]_p$ が定義される．すると，(4.15) により，p に $[X, Y]_p$ を対応させる対応は実解析ベクトル場であることを知り，これを $[X, Y]$ とするのである．

問 1　ここに $[X, Y]$ について証明なしに述べたことを確かめよ．

これらの定義により，交換子積がつぎの条件をみたすことは直ちに験証される．$a\in\mathbf{R}$，X, Y, Z は同一の定義域 O をもつ実解析ベクトル場とするとき，

$$
(4.16)\qquad \begin{cases} [aX, Y]=a[X, Y], \\ [X+Y, Z]=[X, Z]+[Y, Z], \\ [X, Y]+[Y, X]=0, \quad \text{とくに} \quad [X, X]=0, \\ [X, [Y, Z]]+[Y, [Z, X]]+[Z, [X, Y]]=0. \end{cases}
$$

ただし，ここに 0 は各点 $p\in O$ に $T_p(M)$ の零元を対応させるベクトル場を示す．なお，(4.16) の最後の関係式はベクトル場に対する**ヤコビ恒等式**とよばれている．

実解析写像とその微分 M, N を実解析多様体とし，写像

$$\varphi : M\to N$$

があるとき，φ が点 $p\in M$ の周囲で**実解析的**であるとは，(U, ψ) を M の点 p の座標近傍，(V, χ) を N の点 $\varphi(p)$ の座標近傍とするとき，合成写像 $\chi\circ\varphi\circ\psi^{-1}$ が点 $\psi(p)\in\mathbf{R}^n$ の近傍で定義され $\mathbf{R}^m$ に値をもつ実解析写像であることとする．ただし，n, m はそれぞれ M, N の次元である．φ が M の任意の点の周囲で実解析的であるとき，φ は**実解析写像**であるという．φ が全単射であって，φ とその逆写像 φ^{-1} がともに実解析写像のとき，φ を**実解析同型**という．

いま，写像 $\varphi: M\to N$ が点 p の周囲で実解析的であるとする．点 $p\in M$ と点 $q=\psi(p)\in N$ の近傍で定義された実解析関数の集合をばそれぞれ $F_M(p)$, $F_N(q)$ とし，またそれらの関数の芽の集合を $\mathcal{F}_M(p)$, $\mathcal{F}_N(q)$ としよう．すると，$f\in F_N(q)$ に $f\circ\psi\in F_M(p)$ を対応させて写像 $F_N(q)\to F_M(p)$ がひきおこされ，これから自然に写像

$$\mathcal{F}_N(q)\to\mathcal{F}_M(p)$$

が定義される．ところで，$u\in T_p(M)$ とは写像 $\mathcal{F}_M(p)\to\mathbf{R}$ で接ベクトルの公理をみたすものであるが，この u とここの写像 $\mathcal{F}_N(q)\to\mathcal{F}_M(p)$ との合成写像を $d\varphi_p(u)$ と表わすとき，$d\varphi_p(u)\in T_q(N)$ である．実際，これらの定義により，$f\in F_N(q)$ のとき，

(4.17)　$$(d\varphi_p(u))(f)=u(f\circ\varphi)$$

がなりたつから，$d\varphi_p(u)$ は N の点 q での接ベクトルとなることがわかる．さらに，こうして得られた写像

$$d\varphi_p : T_p(M) \to T_p(N)$$

が線型写像となっていることも明らかであろう．この写像 $d\varphi_p$ を点 p における φ の**微分**とよぶ．

ここで写像 φ の微分 $d\varphi_p$ が単射であるとき，φ は点 p において**正則**であるという．

3つの多様体 M_1, M_2, M_3 と実解析写像 $\varphi_1 : M_1 \to M_2$, $\varphi_2 : M_2 \to M_3$ があるとき，合成写像 $\varphi_2\circ\varphi_1$ は実解析写像であって，$p\in M_1$ のとき

(4.18)　$$d(\varphi_2\circ\varphi_1)_p=(d\varphi_2)_{\varphi_1(p)}\circ(d\varphi_1)_p$$

がなりたつ．

問 2　このことを験証せよ．

例 4　実数の集合 $\mathbf{R}$ をその座標 t を座標関数として1次元多様体とみるとき，$\mathbf{R}$ の各点 t_0 での接ベクトル $(d/dt)_{t_0}$ が

$$\left(\frac{d}{dt}\right)_{t_0} f=\left.\frac{df}{dt}\right|_{t=t_0} \qquad (f\in F(t_0))$$

によって定義され，ベクトル場 d/dt が定まる．多様体 M の**曲線** $\alpha(t)$ とは実解析写像 $\alpha : \mathbf{R} \to M$ のこととする．この曲線 α の微分

$$d\alpha_t : T_t(\mathbf{R}) \to T_{\alpha(t)}(M)$$

による接ベクトル $(d/dt)_{t_0}$ の像を

$$\left.\frac{d}{dt}\{\alpha(t)\}\right|_{t=t_0}$$

とかき，これを $t=t_0$ における**曲線 $\alpha(t)$ の接ベクトル**という．なお，t_0 として一般の点 t を考えるときには，添字 $t=t_0$ を省略することもある．実解析写像 $\varphi : M \to N$ があるとき，M の曲線 α に対して $\varphi\circ\alpha$ は N の曲線であって，

(4.19)　$$\left.\frac{d}{dt}\{\varphi(\alpha(t))\}\right|_{t=t_0}=d\varphi_{\alpha(t_0)}\left(\left.\frac{d}{dt}\{\alpha(t)\}\right|_{t=t_0}\right)$$

がなりたつ.

問 3 (4.19) を証明せよ.

いま, 多様体 M, N とその間の実解析写像 $\varphi: M \to N$ が与えられたとする. X, Y をそれぞれ M, N において定義されたベクトル場とし, M のすべての点 p において

$$d\varphi_p(X_p) = Y_{\varphi(p)}$$

がなりたつとき, X と Y は **φ 関係**にあるといい, $d\varphi(X) = Y$ とかく.

定理 4.12 実解析的多様体 M, N とその間の実解析写像 $\varphi: M \to N$ が与えられ, M, N においてそれぞれ定義された実解析ベクトル場 X_i と Y_i が φ 関係にあるとする$(i=1,2)$. このとき, aX_1 と $aY_1\,(a \in \mathbf{R})$, X_1+X_2 と Y_1+Y_2, および $[X_1, X_2]$ と $[Y_1, Y_2]$ がまた φ 関係にある.

証明 $[X_1, X_2]$ と $[Y_1, Y_2]$ が φ 関係にあることを証明する. 他の2つについては φ の微分 $d\varphi_p$ が線型写像だから明らかである. $p \in M$ とし, f を点 $\varphi(p)$ の近傍での実解析関数とする. このとき (4.17) により

$$\begin{aligned}(d\varphi_p([X_1, X_2]_p))f &= [X_1, X_2]_p(f\circ\varphi)\\ &= (X_1)_p(X_2(f\circ\varphi)) - (X_2)_p(X_1(f\circ\varphi)).\end{aligned}$$

ところが, X と Y が φ 関係にあるとき, p の近傍の点 q に対し,

$$\begin{aligned}(X(f\circ\varphi))(q) &= X_q(f\circ\varphi) = (d\varphi_q(X_q))f\\ &= Y_{\varphi(q)}f = (Yf)(\varphi(q)) = (Yf\circ\varphi)(q)\end{aligned}$$

であるから,

$$\begin{aligned}(X_1)_p(X_2(f\circ\varphi)) &= (X_1)_p(Y_2f\circ\varphi)\\ &= (d\varphi_p((X_1)_p))Y_2f = (Y_1)_{\varphi(p)}Y_2f,\\ (X_2)_p(X_1(f\circ\varphi)) &= (Y_2)_{\varphi(p)}Y_1f\end{aligned}$$

を得る. したがって,

$$(d\varphi_p([X_1, X_2]_p))f = (Y_1)_{\varphi(p)}Y_2f - (Y_2)_{\varphi(p)}Y_1f = [Y_1, Y_2]_{\varphi(p)}f$$

がなりたち, p と f は任意だから, これは $[X_1, X_2]$ と $[Y_1, Y_2]$ が φ 関係にあることを示す. (証終)

4.4 リ　ー　群

定義　集合 G がつぎの条件をみたすとき，これを**リー群**という．

（1）G は群である．

（2）G は実解析多様体である．

（3）G の群演算は実解析的である．すなわち，つぎの写像 $P: G\times G\to G$, $J: G\to G$ はいずれも実解析写像である．

$$P(g,h)=gh,$$
$$J(g)=g^{-1} \qquad (g,h\in G).$$

ただし，$G\times G$ には積多様体としての多様体構造を考えている．

位相群の場合と同様に，リー群 G を単に群，または多様体と見たとき，それぞれ群 G, 多様体 G ということにする．多様体 G の次元をリー群 G の次元といい $\dim G$ と表わす．定義により，0 次元リー群とは離散位相をもつ位相群のことである．

リー群の定義で条件（3）はつぎの（3）′ に同値である．その証明は位相群に対するのと同様である[§1.4 例題1]．

（3）′　写像 $Q: G\times G\to G$ を

$$Q(g,h)=g^{-1}h \qquad (g,h\in G)$$

とするとき，Q は実解析写像である．

例 1　$\mathbf{R}^n$ に加法群の構造と自然な多様体の構造[§4.3 例1]を考えるとき，$\mathbf{R}^n$ はリー群である．$n=1$ の場合として実数の加法群 $\mathbf{R}$ はリー群である．

例 2　一般線型群 $GL(n,\mathbf{C})$ は，複素 n 次正方行列のつくる実ベクトル空間 $M_n(\mathbf{C})_{\mathbf{R}}$ を $\mathbf{R}^{2n^2}$ と同一視するとき[§4.2 例1]，$\mathbf{R}^{2n^2}$ の開集合となり多様体の構造をもつ[§4.3 例2]．行列 $g\in GL(n,\mathbf{C})$ の (i,j) 成分 $x_{ij}(g)$ の実部，虚部をそれぞれ $x_{ij}'(g)$, $x_{ij}''(g)$ とするとき，$GL(n,\mathbf{C})$ 上の $2n^2$ 個の関数 x_{ij}', x_{ij}'' $(1\leqq i,j\leqq n)$ が $GL(n,\mathbf{C})$ 全体で定義された（局所）座標系を与えている．こうして多様体の構造を考慮した一般線型群 $GL(n,\mathbf{C})$ は $2n^2$ 次元のリー群である．実際，$g,h\in GL(n,\mathbf{C})$ について $g^{-1}h$ の座標 $x_{ij}'(g^{-1}h)$,

$x_{ij}''(g^{-1}h)$ はいずれも g の座標 $x_{ij}'(g)$, $x_{ij}''(g)$ および h の座標 $x_{ij}'(h)$, $x_{ij}''(h)$ の有理関数[§4.1 例2]となる．その分母として $g^{-1}h$ の行列式の絶対値の平方をとることができ，これは $GL(n, \mathbf{C})$ の上では0とならないから，条件（3）′ の写像 Q は実解析写像である．

同様に，実一般線型群 $GL(n, \mathbf{R}) \subset M_n(\mathbf{R}) = \mathbf{R}^{n^2}$ は n^2 次元リー群である．

例 3 V を複素 n 次元ベクトル空間とするとき，V の一般一次変換群 $GL(V)$ は群 $GL(n, \mathbf{C})$ に自然に同型である．この同型写像は V の基底を選ぶことによって定まるが，基底のとり方を変えても，$GL(n, \mathbf{C})$ の内部自己同型との合成でおきかえられるだけである[§2.1]．$GL(n, \mathbf{C})$ の内部自己同型は明らかに多様体 $GL(n, \mathbf{C})$ からそれ自身への実解析同型であるから，$GL(V)$ と $GL(n, \mathbf{C})$ の間の同型写像によって $GL(n, \mathbf{C})$ の多様体構造を $GL(V)$ に移すとき，この $GL(V)$ の多様体構造は(V の基底のとり方によらずに)一意的に定まる．この構造に関して $GL(V)$ がリー群となることは例2により明らかであろう．

V が実 n 次元ベクトル空間の場合にも，まったく同様に V の一般一次変換群 $GL(V)$ は群 $GL(n, \mathbf{R})$ との同型写像により，リー群構造をもつ．

定理 4.13 リー群 G において，$g \in G$ が定める群 G の左移動 L_g，右移動 R_g，内部自己同型 A_g，および群 G の各元の逆元をとる写像 J は，いずれも多様体 G から G 自身への実解析同型である．

証明 リー群の定義から容易にわかる．位相群に対する類似の主張[定理1.3]と同様にやればよい． （証終）

定義 G, G' をリー群としその間の写像

$$\rho : G \to G'$$

が**準同型写像**，またはリー群の準同型写像であるとは，ρ が群 G から群 G' への準同型写像であり，同時に多様体 G から多様体 G' への実解析写像となっていることとする．リー群 G からリー群 $GL(n, \mathbf{C})$ への準同型写像をリー群 G の**表現**という．また，写像 $\rho : G \to G'$ が全単射であって ρ および逆写像 ρ^{-1} がともにリー群の準同型写像のとき ρ を**同型写像**といい，この場合リ

ー群 G, G' は(ρ により)**同型**であるという．リー群 G から G 自身への同型写像を G の**自己同型**という．

例題 1　リー群 G からリー群 G' への写像 $\rho: G\to G'$ が群 G から群 G' への準同型写像であって，G の単位元 e の周囲で実解析的であれば，ρ は実解析写像であってリー群の準同型写像である．

解　位相群に対する類似の主張[§1.6 例題1]と同様に，定理 4.13 を用いて容易にわかる．　(以上)

2つのリー群 G_1, G_2 があるとき積集合 $G_1\times G_2$ に群 G_1, G_2 の直積としての群構造と多様体 G_1, G_2 の積多様体としての多様体構造を考えるとき，$G_1\times G_2$ はリー群である．これをリー群 G_1, G_2 の**直積**という．

リー群 G にはその多様体構造に付属した位相があり，リー群の群演算は実解析的だからこの位相に関して連続である．ゆえに，群 G はこの位相によって位相群となる．これをリー群 G に**付属した位相群**ということにする．どんな位相群がリー群に付属したものであるかの一つの判定条件を与えるために，つぎの定義をおこう．

定義　位相群 G が**局所実解析的**であるとは，つぎの2条件がみたされていることとする．

(i)　G の単位元の近傍 U と U において定義された n 個の実関数 $x_1, \cdots, x_n$ があり，写像

$$g\to\psi(g)=(x_1(g), \cdots, x_n(g))\qquad (g\in U)$$

は U と $\mathbf{R}^n$ の立方体 $Q_a{}^n=\{(u_1, \cdots, u_n);\ |u_i|<a\}$ の間の同相写像であって，$\psi(e)=o$ ($\mathbf{R}^n$ の原点)である．

(ii)　正数 $b(0<b<a)$ と

$$Q_b{}^{2n}=\{(u_1, \cdots, u_n, v_1, \cdots, v_n);|u_i|<b, |v_i|<b\}$$

において定義された n 個の実解析関数

$$f_i(u_1, \cdots, u_n, v_1, \cdots, v_n)\qquad (1\leqq i\leqq n)$$

があって，$V=\{g\in U; |x_i(g)|<b\ (1\leqq i\leqq n)\}$ とするとき $g, h\in V$ ならば $g^{-1}h\in U$ かつ

$$x_i(g^{-1}h)=f_i(x_1(g),\cdots,x_n(g),x_1(h),\cdots,x_n(h)) \qquad (1\leqq i\leqq n)$$

がなりたつ.

定理 4.14 リー群 G に付属した位相群は局所実解析的である. 逆に, 位相群 G が連結でかつ局所実解析的であるとき, その条件 (i) に現われる関数 $x_1,\cdots,x_n$ を単位元の近傍における局所座標系とするところの多様体構造が G に定義され, これに関して G はリー群となる.

証明 前半はリー群の定義より直ちにわかる. すなわち, 単位元 e の局所座標近傍 $(U;\, x_1,\cdots,x_n)$ を適当にとれば条件 (i) が (ある $a>0$ について) 成立しているとしてよい. つぎに, e の近傍 V で (ii) をみたすものが存在することは, $(g,h)\to g^{-1}h$ によって定義される写像 $G\times G\to G$ が点 (e,e) の近傍で実解析的であることから明らかであろう.

逆を証明しよう. U, V, ψ を G が局所実解析的な群であることの定義に現われたものとし, e の近傍 W を $W^{-1}=W$ かつ $WW\subset V$ なるように選ぶ. G の各元 g に対して $\psi_g: gW\to\mathbf{R}^n$ を $\psi_g=\psi\circ L_{g^{-1}}$ とする. 換言すれば

$$\psi_g(p)=(x_1{}^g(p),\cdots,x_n{}^g(p)) \qquad (p\in gW),$$

ここに, $x_i{}^g(p)=x_i(g^{-1}p)$ $(1\leqq i\leqq n)$ とする. 明らかに ψ_g は g の近傍 gW から $\mathbf{R}^n$ の開集合 $\psi(W)$ への同相写像である. いま, $gW\cap hW\neq\phi$ $(g,h\in G)$ とすれば, $h^{-1}g\in WW\subset V$ であって $p\in gW\cap hW$ のとき,

$$\begin{aligned} x_i{}^g(p)&=x_i(g^{-1}p)=x_i((h^{-1}g)^{-1}(h^{-1}p)) \\ &=f_i(x_1(h^{-1}g),\cdots,x_n(h^{-1}g),x_1{}^h(p),\cdots,x_n{}^h(p)) \qquad (1\leqq i\leqq n) \end{aligned}$$

がなりたつ. これは $\psi_g\circ\psi_h{}^{-1}$ が実解析的であることを示し, したがって $\{(gW,\psi_g);\, g\in G\}$ は G に多様体構造を与える.

このとき, G がリー群となることを示す. このためにまず G の各元 g による群 G の左移動 L_g, 右移動 R_g が多様体 G から G 自身への実解析写像であることを示す. G の点 h と $p\in hW$ に対し $x_i{}^{gh}(L_g(p))=x_i{}^h(p)$ がなりたつから, L_g は実解析的である. つぎに, R_g の実解析性を証明するために G が連結という仮定を用いる. このとき, 群 G は e の任意の近傍により生成される[定理 1.16]. W_1 を e の近傍で $W_1{}^{-1}=W_1$, $W_1W_1\subset W$ なるものとすれ

ば，G の元 g は W_1 の有限個の元の積となるから，R_g の実解析性を示すには $g\in W_1$ のときに証明すれば十分である．このとき，$p\in hW_1\,(h\in G)$ とすれば $R_g(p)=pg\in hW_1W_1\subset hW$ であって，

$$
\begin{aligned}
x_i{}^h(R_g(p)) &= x_i(h^{-1}pg)=x_i((p^{-1}h)^{-1}g)\\
&= f_i(x_1(p^{-1}h),\cdots,x_n(p^{-1}h),x_1(g),\cdots,x_n(g))\\
&= f_i(f_1(x(h^{-1}p),x(e)),\cdots,f_n(x(h^{-1}p),x(e)),x(g)) \qquad (1\leqq i\leqq n).
\end{aligned}
$$

ただし，第3式では $x(q)=(x_1(q),\cdots,x_n(q))\,(q\in W)$ とする．ここで $x(h^{-1}p)=(x_1{}^h(p),\cdots,x_n{}^h(p))$ だから，R_g は hW_1 で実解析写像をひきおこしていることがわかった．ここに $h\in G$ は任意だから，$R_g\colon G\to G$ は実解析写像である．この結果，G の各元 g による内部自己同型 $A_g=L_g\circ R_{g^{-1}}$ も実解析写像であり，このことは g に対して e の近傍 $W_2\subset W$ を $A_g(W_2)\subset W$ となるように選べば，$p\in W_2$ のとき

$$
(4.20)\qquad x_i(A_g(p))=y_i(x_1(p),\cdots,x_n(p)) \qquad (1\leqq i\leqq n)
$$

がなりたつことを示す．ただし，$y_i(1\leqq i\leqq n)$ は $\mathbf{R}^n$ の原点 o のある近傍で定義された実解析関数である．

さて，G の演算 $(p,q)\to p^{-1}q$ によって定義される写像 $G\times G$ が点 (g,h) の近傍において実解析的であることを証明しよう．$k=g^{-1}h$ とし，$A=A_{k^{-1}}$ とする．この A に対して上のように W_2 を $A(W_2)\subset W_1$ かつ (4.20) が A_g の代りに A としてなりたつものとすれば，$p\in gW_2$, $q\in hW_1$ のとき

$$
\begin{aligned}
(g^{-1}h)^{-1}(p^{-1}q) &= (g^{-1}h)^{-1}(p^{-1}g)(g^{-1}h)(h^{-1}q)\\
&= (A(g^{-1}p))^{-1}(h^{-1}q),
\end{aligned}
$$

ゆえに，$p^{-1}q\in kW$ であって，$x^g(p)=(x_1{}^g(p),\cdots,x_n{}^g(p))$ として

$$
x_i{}^k(p^{-1}q)=f_i(y_1(x^g(p)),\cdots,y_n(x^g(p)),x_1{}^h(q),\cdots,x_n{}^h(q)) \qquad (1\leqq i\leqq n)
$$

がなりたつ．これで $(p,q)\to p^{-1}q$ は実解析写像であることが証明された．G はリー群である．　　(証終)

位相群 G が局所実解析的であるとき，その定義に現われる近傍 U, V は(正数 a, b を小さくとり直して)任意に与えられた G の単位元の近傍に含まれていると仮定して差支えない．このことに注意すれば，局所実解析的な群に局所

同型な位相群はまた局所実解析的となる．定理 4.14 とあわせて，つぎのことがわかる．連結な位相群でリー群に付属した位相群に局所同型なものは，この局所同型写像を実解析同型とするところのリー群構造をもつ．一方，リー群は明らかに局所ユークリッド的だから，連結リー群 G に付属した位相群は普遍被覆群 $\tilde{G}$ をもつことを知っている[§3.3]．これらの結果をまとめて，つぎの定理が得られた．

定理 4.15 連結リー群 G に(位相群として)局所同型な連結位相群は，この局所同型写像が実解析同型となるような多様体構造によってリー群となる．とくに，G の普遍被覆群はリー群構造をもつ．

これらの定理を用いていくつかの重要なリー群の例が与えられる．

例 4 位相群 $\mathbf{R}^n$ の離散部分群 $\mathbf{Z}^n$ による剰余群を $\boldsymbol{n}$ **次元トーラス群**という．これはリー群 $\mathbf{R}^n$ に局所同型であり，またリー群である．

例題 2 $GL(n,\mathbf{C})$ の部分群 $U(n)$, $SU(n)$, $SO(n)$, $SL(n,\mathbf{C})$, $SL(n,\mathbf{R})$, $Sp(m)$, $Sp(m,\mathbf{C})$, $Sp(m,\mathbf{R})$ はいずれも自然にリー群の構造をもつ．(ただし，あとの 3 個の群については $n=2m$.)

解 これらの群は連結な位相群である[§1.9 例題1; §2.5 例題2; 問題2.3 (3)]．これらの群は局所実解析的な位相群となり，リー群となることを証明しよう．行列の指数写像

$$\exp: M_n(\mathbf{C}) \to GL(n,\mathbf{C})$$

は，$M_n(\mathbf{C})$ を $\mathbf{R}^{2n^2}$ と同一視するとき，リー群 $GL(n,\mathbf{C})$ への実解析写像となる[§4.2 例1; 本節例 2]．それは $M_n(\mathbf{C})$ の零元 0_n の近傍から $GL(n,\mathbf{C})$ の単位元 1_n の近傍への同相写像をひきおこし，逆写像は対数写像 log である[定理 2.9]．ここに log は 1_n の近傍において実解析写像であることが exp と同様にしてわかる．さて，われわれの対象とする位相群の一つを G とする．G に対しては，$M_n(\mathbf{C})$ の実部分ベクトル空間 $\mathfrak{g}$ が定まり，$\mathfrak{g}$ の零元 0 の適当な近傍 N では指数写像 exp は G の単位元の近傍 $\exp N$ への全単射を定義し，その逆写像は対数写像 log であることを知っている[定理 2.10]．例えば，$G=SL(n,\mathbf{C})$ の場合は $\mathfrak{g}=\{\alpha\in M_n(\mathbf{C});\ \mathrm{Tr}\,\alpha=0\}$ であった．いま $\mathfrak{g}$ の一つの

基底 $X_1, \cdots, X_m$ ($m=\dim \mathfrak{g}$) を選び，$\exp N$ の上の関数 $x_1, \cdots, x_m$ を

$$x_i(\exp(u_1X_1+\cdots+u_mX_m))=u_i \qquad (1\leqq i\leqq m)$$

として定義しよう．$a>0$ を十分小さくとり

$$U=\{g\in\exp N;\ |x_i(g)|<a\ (1\leqq i\leqq m)\}$$

とすれば，U は G の単位元の近傍であって，対応

$$g\to\psi(g)=(x_1(g), \cdots, x_m(g))$$

は U と $\mathbf{R}^m$ の立方体 $\{(u_1, \cdots, u_m);\ |u_i|<a\}$ の間の同相写像を与える．ψ による単位元の像は $\mathbf{R}^m$ の原点だから，$0<b<a$ なる b に対して

$$V=\{g\in U;\ |x_i(g)|<b\ (1\leqq i\leqq m)\}$$

は単位元の近傍であり，b を十分小さくとって $V^{-1}V\subset U$ とすることができる．$g, h\in V$ のとき，$g^{-1}h\in U$ であって，

$$\log\left\{\exp\left(-\sum_{i=1}^m x_i(g)X_i\right)\exp\left(\sum_{i=1}^m x_i(h)X_i\right)\right\}=\sum_{i=1}^m x_i(g^{-1}h)X_i$$

がなりたつ．$\exp:\mathfrak{g}\to M_n(\mathbf{C})$，$M_n(\mathbf{C})$ における積，および対数写像 log はいずれも実解析写像だから，これは局所実解析的な群の定義に現われた関係式

$$x_i(g^{-1}h)=f_i(x_1(g), \cdots, x_m(g), x_1(h), \cdots, x_m(h)) \qquad (1\leqq i\leqq m)$$

が，適当な実解析関数 f_i を用いて G に対して成立していることを示している．ゆえに，群 G は局所実解析的な位相群である．定理 4.14 によりこのとき G はリー群構造をもち，$x_1, \cdots, x_m$ は G の単位元の近傍での局所座標系を与えている．　　(以上)

リー群の位相についてつぎの定理がある．

定理 4.16　リー群 G に付属した位相群ではその連結成分は開集合である．そして，連結成分の個数がたかだか可算個のときには第2可算公理をみたす．

証明　はじめの主張は G が局所ユークリッド的，とくに局所連結だから明らかである．G の単位元 e の近傍 U で $\mathbf{R}^n$ の連結な開集合と同相なものをとる．U の点でこの同相写像によって座標がすべて有理数なる $\mathbf{R}^n$ の点に写る点すべての集合を A とすれば A は U の中で稠密な可算集合である．群 G の中で A により生成された部分群を B とすれば，B は可算個の元からなる．

G の単位元の連結成分 G° は，はじめに述べたように G の開部分群であり，U によって生成される[定理 1.16]．すると A が U で稠密であることから，B が G° において稠密であることが容易にわかる．一方，仮定により，$G=\bigcup_m h_m G^\circ$ と表わされ[定理 1.14]，ここに $\{h_m\}$ は G の中のたかだか可算個の元からなる．このとき $C=\bigcup_m h_m B$ は G の中で稠密な可算集合となる．また，G は局所ユークリッド的だから，e は可算個の開集合からなる基本近傍系 $\{U_p;\ p=1,2,\cdots\}$ をもつ．すると，可算個の開集合族 $\{cU_p;\ c\in C,\ p=1,2,\cdots\}$ は G の開基となるから，G は第2可算公理をみたす．　(証終)

4.5　リー群のリー環

G をリー群とする．点 $g\in G$ における多様体 G への接ベクトル空間を $T_g(G)$ で示す．G 上のベクトル場 X は定義により各点 $g\in G$ に接ベクトル $X_g\in T_g(G)$ を対応させる対応である．この X が**左不変ベクトル場**であるとは

$$(dL_g)_h(X_h)=X_{gh}\qquad (g,h\in G)\tag{4.21}$$

がなりたつこととする．ここに $(dL_g)_h$ は $g\in G$ による G 左移動 L_g の点 h における微分を示し，$T_h(G)$ から $T_{gh}(G)$ への線型写像である．§4.3 のことばを用いれば (4.21) は任意の $g\in G$ についてベクトル場 X は X 自身と L_g 関係にあるといい表わされ，

$$dL_g(X)=X$$

とかくことができる．

さて，$g\in G$ を任意に固定するとき $L_g\circ L_{g^{-1}}=L_{g^{-1}}\circ L_g=L_e$ であって，L_e は G の恒等写像である．(4.18) によりこのとき，各点 $h\in G$ において

$$(dL_g)_{g^{-1}h}\circ(dL_{g^{-1}})_h=(dL_{g^{-1}})_{gh}\circ(dL_g)_h=(dL_e)_h$$

であって，dL_e は $T_h(G)$ の恒等写像である．ゆえに，写像

$$(dL_g)_h:T_h(G)\to T_{gh}(G)$$

は全単射である．

リー群 G 上の左不変ベクトル場すべての集合を $\mathfrak{g}$ で表わすことにする．X,

$Y\in\mathfrak{g}$, $a\in\mathbf{R}$ のとき，aX, $X+Y$ はまた (4.21) をみたし $\mathfrak{g}$ に属するから，$\mathfrak{g}$ は実ベクトル空間をつくる．$X\in\mathfrak{g}$ に対してその単位元 e での値 $X_e\in T_e(G)$ を対応さる写像は線型写像であって全単射である．なぜならば，$X_e=0$ とすれば $X_g=(dL_g)_e(X_e)=0\ (g\in G)$ だから $X=0$ となりこの写像は単射であり，また，任意の $u\in T_e(G)$ に対して $X_g=(dL_g)_e(u)$ とおいて $X\in\mathfrak{g}$ であって $X_e=u$ となるものが定義されるからである．同じ議論で，各点 $g\in G$ に対して写像 $X\to X_g$ は $\mathfrak{g}$ から $T_g(G)$ への線型同型であることがわかる．また，ベクトル空間 $\mathfrak{g}$ の次元は接ベクトル空間 $T_e(G)$ の次元に等しくなり，これは $\dim G$ に等しい[定理 4.11].

定理 4.17　リー群 G 上の左不変ベクトル場 X は実解析ベクトル場である．

証明　G の任意の局所座標近傍 $(U; x_1, \cdots, x_n)$ において

$$X_p=a_1(p)\left(\frac{\partial}{\partial x_1}\right)_p+\cdots+a_n(p)\left(\frac{\partial}{\partial x_n}\right)_p \qquad (p\in U)$$

とするとき，$a_i\ (1\leqq i\leqq n)$ が U 上の実解析関数であることを証明すればよい．$g\in U$ とする．$ge=g$ だから g の近傍 V と e の近傍 W を $VW\subset U$ となるように選ぶことができる．この V, W ではそれぞれ局所座標系 $(y_1, \cdots, y_n)$ および $(z_1, \cdots, z_n)$ が与えられていると仮定することができる．G の演算の実解析性により，$p\in V$, $q\in W$ のとき，

$$x_i(pq)=F_i(y_1(p), \cdots, y_n(p), z_1(q), \cdots, z_n(q)) \qquad (1\leqq i\leqq n)$$

と表わされる．ここに，F_i は $(y_1(g), \cdots, y_n(g), z_1(e), \cdots, z_n(e))\in\mathbf{R}^{2n}$ の近傍での実解析関数である．$X_p=(dL_p)_e(X_e)\ (p\in V)$ だから

$$\begin{aligned} a_i(p)&=X_px_i=X_e(x_i\circ L_p)\\ &=\sum_{k=1}^{n}(X_ez_k)\frac{\partial F_i}{\partial z_k}(y_1(p), \cdots, y_n(p), z_1(e), \cdots, z_n(e)) \end{aligned}$$

となり，$a_i(p)$ は U の各点 g の周囲で実解析的である．これで主張が示された．　(証終)

この定理の結果，$X, Y\in\mathfrak{g}$ に対して G 上のベクトル場 $[X, Y]$ が定義可能である．定理 4.12 によれば，

$$dL_g([X, Y])=[dL_g(X), dL_g(Y)]=[X, Y] \qquad (g\in G)$$

であるから，$[X, Y]\in\mathfrak{g}$ である．ベクトル場の交換子積は条件 (4.16) をみたすから，$\mathfrak{g}$ はつぎの意味で実リー環をつくっている．

定義 実ベクトル空間 $\mathfrak{g}$ において，その任意の2元 X, Y に**交換子積**とよばれる第3の元 $[X, Y]$ が対応しつぎの条件がなりたつとき，$\mathfrak{g}$ を**実リー環**という．$X, Y, Z\in\mathfrak{g}$, $a\in\mathbf{R}$ のとき，

(1) $[aX, Y]=a[X, Y]$,

$[X+Y, Z]=[X, Z]+[Y, Z]$,

(2) $[X, Y]+[Y, X]=0$, とくに $[X, X]=0$,

(3) $[X, [Y, Z]]+[Y, [Z, X]]+[Z, [X, Y]]=0$ (ヤコビ恒等式).

この定義においてベクトル空間 $\mathfrak{g}$ を複素ベクトル空間とし，$\mathbf{R}$ の代りに $\mathbf{C}$ をとるとき，**複素リー環** $\mathfrak{g}$ が定義される．

実(または複素)リー環 $\mathfrak{g}$ に対して $\mathfrak{g}$ の実(または複素)ベクトル空間としての基底，次元をそれぞれリー環 $\mathfrak{g}$ の**基底**，**次元**という．$\mathfrak{g}$ の次元を $\dim\mathfrak{g}$ とかく．$\mathfrak{g}$ の次元 n が有限のときには，$\mathfrak{g}$ の基底 $\{X_1, \cdots, X_n\}$ に対して

$$[X_i, X_j]=\sum_{k=1}^{n} c_{ij}{}^k X_k \qquad (1\leqq i, j\leqq n)$$

によって n^3 個の実数(または複素数) $c_{ij}{}^k$ が定まる．これをリー環 $\mathfrak{g}$ の基底 $\{X_1, \cdots, X_n\}$ に関する**構造定数**という．構造定数を知れば，$\mathfrak{g}$ の任意の2元 X, Y の交換子積 $[X, Y]$ が決定される．なぜならば，$X=\sum_{i=1}^{n} a_iX_i$, $Y=\sum_{i=1}^{n} b_iX_i$ のとき $[X, Y]=\sum_{k=1}^{n} a_ib_jc_{ij}{}^k X_k$ となるからである．

例 1 $\mathfrak{g}$ を任意の実(または複素)ベクトル空間とし，ここで

$$[X, Y]=0 \qquad (X, Y\in\mathfrak{g})$$

とおくと，$\mathfrak{g}$ は明らかに実(または複素)リー環である．ここの条件をみたすリー環を**可換リー環**という．

例 2 n 次複素正方行列全体のつくる複素ベクトル空間 $M_n(\mathbf{C})$ において，交換子積を

$$[X, Y]=XY-YX$$

と定義すれば，$M_n(\mathbf{C})$ は複素リー環である．また，$M_n(\mathbf{C})$ を実ベクトル空間と見たもの $M_n(\mathbf{C})_{\mathbf{R}}$ はこの交換子積によって実リー環である．同様に，実 n 次正方行列すべての集合 $M_n(\mathbf{R})$ は実リー環となる．

複素(または実) n 次元ベクトル空間 V の一次変換の全体 $\mathrm{End}(V)$ は(V の基底を選んだとき) $M_n(\mathbf{C})$ (または $M_n(\mathbf{R})$) と同一視できるから，これによって $\mathrm{End}(V)$ にはリー環構造が導入される．容易にわかるように，この構造は V の基底の取り方によらず一意的に定まる．

今後，リー環はすべて実リー環を意味するものとして，ここでリー環に関する初等的定義を与えておこう．

定義 リー環 $\mathfrak{g}$ の部分集合 $\mathfrak{h}$ が $\mathfrak{g}$ の部分ベクトル空間であって，かつ $X, Y\in\mathfrak{h}$ のとき $[X, Y]\in\mathfrak{h}$ となるならば，$\mathfrak{h}$ は $\mathfrak{g}$ の交換子積によってそれ自身リー環であり，これを $\mathfrak{g}$ の**リー部分環**，または単に**部分環**，という．$\mathfrak{g}$ の部分ベクトル空間 $\mathfrak{n}$ が，$X\in\mathfrak{g}$，$Y\in\mathfrak{n}$ のとき $[X, Y]\in\mathfrak{n}$ という条件をみたすとき，$\mathfrak{n}$ を $\mathfrak{g}$ の**イデアル**という．

リー環 $\mathfrak{g}, \mathfrak{g}'$ の間の線型写像 $\Delta: \mathfrak{g}\to\mathfrak{g}'$ であって

$$\Delta([X, Y])=[\Delta(X), \Delta(Y)] \qquad (X, Y\in\mathfrak{g})$$

をみたすもの Δ を**準同型写像**という．この Δ が全単射であるならば，Δ を**同型写像**とよぶ．このときリー環 $\mathfrak{g}, \mathfrak{g}'$ は(Δ により)**同型**であるといい，記号で $\mathfrak{g}\cong\mathfrak{g}'$ と表わす．

リー環 $\mathfrak{g}$ から $\mathfrak{g}$ 自身への同型写像を $\mathfrak{g}$ の**自己同型**という．

準同型写像 $\Delta: \mathfrak{g}\to\mathfrak{g}'$ があるとき，$\mathfrak{g}$ の像 $\Delta(\mathfrak{g})$ は $\mathfrak{g}'$ のリー部分環であり，Δ の核 $\{X\in\mathfrak{g}; \Delta(X)=0\}$ は $\mathfrak{g}$ のイデアルとなることが容易にわかる．

さて，すでに述べたようにリー群 G 上の左不変ベクトル場の全体 $\mathfrak{g}$ はリー環をつくり，$\dim\mathfrak{g}=\dim G$ である．この $\mathfrak{g}$ を**リー群 G のリー環**という．

例題 1 リー群 $\mathbf{R}^n$ のリー環 $\mathfrak{g}(\mathbf{R}^n)$ は可換リー環である．

解 $\mathbf{R}^n$ 上の座標関数 $x_1, \cdots, x_n$ に対して，ベクトル場 $\partial/\partial x_i$ $(1\leqq i\leqq n)$ は $\mathbf{R}^n$ 上の左不変ベクトル場であって，これらは $\mathbf{R}^n$ の原点 o において接ベクトル空間 $T_o(\mathbf{R}^n)$ の基底を定義する．この節のはじめに見た所によれば，この

とき $\{\partial/\partial x_i; 1\leqq i\leqq n\}$ はリー環 $\mathfrak{g}(\mathbf{R}^n)$ の基底となることがわかる．この基底に関する $\mathfrak{g}$ の構造定数はすべて 0 となるから，$\mathfrak{g}(\mathbf{R}^n)$ は可換リー環である．なお，$n=1$ のときは $\mathfrak{g}(\mathbf{R})$ はベクトル場 d/dt を基底としている．ここに d/dt は §4.3 例4 に定義されたものである．（以上）

例題 2　リー群 $GL(n,\mathbf{C})$ のリー環 $\mathfrak{gl}(n,\mathbf{C})$ はリー環 $M_n(\mathbf{C})_{\mathbf{R}}$ に同型である．また，リー群 $GL(n,\mathbf{R})$ のリー環 $\mathfrak{gl}(n,\mathbf{R})$ はリー環 $M_n(\mathbf{R})$ に同型である．

解　$g\in GL(n,\mathbf{C})$ の行列成分を $x_{ij}(g)\,(1\leqq i,j\leqq n)$ とし，その実部，虚部を $x_{ij}'(g)$, $x_{ij}''(g)$ とするとき，$\{x_{ij}', x_{ij}''; 1\leqq i,j\leqq n\}$ は $GL(n,\mathbf{C})$ の座標関数である．$GL(n,\mathbf{C})$ 上のベクトル場 X に対して $Xx_{ij}=Xx_{ij}'+\sqrt{-1}\,Xx_{ij}''$ とおく．$GL(n,\mathbf{C})$ 上の左不変ベクトル場 X に対して行列 $\tilde{X}\in M(n,\mathbf{C})$ を複素数 X_ex_{ij} を (i,j) 成分とする行列としよう．$\varDelta(X)=\tilde{X}$ とおいて実線型写像

$$\varDelta:\ \mathfrak{gl}(n,\mathbf{C})\to M_n(\mathbf{C})_{\mathbf{R}}$$

を定義できる．$\tilde{X}=0$ とすれば $X_ex_{ij}=0$，ゆえに $X_ex_{ij}'=X_ex_{ij}''=0\,(1\leqq i,j\leqq n)$ となり $X_e=0$ である．この節のはじめにみたように，このとき $X=0$ だから，線型写像 $\varDelta$ は単射である．リー環 $\mathfrak{gl}(n,\mathbf{C})$ の次元は $\dim GL(n,\mathbf{C})=2n^2$ であり，これは $M_n(\mathbf{C})_{\mathbf{R}}$ の次元に等しいから，$\varDelta$ は全射となり線型同型である．

$\varDelta$ がリー環の同型写像であることを示すには，$X, Y\in\mathfrak{gl}(n,\mathbf{C})$ に対して

$$\varDelta([X,Y])=\varDelta(X)\varDelta(Y)-\varDelta(Y)\varDelta(X)$$

を示せばよい．まず，$1\leqq i,j\leqq n$ として

$$(x_{ij}\circ L_g)(h)=x_{ij}(gh)=\sum_{k=1}^{n}x_{ik}(g)x_{kj}(h)\qquad(g,h\in G)$$

であるから，$Y_g=(dL_g)_e(Y_e)$ により

$$Y_gx_{ij}=Y_e(x_{ij}\circ L_g)=\sum_{k=i}^{n}x_{ik}(g)\,Y_ex_{kj}$$

である．これを g の複素数値関数とみて接ベクトル X_e をそれに（自明な方法

で)作用させれば,

$$X_e(Yx_{ij})=\sum_{k=1}^{n}(X_e x_{ik})(Y_e x_{ij}).$$

これは $X_e(Yx_{ij})$ を (i,j) 成分とする行列は $\varDelta(X)\varDelta(Y)$ に等しいことを示している. 同様に $Y_e(Xx_{ij})$ を (i,j) 成分とする行列は $\varDelta(Y)\varDelta(X)$ となることがわかる. ところが,

$$[X, Y]_e x_{ij}=X_e(Yx_{ij})-Y_e(Xx_{ij})$$

を (i,j) 成分とする行列が $\varDelta([X, Y])$ だから, これで

$$\varDelta([X, Y])=\varDelta(X)\varDelta(Y)-\varDelta(Y)\varDelta(X)$$

が証明された. リー群 $GL(n,\mathbf{R})$ のリー環 $\mathfrak{gl}(n,\mathbf{R})$ がリー環 $M_n(\mathbf{R})$ に同型であることも同様にしてわかる. (以上)

この例題の結果, 今後は一般線型群 $GL(n,\mathbf{C})$, $GL(n,\mathbf{R})$ のリー環 $\mathfrak{gl}(n,\mathbf{C})$, $\mathfrak{gl}(n,\mathbf{R})$ をそれぞれ $M_n(\mathbf{C})_{\mathbf{R}}$, $M_n(\mathbf{R})$ と同一視する.

V を実 n 次元ベクトル空間とするとき, V の一般一次変換群 $GL(V)$ はリー群の構造をもち, (V の基底を選ぶとき)実一般線型群 $GL(n,\mathbf{R})$ にリー群として同型である[§4.4 例3]. ところが, リー群 $GL(n,\mathbf{R})$ のリー環 $\mathfrak{gl}(n,R)=M_n(\mathbf{R})$ は(同じ V の基底によって) V の一次変換すべてのつくるリー環 $\mathrm{End}(V)$ に同型である. したがって, リー群 $GL(V)$ のリー環は自然にリー環 $\mathrm{End}(V)$ とみなすことができる.

さて, G, G' をリー群とし,

$$\rho: G\to G'$$

をこの間の準同型写像とする. G, G' のリー環をそれぞれ $\mathfrak{g}, \mathfrak{g}'$ とする. この節のはじめにみたように, $X\in\mathfrak{g}$ に $X_e\in T_e(G)$ を対応させて, $\mathfrak{g}$ から G の単位元 e での接ベクトル空間 $T_e(G)$ への線型同型を得る. 同様に, ベクトル空間として $\mathfrak{g}'$ は G' の単位元 e' での接ベクトル空間と同型である. ゆえに, ρ の e における微分 $d\rho_e: T_e(G)\to T_{e'}(G')$ は自然に線型写像 $\mathfrak{g}\to\mathfrak{g}'$ をひきおこし, これを

$$d\rho:\ \mathfrak{g}\to\mathfrak{g}'$$

とかく．正確にいえば，$X \in \mathfrak{g}$ に対して $X' = d\rho(X) \in \mathfrak{g}'$ は

$$X'_{e'} = d\rho_e(X_e) \tag{4.22}$$

という関係をみたすものとして定められる．このとき

$$\begin{aligned} X'_{\rho(g)} &= (dL_{\rho(g)})_{e'}(X'_{e'}) = (dL_{\rho(g)})_{e'}(d\rho_e(X_e)) \\ &= d(L_{\rho(g)} \circ \rho)_e(X_e) = d(\rho \circ L_g)_e(X_e) \\ &= d\rho_g((dL_g)_e(X_e)) = d\rho_g(X_g) \qquad (g \in G) \end{aligned}$$

がなりたつ．ここで，ρ が準同型だから $L_{\rho(g)} \circ \rho = \rho \circ L_g$ となることを用いた．これは X と X' が ρ 関係にあることを示し，この意味でも $X' = d\rho(X)$ がなりたつ．したがって，定理 4.12 により

$$d\rho([X, Y]) = [d\rho(X), d\rho(Y)] \qquad (X, Y \in \mathfrak{g})$$

が成立し，写像 $d\rho : \mathfrak{g} \to \mathfrak{g}'$ はリー環の準同型写像である．

定義　リー群の準同型写像 $\rho : G \to G'$ に対して，ここに定義されたリー環の準同型写像 $d\rho : \mathfrak{g} \to \mathfrak{g}'$ を ρ の**微分**という．

リー群 G, G', G'' とその間の準同型写像 $\rho : G \to G'$, $\rho' : G' \to G''$ があるとき，合成写像 $\rho' \circ \rho : G \to G''$ は準同型写像であってその微分について

$$d(\rho' \circ \rho) = d\rho' \circ d\rho \tag{4.23}$$

がなりたつ．これは (4.18) によって明らかであろう．

2つのリー環 $\mathfrak{g}_1, \mathfrak{g}_2$ に対して実ベクトル空間としての直和 $\mathfrak{g}_1 + \mathfrak{g}_2$ をつくり，ここで交換子積を

$$[(X_1, X_2), (Y_1, Y_2)] = ([X_1, Y_1], [X_2, Y_2])$$

と定義する．ただし $X_i, Y_i \in \mathfrak{g}_i\ (i=1,2)$ である．こうしてリー環とした $\mathfrak{g}_1 + \mathfrak{g}_2$ を $\mathfrak{g}_1$ と $\mathfrak{g}_2$ の**直和**という．

リー群 G_1, G_2 の直積 $G_1 \times G_2$ のリー環は G_1, G_2 のリー環 $\mathfrak{g}_1, \mathfrak{g}_2$ の直和 $\mathfrak{g}_1 + \mathfrak{g}_2$ に同型である．

問 1　これを証明せよ．

問 2　リー群 G からリー群 G' への準同型写像 ρ が G, G' の単位元の近傍の間の実解析同型をひきおこすとき，ρ の微分 $d\rho$ はリー環の同型写像となり，G, G' のリー環は同型となることを示せ．

4.6 1パラメーター部分群

実数の加法群 $\mathbf{R}$ には1次元リー群の構造が考えられる．この $\mathbf{R}$ からリー群 G への準同型写像 α：$\mathbf{R}\to G$ のことをリー群 G の**1パラメーター部分群**という．すなわち，α は実解析写像であって

$$\alpha(t+s)=\alpha(t)\alpha(s) \qquad (t, s\in\mathbf{R})$$

をみたすものである．$\mathbf{R}$ の座標関数を t とするとき，リー群 $\mathbf{R}$ のリー環 $\mathfrak{g}(\mathbf{R})$ は d/dt を基底としてもつ[§4.5 例題1]．したがって，G のリー環を $\mathfrak{g}$ とするとき，α の微分 $d\alpha$：$\mathfrak{g}(\mathbf{R})\to\mathfrak{g}$ は

$$X=d\alpha\left(\frac{d}{dt}\right)$$

によって定まる．リー環 $\mathfrak{g}$ のこの元 X を1パラメーター部分群 α が定める元という．$d\alpha$ の定義により，$g\in G$ に対して

$$X_g=(dL_g)_e(X_e)=(dL_g)_e(d\alpha)_0\left(\left(\frac{d}{dt}\right)_0\right)=d(L_g\circ\alpha)_0\left(\left(\frac{d}{dt}\right)_0\right)$$

であるから，§4.3 例4 の記号を用いれば

$$X_g=\frac{d}{dt}\{g\alpha(t)\}\bigg|_{t=0} \qquad (g\in G) \tag{4.24}$$

がなりたち，これによって α が定める元 X を定義してもよい．とくに，

$$\frac{d}{dt}\{\alpha(t)\}=\frac{d}{ds}\{\alpha(t)\alpha(s)\}\bigg|_{s=0}=X_{\alpha(t)} \tag{4.25}$$

となり，曲線 $\alpha(t)$ の各点での接ベクトルはその点での X の値に等しい．

いま，G の単位元 e の局所座標近傍（U; $x_1, \cdots, x_n$）を1つ定める．局所座標系 $(x_1, \cdots, x_n)$ によって U を $\mathbf{R}^n$ の開集合と同一視しよう．$x_i(e)=0$ $(1\leqq i\leqq n)$ としてよく，e は $\mathbf{R}^n$ の原点 o と同一視できる．1パラメーター部分群 $\alpha(t)$ の t に関する連続性により，$\delta>0$ を十分小さくとれば，$|t|<\delta$ なる限り $\alpha(t)\in U$ となり，

$$\alpha(t)=(\alpha_1(t), \cdots, \alpha_n(t)) \qquad (|t|<\delta)$$

と表わされる．いま，α の定めるベクトル場 X が U では

(4.26)　$X_x=a_1(x)\left(\frac{\partial}{\partial x_1}\right)_x+\cdots+a_n(x)\left(\frac{\partial}{\partial x_n}\right)_x \qquad (x\in U)$

とかかれたとする．$a_i(x)$ は U 上の実解析関数である．すると，(4.25) および $\alpha(0)=e$ により，$\alpha(t)$ は $|t|<\delta$ で定義され $\mathbf{R}^n$ に値をとる実解析写像としてはつぎの条件をみたしている．いま，U から $\mathbf{R}^n$ への実解析写像 a を

(4.27)　$a(x)=(a_1(x),\cdots,a_n(x)) \qquad (x\in U)$

とすれば，$\alpha(t)$ は微分方程式

(4.28)　$$\frac{d\alpha}{dt}=a(\alpha(t))$$

の解で初期値

(4.29)　$$\alpha(0)=o$$

をもつものである．この解は一意的に定まり[定理 4.9]，このことは1パラメーター部分群 α の $|t|<\delta$ における値 $\alpha(t)$ は X によって一意的に定まることを意味する．実数の加法群 $\mathbf{R}$ は区間 $(-\delta,\delta)$ によって生成されるから，この結果 α はそれが定めるところの $X\in\mathfrak{g}$ によって一意的に定まることがわかった．

つぎに，任意の $X\in\mathfrak{g}$ は G の一つの1パラメーター部分群によって定義されることを証明しよう．このため，X は上に選んだ U において (4.26) と表示されるものとし，(4.27) によって U から $\mathbf{R}^n$ への実解析写像 a を定めて，微分方程式 (4.28) の初期値 (4.29) をもつ解を求める．定理 4.9 を $\varphi(t,x)=a(x)$ として適用すれば，この方程式は $|t|<\delta$ において実解析的な解 $\alpha(t)$ をもつことがわかる．ここに δ はある正数であって，$\alpha(t)\,(|t|<\delta)$ は U の点を表わしていると仮定してさしつかえない．このとき，$|t|<\delta/4$, $|s|<\delta/4$ ならば，G において，

(4.30)　$$\alpha(s+t)=\alpha(s)\alpha(t)$$

がなりたつことを証明しよう．$|s|<\delta/4$ なる s を任意に1つ固定して，

$$\alpha^{(1)}(t)=\alpha(s+t),$$
$$\alpha^{(2)}(t)=\alpha(s)\alpha(t) \qquad (|t|<\delta/4)$$

とおく．明らかに，$\alpha^{(1)}(t)$ はまた微分方程式 (4.28) の解であって初期値が $\alpha^{(1)}(0)=\alpha(s)$ となるものである．一方，$\alpha(t)$ が (4.25) の解であることを考慮して G において $\alpha^{(2)}(t)$ の接ベクトルをみれば，(4.19) によって，

$$\frac{d}{dt}\{\alpha^{(2)}(t)\}=\frac{d}{dt}\{\alpha(s)\alpha(t)\}=dL_{\alpha(s)}\left(\frac{d}{dt}\{\alpha(t)\}\right)$$
$$=dL_{\alpha(s)}(X_{\alpha(t)})=X_{\alpha(s)\alpha(t)}$$
$$=X_{\alpha^{(2)}(t)}$$

となり，これは $\alpha^{(2)}(t)$ が $\alpha^{(1)}(t)$ と同じく微分方程式 (4.28) の解であることを示す．$\alpha^{(2)}(0)=\alpha(s)=\alpha^{(1)}(0)$ だからこの解の一意性[定理 4.9]により，$\alpha^{(1)}(t)=\alpha^{(2)}(t)$ $(|t|<\delta/4)$ がなりたち，(4.30) が証明された．

任意の実数 t に対して，整数 k を $|t/k|<\delta/4$ となるようにとり，$\alpha(t)=\alpha(t/k)^k$ とおくならば，(4.30) を用いて容易にわかるように，$\alpha(t)$ は(k のとり方によらず) t に対して一意的に定まり，しかも写像 $\alpha:\mathbf{R}\to G$ は加法群 $\mathbf{R}$ から群 G への準同型写像である．α は $(-\delta,\delta)$ において実解析的であるから，α は $\mathbf{R}$ から G へのリー群の準同型写像であり[§4.4 例題1]，G の1パラメーター部分群である．(4.28)，(4.29) により $(d\alpha/dt)_{t=0}=a(o)$ であり，すぐにわかるようにこれは

$$d\alpha\left(\frac{d}{dt}\right)=X$$

を示している．すなわち，X は α によって定まる $\mathfrak{g}$ の元である．

以上をまとめて，つぎの定理が得られた．

定理 4.18 リー群 G の1パラメーター部分群 α は

$$X_g=\frac{d}{dt}\{g\alpha(t)\}\bigg|_{t=0} \qquad (g\in G)$$

により，G のリー環 $\mathfrak{g}$ の元 X を定義する．そして，$\mathfrak{g}$ の任意の元 X は1つ，かつただ1つの1パラメーター部分群 α によってこのように定められる．

この定理により $X\in\mathfrak{g}$ に対応する1パラメーター部分群を

$$\alpha(t,X) \qquad (t\in\mathbf{R})$$

とかく．すると，$c\in\mathbf{R}$ としてつぎの関係がなりたつ．

$$(4.31)\qquad \alpha(ct, X)=\alpha(t, cX) \qquad (t\in\mathbf{R}).$$

問 1　これを証明せよ.

定理 4.18 を用いて一般線型群 $GL(n,\mathbf{C})$ の1パラメーター部分群をつぎのように決定することができる.

例題 1　リー群 $GL(n,\mathbf{C})$ の1パラメータ部分群は, ある行列 X によって定まる位相群 $GL(n,\mathbf{C})$ の1パラメーター部分群[§2.4]

$$\exp tX$$

である. そして, この1パラメーター部分群の定めるリー環 $\mathfrak{gl}(n,\mathbf{C})$ の元は, $\mathfrak{gl}(n,\mathbf{C})=M_n(\mathbf{C})_\mathbf{R}$ としたとき, 行列 X である.

解　行列 $X\in M_n(\mathbf{C})_\mathbf{R}$ を任意に与えたとき,

$$\alpha(t)=\exp tX \qquad (t\in\mathbf{R})$$

が t に関して実解析的であることは §4.2 例1 と同じようにわかる. ゆえに $\alpha(t)$ はリー群 $GL(n,\mathbf{C})$ の1パラメーター部分群である. これが定めるベクトル場を X' とすれば, $\mathfrak{gl}(n,\mathbf{C})$ と $M_n(\mathbf{C})_\mathbf{R}$ の同一視で X' に対応する行列は $(X'_e x_{ij})$ である[§4.3 例題2]. ここに, $x_{ij}\ (1\leqq i, j\leqq n)$ は $GL(n,\mathbf{C})$ の(複素)座標関数を示す. ところが, (4.24) により,

$$X'_e x_{ij}=\frac{d}{dt}x_{ij}(\exp tX)\Big|_{t=0}$$

であり,

$$\exp tX=\sum_{p=0}^{\infty}\frac{t^p}{p!}X^p$$

だから, $(X'_e x_{ij})=X$ となり α は行列 X を定める. リー群 $GL(n,\mathbf{C})$ の任意の1パラメーター部分群がある行列 X により $\exp tX$ と表わされることは, この結果と定理 4.18 より明らかである.　(以上)

一般線型群の場合の記号を流用して, 一般にリー群 G があるとき, そのリー環 $\mathfrak{g}$ の元 X に対して

$$\exp X=\alpha(1, X)$$

とおく. こうして定義された写像

$$\exp : \mathfrak{g} \to G$$

をリー群 G の**指数写像**という．上の例題により $G=GL(n, \mathbf{C})$ のときには，これは行列の指数写像にほかならない．(4.31) により一般に

$$\alpha(t, X)=\alpha(1, tX)=\exp tX \qquad (t\in\mathbf{R})$$

である．この理由により1パラメーター部分群 $\alpha(t, X)$ を $\exp tX$ と表わすこともある．

定理 4.19 G, G' をリー群，それぞれのリー環を $\mathfrak{g}$, $\mathfrak{g}'$ とし，$\rho : G\to G'$ を準同型写像とする．このとき，$X\in\mathfrak{g}$ に対して

$$\rho(\exp tX)=\exp t d\rho(X) \qquad (t\in\mathbf{R})$$

がなりたつ．ここに，$d\rho : \mathfrak{g}\to\mathfrak{g}'$ は ρ の微分である．

証明 $\alpha(t)=\exp tX$ は $X\in\mathfrak{g}$ を定め，このことの定義により $X=d\alpha(d/dt)$ である．G' の1パラメーター部分群 $\rho(\exp tX)=\rho(\alpha(t))$ が定める $\mathfrak{g}'$ の元は (4.23) により

$$d(\rho\circ\alpha)\left(\frac{d}{dt}\right)=d\rho\left(d\alpha\left(\frac{d}{dt}\right)\right)=d\rho(X)$$

である．したがって，定理の主張に現われた G' の2つの1パラメーター部分群はいずれも $d\rho(X)\in\mathfrak{g}'$ を定め，定理 4.18 によりこれらは一致しなければならない． (証終)

この定理は図 4.2 が可換図式となることを示している．

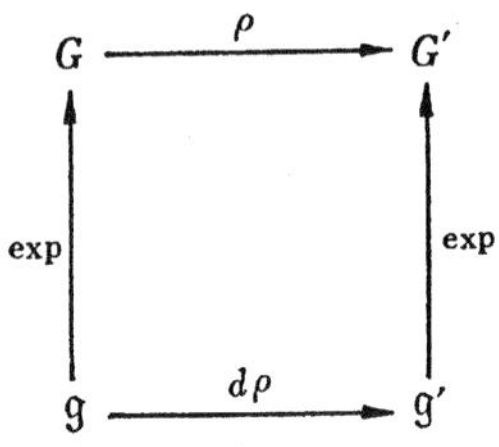

図 4.2

4.7 リー群の標準座標系

つぎの定理は一般線型群 $GL(n, \mathbf{C})$ に対する定理 2.9 をリー群に対してより精密な形で一般化したものと考えられる．

定理 4.20 リー群 G のリー環 $\mathfrak{g}$ にはその一つの基底 $\{X_1, \cdots, X_n\}$ を用いて座標を導入して $\mathbf{R}^n$ と同一視して多様体構造を考える(この構造は基底のとり方によらない)．このとき，$\mathfrak{g}$ から G への指数写像

$$\exp : \mathfrak{g} \to G$$

は実解析写像であって，$\mathfrak{g}$ の零元0において正則である．そして $\mathfrak{g}$ の零元0の適当な近傍 N から G の単位元の近傍の上への実解析同型をひきおこす．

証明 まず，G の単位元 e の局所座標近傍 $(U; x_1, \cdots, x_n)$ であって $x_i(e)=0\ (1 \leqq i \leqq n)$ となるものを選んで，$U \subset \mathbf{R}^n$ と考えることにしよう．$\mathfrak{g}$ の基底 $\{X_1, \cdots, X_n\}$ を定める．その各元 X_k は U において

$$X_k = \sum_{i=1}^{n} a_{ki} \frac{\partial}{\partial x_i} \tag{4.32}$$

とかかれ，ここに $a_{ki} = X_k x_i\ (1 \leqq i, k \leqq n)$ は U 上の実解析関数である．リー環 $\mathfrak{g}$ の任意の元 X は $u_k \in \mathbf{R}\ (1 \leqq k \leqq n)$ により $X = \sum_{k=1}^{n} u_k X_k$ と表わされ，この X は U では

$$X = \sum_{i=1}^{n} \left(\sum_{k=1}^{n} u_k a_{ki} \right) \frac{\partial}{\partial x_i}$$

と表示される．さて，$u=(u_1, \cdots, u_n) \in \mathbf{R}^n$ とし $X = \sum_{k=1}^{n} u_k X_k$ に対応する1パラメーター部分群 $\alpha(t, X)$ を $\alpha(t, u)$ と表わす．t が0の近傍にあり，$\alpha(t, u) \in U \subset \mathbf{R}^n$ のとき，$\alpha(t, u)$ のみたすべき微分方程式 (4.28) はつぎの形にかかれる．

$$\frac{d\alpha(t, u)}{dt} = \varphi(\alpha(t, u), u).$$

ここに，$\varphi(x, u)$ は $\mathbf{R}^n \times \mathbf{R}^n$ の原点の近傍 $U \times \mathbf{R}^n$ で定義され $\mathbf{R}^n$ に値をもつ実解析写像であって，その成分が

$$\varphi_i(x, u) = \sum_{k=1}^{n} u_k a_{ki}(x)$$

となるものである．$\alpha(t, u)$ はこの微分方程式の解であって，初期値

$$\alpha(0, u) = o\ (\mathbf{R}^n \text{ の原点})$$

をもつものである．ところで，この解 $\alpha(t, u)$ は $\delta > 0$ を十分小さくとるとき，$|t| < \delta$, $|u_i| < \delta\ (1 \leqq i \leqq n)$ をみたす (t, u) に対して存在し，$\alpha(t, u)$ はそこでは U に値をもつ (t, u) の実解析写像である［定理 4.10］．一方，(4.31) を用

いれば

$$\alpha(t,u)=\alpha(1,tu)=\alpha(\delta/2, 2tu/\delta)$$

であるから，$|tu_i|<\delta^2/2\ (1\leqq i\leqq n)$ をみたすすべての (t,u) に対して $\alpha(t,u)\in U$ であって，(t,u) について実解析的である．したがって，$|u_i|<\delta^2/2\ (1\leqq i\leqq n)$ のとき $\alpha(1,u)\in U$ であって，$\alpha(1,u)$ は $\mathbf{R}^n$ の原点 o の近傍 $N=\{u;\ |u_i|<\delta^2/2\}$ から G への実解析写像である．ところが

$$\exp\left(\sum_{k=1}^{n}u_kX_k\right)=\alpha(1,u)$$

であるから，基底 $\{X_1,\cdots,X_n\}$ に関する $\mathfrak{g}$ の座標を用いて $\mathfrak{g}=\mathbf{R}^n$ とみるとき，指数写像 exp が $\mathfrak{g}$ の零元 0 の近傍 N における実解析写像を定義することが以上で証明された．一般に点 $X\in\mathfrak{g}$ に対して整数 m を十分大きくとれば，$(1/m)X\in N$ であり，

$$\exp X=\left(\exp\frac{1}{m}X\right)^m$$

がなりたつから，exp は X の周囲においても実解析的である．これで指数写像 exp は $\mathfrak{g}$ から G への実解析写像であることが示された．

指数写像 exp が $\mathfrak{g}$ の零元 0 では正則であることを証明しよう．$\alpha(1,u)$ の成分を

$$\alpha_i(1,u)=x_i(\alpha(1,u))\qquad(1\leqq i\leqq n)$$

とするとき，

$$\alpha(1,(0,\cdots,\overset{k}{\check{t}},\cdots,0))=\exp tX_k\qquad(t\in\mathbf{R})$$

だから，

$$\left.\frac{\partial\alpha_i(1,u)}{\partial u_k}\right|_{u=0}=\left.\frac{d}{dt}x_i(\exp tX_k)\right|_{t=0}$$
$$=(X_k)_e x_i=a_{ki}(e)$$

である．ここに a_{ki} は (4.32) に現われた関数である．$\{(X_1)_e,\cdots,(X_n)_e\}$ は G の単位元での接ベクトル空間の一次独立な接ベクトルだから，行列 $(a_{ki}(e))$ の行列式は 0 ではない．これは写像 $u\to\alpha(1,u)$ は $\mathbf{R}^n$ の原点 o で 0 でない

ヤコビ行列式をもつことを示し，この写像はこの点で正則である．

定理の最後の主張は定理 4.8 によってわかる．（証終）

この定理により指数写像 $\exp: \mathfrak{g} \to G$ の像は G の単位元の近傍を含むこととなる．この事実からつぎの 2 定理が導かれる．

定理 4.21　リー群 G の単位元 e を含む連結成分をとるとき，その任意の元 g は $g=\exp X \exp Y \cdots \exp Z$ という積の形にかかれる．ここに，$X, Y, \cdots, Z$ は G のリー環 $\mathfrak{g}$ の元である．

証明　上の注意と定理 1.16 により明らかである．（証終）

定理 4.22　G, G' をリー群，$\mathfrak{g}$, $\mathfrak{g}'$ をそれぞれのリー環とし，$\rho_i: G \to G'$ を準同型写像，$d\rho_i: \mathfrak{g} \to \mathfrak{g}'$ をその微分とする $(i=1,2)$．G が連結であって $d\rho_1 = d\rho_2$ とすれば，$\rho_1 = \rho_2$ である．すなわち，連結リー群からリー群への準同型写像はその微分によって一意的に定まる．

証明　定理 4.19 と仮定により，任意の $X \in \mathfrak{g}$ について

$$\rho_1(\exp X) = \exp d\rho_1(X) = \exp d\rho_2(X) = \rho_2(\exp X)$$

がなりたつ．G は連結だから，前定理により ρ_1 と ρ_2 が G の生成元に対して一致することとなる．ゆえに $\rho_1 = \rho_2$ である．（証終）

定理 4.20 のいま一つの重要な応用を述べる．G, $\mathfrak{g}$, N をそこに現われたものとするとき，$\exp$ は $\mathfrak{g}$ の零元 0 の近傍 N と G の単位元の近傍 $U = \exp N$ の間の実解析同型を与えている．このとき，この逆写像として現われる U から N への実解析写像を**対数写像**といい $\log$ で表わそう．また，$\mathfrak{g}$ の一つの基底 $\{X_1, \cdots, X_n\}$ を選んでそれに関する座標系を $(y_1, \cdots, y_n)$ とする．定義により

$$y_i\left(\sum_{j=1}^{n} u_j X_j\right) = u_i \qquad (1 \leqq i \leqq n)$$

である．この $(y_1, \cdots, y_n)$ は N における局所座標系を与えるから，$x_i = y_i \circ \log$ とするとき，$(x_1, \cdots, x_n)$ は U における G の局所座標系である．これを $\mathfrak{g}$ の基底 $\{X_1, \cdots, X_n\}$ に関する G の**標準座標系**とよび，$(U; x_1, \cdots, x_n)$ を**標準座標近傍**という．

この定義により明らかに

$$x_i(\exp X)=y_i(X) \qquad (X\in N) \tag{4.33}$$

がなりたつ．$X\in\mathfrak{g}$ を $X=\sum u_iX_i$ とするとき，$|t|$ が十分小さな限り $tX\in N$ であり，そこでは

$$x_i(\exp tX)=tu_i$$

である．したがって，標準座標系に関しては1パラメーター部分群の像は直線(の一部)として表わされるわけである．

4.8 リー群構造の一意性

この節ではリー群 G からリー群 G' への写像であって G, G' に付属した位相群の間の準同型写像をひきおこしているものを，リー群 G から G' への連続準同型写像という．これが実はリー群の準同型写像となることを示すのであるが，まずつぎの特別の場合から出発しよう．

定理 4.23 実数の加法群 $\mathbf{R}$ からリー群 G への連続準同型写像 α は G の1パラメーター部分群である．

証明 $G=\mathbf{R}$ のときこの定理は $\mathbf{R}$ から $\mathbf{R}$ への連続準同型写像 α はある実数 c により $\alpha(t)=ct$ なる形であるという周知の主張に帰し，読者はここの証明はこの場合の証明の拡張と理解されればよい．さて，指数写像 $\exp:\mathfrak{g}\to G$ は $\mathfrak{g}$ の零元0の近傍 N と G の単位元 e の近傍 U との間の実解析同型をひきおこす[定理 4.20]．実ベクトル空間 $\mathfrak{g}$ にノルム $\|X\|$ を考え，$a>0$ に対して

$$N_a=\{X\in\mathfrak{g}\,;\,\|X\|<a\}$$

とおく．$a>0$ を十分小さくとって $N_{2a}\subset N$ としてよい．すると $U_a=\exp N_a$ の元 g は1つかつただ1つの $h\in U_a$ によって $h^2=g$ と表わされる．なぜならば，$g=\exp X$, $h=\exp Y\,(X, Y\in N_a)$ とするとき，$h^2=g$ より $\exp 2Y=\exp X$ であり $2Y, X\in N_{2a}$ だから $2Y=X$, したがって $Y=(1/2)X$ となり h は一意的に定まる．また，$h=\exp(1/2)X\in N_a$ は明らかに $h^2=g$ をみたす U_a の元である．この h を g の平方根とよぼう．

与えられた $\alpha:\mathbf{R}^1\to G$ は連続準同型写像だから，$\varepsilon>0$ を適当に選べば $|t|$

$\leqq \varepsilon$ のとき $\alpha(t) \in U_a$ である．いま，$\alpha(\varepsilon)=\exp Y\ (Y \in N_a)$ とし，$X=(1/\varepsilon)Y$ とすれば，$\alpha(\varepsilon/2)$ と $\exp(\varepsilon/2)X$ はともに $\alpha(\varepsilon)$ の平方根であるから，上に示したところにより，$\alpha(\varepsilon/2)=\exp(\varepsilon/2)X$ がなりたつ．同じ理由により一般に

$$\alpha\left(\frac{\varepsilon}{2^m}\right)=\exp\frac{\varepsilon}{2^m}X \qquad (m=0,1,2,\cdots)$$

であることがわかる．$\alpha(t)$ と $\exp tX$ はともに準同型写像だから，この両辺を r 乗して

$$\alpha\left(\frac{r\varepsilon}{2^m}\right)=\exp\frac{r\varepsilon}{2^m}X$$

がなりたつ．ここに r は自然数であるが，両辺の逆元をとれば r が負の整数でもこの等式が正しいことがわかる．結局 t が $r\varepsilon/2^m$ なる形の実数のときには

$$\alpha(t)=\exp tX$$

である．しかるにこの形の実数の集合は $\mathbf{R}$ の中で稠密であるから，$\alpha(t)$ および $\exp tX$ の連続性によりこの等式は任意の実数 t について成立する．ゆえに α は1パラメーター部分群 $\exp tX$ に等しい．　(証終)

ここで後にも有用なつぎの補題を用意しよう．

補題 4.24　リー群 G のリー環 $\mathfrak{g}$ がベクトル空間として r 個の部分空間の直和

$$\mathfrak{g}=\mathfrak{m}_1+\mathfrak{m}_2+\cdots+\mathfrak{m}_r$$

に分解し，これに応じて $X \in \mathfrak{g}$ が $X=X^{(1)}+X^{(2)}+\cdots+X^{(r)}$ と表わされるとする．写像 $\varphi: \mathfrak{g} \to G$ を

$$\varphi(X)=\exp X^{(1)} \exp X^{(2)} \cdots \exp X^{(r)}$$

と定義すれば，φ は $\mathfrak{g}$ の零元0において正則な実解析写像であって，$\mathfrak{g}$ の零元0のある近傍から G の単位元 e の近傍への実解析同型をひきおこす．

証明　$\mathfrak{g}$ の基底

$$\{X_1, \cdots, X_{n_1}, X_{n_1+1}, \cdots, X_{n_2}, \cdots, X_{n_{r-1}+1}, \cdots, X_{n_r}\}$$

を $\{X_{n_{i-1}+1}, \cdots, X_{n_i}\}$ が $\mathfrak{m}_i$ の基底となるように選び，これに関する G の標準

座標近傍を $(U; x_1, \cdots, x_n)$ とする．$\mathfrak{g}$ の元 $X=\sum_{k=1}^{n} t_k X_k$ に対して

$$\varphi(X)=\exp(t_1X_1+\cdots+t_{n_1}X_{n_1})\exp(t_{n_1+1}X_{n_1+1}+\cdots+t_{n_2}X_{n_2})\cdots$$
$$\cdots\exp(t_{n_{r-1}+1}X_{n_{r-1}+1}+\cdots+t_{n_r}X_{n_r})$$

であるから，φ は実解析写像である．しかも

$$x_i(\varphi(t_kX_k))=\delta_{ik}t_k \qquad (1\leqq i, k\leqq n)$$

となるから，$\mathfrak{g}$ の零元0における φ のヤコビ行列式は1となり，よって φ はその点で正則である．定理4.8により，このとき φ は0のある近傍から $\varphi(0)=e$ の近傍への実解析同型をひきおこす． (証終)

いま，リー群 G があり，そのリー環 $\mathfrak{g}$ の一つの基底 $\{X_1, \cdots, X_n\}$ に対して $\mathfrak{m}_i$ を X_i で張られた1次元部分空間とする $(1\leqq i\leqq n)$．$\mathfrak{g}=\mathfrak{m}_1+\cdots+\mathfrak{m}_n$(直和)だから，この補題により G の単位元のある近傍 V の元 g は

$$g=\exp t_1X_1\cdots\exp t_nX_n$$

なる形に一意的にかかれ，しかもこのとき $y_i(g)=t_i\ (1\leqq i\leqq n)$ とすれば，$(y_1, \cdots, y_n)$ は V における局所座標系となることがわかる．これを $\mathfrak{g}$ の基底 $\{X_1, \cdots, X_n\}$ に関する G の**第2種標準座標系**，また $(V; y_1, \cdots, y_n)$ を第2種標準座標近傍という．これに対して前節に定義した標準座標系を第1種標準座標系とよぶことがある．

定理 4.25 G, G' をリー群，$\rho: G\to G'$ を連続準同型写像とすれば ρ はリー群の準同型写像である．

証明 ρ が G の単位元の周囲で実解析的であることを証明すれば十分である[§4.4 例題1]．$\mathfrak{g}, \mathfrak{g}'$ を G, G' のリー環とし，$\mathfrak{g}$ の基底 $\{X_1, \cdots, X_n\}$ を選ぶ．各 $X_i\ (1\leqq i\leqq n)$ に対して $\rho(\exp tX_i)$ は ρ に関する仮定によって，連続準同型写像 $\mathbf{R}\to G'$ を定義する．定理 4.23 によりこれは G' の1パラメーター部分群であるから，ある $X_i'\in\mathfrak{g}'$ により

$$\rho(\exp tX_i)=\exp tX_i'$$

と表わされる．すると，任意の実数 $t_1, \cdots, t_n$ について

$$\rho(\exp t_1X_1\cdots\exp t_nX_n)=\exp t_1X_1'\cdots\exp t_nX_n'$$

である．いま $(V; y_1, \cdots, y_n)$ を $\{X_1, \cdots, X_n\}$ に関する G の第2種標準座標近傍とすれば，これは $g \in V$ のとき

$$\rho(g)=\exp(y_1(g)X_1')\exp(y_2(g)X_2')\cdots\exp(y_n(g)X_n')$$

となることを示している．ゆえに，ρ は G の単位元の近傍 V では実解析写像である．　（証終）

定理 4.26　リー群 G, G' があり，写像 $\rho: G \to G'$ によって G, G' に付属した位相群が同型であるとすれば，ρ によってリー群 G, G' は同型である．

証明　ρ およびその逆写像 ρ^{-1} に前定理を適用すれば明らかである．

（証終）

この定理はリー群 G の多様体構造が G の位相によって一意的に定まることを示している(ρ を恒等写像として定理を用いればよい)．また，この定理を応用して定理 4.14 の主張は群の連結性の仮定を除いてなりたつことがわかる．すなわち，つぎの定理がなりたつ．

定理 4.27　G を局所実解析的な位相群とすれば，G には多様体構造が定義されてこれに関して G はリー群となる．

証明　G が連結な場合には，これは定理 4.14 の内容である．一般に与えられた G の単位元 e の連結成分を G^0 とするとき，G は局所連結だから G^0 は G の開部分群で局所解析的な位相群となる．定理 4.14 により，G^0 には多様体構造が導入されて G^0 はこれに関してリー群である．そこで，G の元 g による G の内部自己同型を A_g とするとき，G^0 は正規部分群だから A_g は G^0 を G^0 自身に写し，G^0 に付属した位相群の自己同型をひきおこす．したがって，前定理により，A_g はリー群 G^0 の自己同型をひきおこしている．

いま，G の各連結成分から代表元 g_α を選び，

$$G=\bigcup g_\alpha G^0$$

とする[定理 1.14]．g_α による G の左移動 L_{g_α} は G^0 と $g_\alpha G^0$ の間の全単射を与え，これは同相写像である．この全単射を用いて G^0 の多様体構造を $g_\alpha G^0$ に移すとき，$g_\alpha G^0$ のおのおのは G の開集合であるから，これによって G 全体に多様体構造が定義される．このとき各元 $g \in G$ による位相群 G の左移動

L_g は多様体 G の実解析同型である．事実，各連結成分 $g_\alpha G^0$ は L_g によっていま一つの $g_\beta G^0$ に写されるが，この場合 g は $g_0\in G^0$ により $g=g_\beta g_0 g_\alpha{}^{-1}$ とかかれる．したがって，$g_\alpha G^0$ の上で L_g はつぎの3つの写像の合成である．

$$g_\alpha G^0 \xrightarrow{L_{g_\alpha{}^{-1}}} G^0 \xrightarrow{L_{g_0}} G^0 \xrightarrow{L_{g_\beta}} g_\beta G^0$$

ここに現われた各写像は定義により実解析同型だから，$L_g\colon g_\alpha G^0\to g_\beta G^0$ は実解析同型である．G は互いに交わらない開集合 $g_\alpha G^0$ の和集合だから，$L_g\colon G\to G$ は実解析同型である．

さて，G がリー群となることを証明しよう．このためには G の群演算が実解析的であることを示せばよい．G^0 の単位元の局所座標近傍 $(W; x_1, \cdots, x_n)$ を選ぶ．G の各点 g の近傍 gW で関数 $x_i{}^g=x_i\circ L_{g^{-1}}$ $(1\leqq i\leqq n)$ を考えるならば，$L_{g^{-1}}$ は多様体 G の実解析同型だから，$(x_1{}^g, \cdots, x_n{}^g)$ は gW における局所座標系である．また，はじめにみたように $g\in G$ による G の内部自己同型 A_g はリー群 G^0 の自己同型をひきおこしている．したがって単位元 e の近傍 $W_2\subset W$ を $A_g(W_2)\subset W$ となるようにとれば，$p\in W_2$ のとき定理 4.14 の証明中に現われた式

$$(4.20)\qquad x_i(A_g(p))=y_i(x_1(p), \cdots, x_n(p)) \qquad (1\leqq i\leqq n)$$

がなりたつ．ここに y_i は $\mathbf{R}^n$ の原点の近傍の実解析関数である．すると，あとは定理 4.14 の証明と同様である．事実 $g, h\in G$, $k=g^{-1}h$ とし，(4.20) を g の代りに k^{-1} をとって成立させる．W_1 を $W_1{}^{-1}W_1\subset W$, W_2 を $A_{k^{-1}}(W_2)\subset W_1$ となるものとすれば，$p\in gW_2$, $q\in hW_1$ のとき，

$$(g^{-1}h)^{-1}(p^{-1}q)=(A_{k^{-1}}(g^{-1}p))^{-1}(h^{-1}q)$$

だから，(4.20) と G^0 における演算の実解析性により

$$x_i{}^k(p^{-1}q)=f_i(y_1(x^g(p)), \cdots, y_n(x^g(p)), x_1{}^h(q), \cdots, x_n{}^h(q)) \qquad (1\leqq i\leqq n)$$

がなりたつ．y_i は (4.20) に現われた関数，$x^g(p)=(x_1{}^g(p), \cdots, x_n{}^g(p))$ とする．また，G^0 がリー群であるから $(p, q)\to p^{-1}q$ は G^0 では実解析的であるが，f_i はこれを上に選んだ局所座標系について表わすところの実解析関数である．これによって，G において群演算 $(p, q)\to p^{-1}q$ は実解析的となること

が示された．G はリー群である．　(証終)

例題 1　群 $O(n, \mathbf{C})$, $O(n)$, $O(r, n-r)$ はリー群の構造をもつ．

解　§4.4 例題2 と同様に，これらの群は定理 2.10 により局所実解析的な位相群となることがわかり，上の定理によりリー群である．　(以上)

なお，実一般線型群 $GL(n, \mathbf{R})$ は §4.4 例2 の方法で，あるいはまたこの例題1の方法でリー群となるが，定理 4.26 によりこれら2つのリー群構造は同一であることに注意しておこう．

問　題　4

1.　M, N を実解析多様体，$\varphi: M \to N$ を実解析写像とするとき，φ が M の1点 p で正則となるために必要十分な条件はこの点で φ のヤコビ行列の階数が n となることである($n = \dim M$)．これを証明せよ．

2.　n 個の文字 $x_1, \cdots, x_n$ の収束ベキ級数の集合は(形式的ベキ級数に対する和，積，スカラー倍により) $\mathbf{R}$ 代数をつくることを示せ．つぎに，n 次元実解析多様体の1点 p に対して，p の周囲の実解析関数の p での芽のつくる $\mathbf{R}$ 代数 $\mathcal{F}(p)$ は，はじめの $\mathbf{R}$ 代数と同型であることを証明せよ．

3.　リー群 G のリー環を $\mathfrak{g}$, $\{X_1, \cdots, X_n\}$ を $\mathfrak{g}$ の基底とする．G 上の任意のベクトル場は実関数 $f_1, \cdots, f_n$ により $X = f_1X_1 + \cdots + f_nX_n$ と一意的に表わされ，X が実解析ベクトル場のとき，かつそのときに限り $f_1, \cdots, f_n$ は実解析関数であることを示せ．

4.　リー群 G 上のベクトル場 X が右不変ベクトル場であるとは $dR_g(X) = X(g \in G)$ なるものとする．右不変ベクトル場すべての集合を $\mathfrak{g}_r$ とし，つぎのことを証明せよ．$X, Y \in \mathfrak{g}_r$ の交換子積はベクトル場としての交換子積と定義すれば $\mathfrak{g}_r$ はリー環となり，しかも $\mathfrak{g}_r$ は G のリー環 $\mathfrak{g}$ に同型である．いま，$X \in \mathfrak{g}$ に対して $X^*_e = X_e$ なる $X^* \in \mathfrak{g}_r$ を $\rho(X)$ とすれば $X \to \rho(X)$ は $\mathfrak{g}$ から $\mathfrak{g}_r$ への線型同型で，$\rho([X, Y]) = -[\rho(X), \rho(Y)]$ $(X, Y \in \mathfrak{g})$ である．また，$X \in \mathfrak{g}$ を定める1パラメーター群 $\alpha(t, X)$ の各点で X と $\rho(X)$ の値は，ともに曲線 $\alpha(t, X)$ へのこの点での接ベクトルに等しい．

5.　リー群 G の単位元の十分小さな近傍には，群 G の自明でない部分群が含まれないことを示せ．

6.　実解析多様体の同一の開集合において定義された実解析関数 f, g と実解析ベクトル場 X, Y があるとき，つぎの関係式を証明せよ．

$$[fX, gY] = f(Xg)Y - g(Yf)X - fg[X, Y].$$

5. リー部分群とリー部分環

5.1 リー部分群

リー群の部分群として重要なものは，それ自身またリー群の構造をもつものである．これを正確に述べるためにつぎの定義からはじめる．

定義 M を実解析多様体とする．実解析多様体 N が M の**部分多様体**であるとは，集合としては $N\subset M$ であり，包含写像 $\iota: N\to M$ が N のすべての点で正則となることとする．

例 1 多様体 M の開部分多様体 N [§4.3 例 2] は M の部分多様体である．この場合，N の点 p における N への接ベクトル空間 $T_p(N)$ と M への接ベクトル空間 $T_p(M)$ は p における $\iota: N\to M$ の微分 $d\iota_p$ によって同一視することができる．なお，この場合には N の位相は M の部分空間としての位相に一致するが，このことは一般には成立しない．

例 2 2次元トーラス群 $T^2=\mathbf{R}^2/\mathbf{Z}^2$ [§4.4 例 4] の中で $\mathbf{R}^2$ の直線 (t, at) $(t\in\mathbf{R})$ の像を考える．ここに，a は一つの実数である．a が有理数の場合には容易にわかるように，この像は円周と同相な閉集合である．実数 a が無理数の場合には $t\to(t, at)$ は直線 $\mathbf{R}$ から T^2 の中への単射であり，明らかにこの写像は $\mathbf{R}$ の各点で正則な実解析写像である．したがって t と (t, at) の像を同一視することにより $\mathbf{R}$ は T^2 の部分多様体と考えることができる．この $\mathbf{R}$ は T^2 の中で稠密な集合であって，T^2 の部分空間としての $\mathbf{R}$ の位相は多様体 $\mathbf{R}$ の位相と異なることが知られている．

定義 G をリー群とする．リー群 H が G の**リー部分群**であるとは，多様体として H は G の部分多様体であり，同時に群としては H が G の部分群となっているものとする．

例 3 リー群 G の部分集合 H が G に付属する位相群の開部分群であるとき，H に G の開部分多様体としての多様体構造を考えて H は G のリー部分群である．とくに，リー群の単位元の連結成分は開部分群だから[定理 4.16]，リー部分群である．

例 4 $\mathbf{R}\subset T^2$ を例2の通り実数 t と $\mathbf{R}^2$ の点 (t, at) の T^2 の中への像とを同一視して考えた包含関係とする．ただし，a は1つの無理数である．これにより，リー群 $\mathbf{R}$ はリー群 $T^2=\mathbf{R}^2/\mathbf{Z}^2$ のリー部分群である．

一般に，ρ をリー群 H からリー群 G への写像とする．ρ が群の間の準同型写像で H の単位元 e の周囲で実解析的であれば，ρ はリー群の準同型写像となった[§4.4 例題1]．同様に，この ρ が e において正則，すなわち $(d\rho)_e$ が単射であれば，ρ は H の各点で正則となることがわかる．とくに，$\rho: H\to G$ が包含写像の場合を考えると，リー群 H がリー群 G のリー部分群であるためには，群 H が群 G の部分群であり，その包含写像が H の単位元の周囲で実解析的かつ正則であれば十分であることがわかった．

例題 1 リー群 $SL(n,\mathbf{C})$, $U(n)$, $SU(n)$, $O(n,\mathbf{C})$, $O(n)$, $O(r,n-r)$, $SO(n)$, $GL(n,\mathbf{R})$, $SL(n,\mathbf{R})$, $Sp(m)$, $Sp(m,\mathbf{C})$, $Sp(m,\mathbf{R})$ はいずれもリー群 $GL(n,\mathbf{C})$ のリー部分群である．ただし n が偶数のとき $m=n/2$ とする．

解 §4.4 例題2, および §4.8 例題1によれば，これらの群はいずれもリー群である．この群の一つを G とする．G のリー群構造は $M_n(\mathbf{C})_{\mathbf{R}}$ の部分ベクトル空間 $\mathfrak{g}$ の零元0の適当な近傍 N と G の単位元のある近傍 U とが指数写像 exp によって同相となるという事実[定理 2.10]にもとづき，N の座標を U に移すことによって定義された($GL(n,\mathbf{R})$ については §4.8 末尾参照)．したがって，写像 $\exp: N\to U$ は明らかに実解析同型でいたる所正則，またその逆写像は対数写像 $\log: U\to\mathfrak{g}$ である．ところで，リー群 $GL(n,\mathbf{C})$ のリー環 $\mathfrak{gl}(n,\mathbf{C})$ とリー環 $M_n(\mathbf{C})_{\mathbf{R}}$ とを同一視しよう[§4.5 例題2]．リー群の指数写像 $\mathfrak{gl}(n,\mathbf{C})\to GL(n,\mathbf{R})$ は行列の指数写像

$$\exp: M_n(\mathbf{C})_{\mathbf{R}}\to GL(n,\mathbf{C})$$

で実現され[§4.6]，これは実解析写像であって零元 0 において正則である[§4.2 例1]．上に現われた対数写像とこの指数写像の合成は群 G から $GL(n,\mathbf{C})$ への包含写像を単位元の近傍 U で考えたものにほかならない．この写像は G の単位元の周囲で実解析的でありまた単位元では正則となるから，この例題

の前に述べたところにより，G は $GL(n, \mathbf{C})$ のリー部分群である．　(以上)

リー群 G のリー部分群 H であって，G の部分集合としては H が G の閉集合であるものを**閉リー部分群**という．例題1にあげた $GL(n, \mathbf{C})$ の部分群はいずれも閉リー部分群である．

リー群 H がリー群 G の部分群であるとき包含写像 $\iota: H \to G$ は準同型写像であるから，§4.5 に見たように ι は H のリー環 $\mathfrak{h}$ から G のリー環 $\mathfrak{g}$ への準同型写像 $d\iota$ を定義する．定義により $X \in \mathfrak{h}$ のとき $(d\iota(X))_e = (d\iota)_e(X_e)$ であり，$(d\iota)_e$ が単射だから，$d\iota(X)=0$ ならば $X_e=0$, したがって $X=0$ となる．ゆえに $d\iota: \mathfrak{h} \to \mathfrak{g}$ は単射である．今後，$X \in \mathfrak{h}$ と $d\iota(X)$ とを同一視して $\mathfrak{h} \subset \mathfrak{g}$ と考えて，リー部分群のリー環はもとの群のリー環の部分環とみなす．この部分環を与えられた**リー部分群に対応するリー部分環**という．

$G, H, \mathfrak{g}, \mathfrak{h}$ を上の通りとし，G, H における指数写像を区別するため一応それぞれを $\exp_G$, $\exp_H$ とかく．しかし，$\iota: H \to G$, $d\iota: \mathfrak{h} \to \mathfrak{g}$ はいずれも包含写像だから，定理 4.19 により

$$\exp_H X = \iota(\exp_H X) = \exp_G d\iota(X) = \exp_G X \qquad (X \in \mathfrak{h})$$

がなりたち，$\exp_H: \mathfrak{h} \to H$ は $\exp_G: \mathfrak{g} \to G$ を $\mathfrak{h}$ に制限したものである．したがって，今後は $\exp_G$, $\exp_H$ を単に exp とかくことにし，混同が起らないであろう．

定理 5.1　G をリー群，H_1, H_2 をそのリー部分群とする．G のリー環 $\mathfrak{g}$ の中で H_1, H_2 に対応するリー部分環は同一であるとし，これを $\mathfrak{h}$ とする．このとき，H_1, H_2 の単位元の連結成分はリー群として等しい．したがって，連結リー部分群のリー群構造はそれに対応するリー部分環によって一意的に定まる．

証明　H_1, H_2 の単位元の連結成分 $H_1{}^0$, $H_2{}^0$ はいずれも $\exp \mathfrak{h}$ によって生成される[定理 4.21]．ゆえに，$H_1{}^0$ と $H_2{}^0$ は群 G の部分群としては同一である．また，指数写像は $\mathfrak{h}$ の零元0の近傍と $H_1{}^0$, $H_2{}^0$ の単位元の近傍の実解析同型をひきおこす[定理 4.20]．これらの指数写像はいずれも G における指数写像の制限だから同一のものであり，この結果 $H_1{}^0$ から $H_2{}^0$ への恒等写像は単位元の近傍で実解析同型であることがわかる．この写像は群 H_1 と H_2 の

間の同型写像だから，いたる所実解析同型となる．後半は前半から明白である．

（証終）

定理 5.2 G をリー群，$\mathfrak{g}$ をそのリー環とする．H を G のリー部分群とし，H の連結成分の数はたかだか可算個であるとする．このとき，H に対応する $\mathfrak{g}$ のリー部分環を $\mathfrak{h}$ とすれば

$$\mathfrak{h}=\{X\in\mathfrak{g};\ \exp tX\in H\,(t\in\mathbf{R})\}$$

がなりたつ．

証明 $X\in\mathfrak{h}$ のとき明らかに $\exp tX\in H\,(t\in\mathbf{R})$ である．逆を証明するためには，$X\in\mathfrak{g}$ に対して $\exp tX\in H\,(t\in\mathbf{R})$ となれば，準同型写像 $\alpha: t\to\exp tX$ が $\mathbf{R}$ から H への写像として $\mathbf{R}$ の単位元 0 において連続であることを示せばよい．このとき，$\alpha:\mathbf{R}\to H$ は連続準同型写像となり，α は実解析写像であって H の 1 パラメーター部分群である［定理 4.23］．そして，X はこの 1 パラメーター部分群が定めるところの $\mathfrak{h}$ の元（を $\mathfrak{g}$ で考えたもの）となるからである．

さて，G の単位元 e の近傍 U に対して，$H\cap U$ を G の部分空間とみてその e を含む弧状連結成分を $(H\cap U)^0$ で表わす．そこで，U が e の適当な基本近傍系を動くとき，$(H\cap U)^0$ はリー群 H の単位元の基本近傍系をつくることを証明する．これがいえたとしよう．すると，H での e の任意の近傍 V に対して $(H\cap U)^0\subset V$ となる G の e の近傍 U が存在する．$X\in\mathfrak{g}$ が $\exp tX\in H\,(t\in\mathbf{R})$ をみたすとき，$\exp tX$ は $\mathbf{R}$ から G への連続写像だから適当な $\varepsilon>0$ に対して $|t|<\varepsilon$ なる限り $\exp tX\in U$ がなりたつが，区間 $(-\varepsilon,\varepsilon)$ は連結だから $\exp tX\in(H\cap U)^0\subset V\,(|t|<\varepsilon)$ となる．ゆえに，$t\to\exp tX$ は H への写像として $t=0$ において連続であり，定理の証明が終わることとなる．

いま，$\mathfrak{g}$ において $\mathfrak{h}$ の余空間 $\mathfrak{m}$ を選んで

$$\mathfrak{g}=\mathfrak{m}+\mathfrak{h},\qquad \mathfrak{m}\cap\mathfrak{h}=\{0\}$$

とする．ベクトル空間 $\mathfrak{g}$ にノルムを定義して，$a>0$ に対して

$$N_a'=\{X\in\mathfrak{m};\ \|X\|<a\},\qquad N_a''=\{Y\in\mathfrak{h};\ \|Y\|<a\}$$

とおくならば，写像 $X+Y\to\exp X\exp Y\ (X\in N_a',\ Y\in N_a'')$ は a が十分小さいとき $\mathfrak{g}$ の 0 の近傍 $N_a'+N_a''$ と G の e の近傍 U_a との間の実解析同型を定義する[補題 4.24]. a_0 をこのような正数の一つとする. $\{U_a;\ 0<a\leqq a_0\}$ は G の e の基本近傍系である. いま $a\leqq a_0$ を任意に固定し，

$$L=\{X\in N_a';\ \exp X\in H\}$$

とおくとき，明らかに

$$H\cap U_a=\bigcup_{X\in L}(\exp X\exp N_a'')$$

がなりたつ. a_0 が十分小のとき，$\exp N_a''$ は H の開集合である[定理 4.20]. すると，これは $H\cap U_a$ を H の互いに交わらぬ開集合の和として表わしている. 仮定によって H は第 2 可算公理をみたしているから[定理 4.16]，この和に現われる開集合はたかだか可算個であり L についても同様である. 写像 π: $U_a\to\mathfrak{m}$ を $\pi(\exp X\exp Y)=X\ (X\in N_a',\ Y\in N_a'')$ により定義すれば，π は連続写像であって $\pi(H\cap U_a)=L$ である. $(H\cap U_a)^0$ の π による像は $\mathfrak{m}$ に含まれる弧状連結集合であってたかだか可算個の点からなるから，1 点 0 に帰さねばならない. N_a'' は弧状連結だから $\exp N_a''$ もそうであり，ゆえに $\pi^{-1}(0)=\exp N_a''$ が $(H\cap U_a)^0$ に一致しなければならない，$\{\exp N_a'';\ 0<a\leqq a_0\}$ はリー部分群 H の単位元の基本近傍系だから，これで証明すべきことが示された.　　(証終)

この定理を応用すれば一般線型群 $GL(n,\mathbf{C})$ のリー部分群として例題 1 にあげたものに対応する $\mathfrak{gl}(n,\mathbf{C})$ のリー部分環が決定され，これをまとめてつぎの形で述べることができる.

定理 5.3　定理 2.10 にあげた群 $SL(n,\mathbf{C})$, $U(n)$, $SU(n)$, $GL(n,\mathbf{R})$, $SL(n,\mathbf{R})$, $O(n)$, $SO(n)$, $O(n,\mathbf{C})$, $O(r,n-r)$, $Sp(m,\mathbf{C})$, $Sp(m)$, $Sp(m,\mathbf{R})\ (m=n/2)$ はリー群 $GL(n,\mathbf{C})$ のリー部分群である. $GL(n,\mathbf{C})$ のリー環 $\mathfrak{gl}(n,\mathbf{C})$ の中でこのおのおのの群 G に対応するリー部分環は，$\mathfrak{gl}(n,\mathbf{C})$ を $M_n(\mathbf{C})_\mathbf{R}$ と同一視するとき，定理 2.10 の表において G に対応する $M_n(\mathbf{C})_\mathbf{R}$ の部分ベクトル空間 $\mathfrak{g}$ に等しい.

証明　リー群 $GL(n,\mathbf{C})$ の指数写像が $\mathfrak{gl}(n,\mathbf{C})=M_n(\mathbf{C})_\mathbf{R}$ としたとき行列

の指数写像に等しいことに注意すれば，後半は前定理と定理 2.10 の最後の主張から明白である． (証終)

この定理の $\mathfrak{g}$ は $M_n(\mathbf{C})_{\mathbf{R}}$ のリー部分環となるから，$\alpha, \beta \in \mathfrak{g}$ のとき $[\alpha, \beta] \in \mathfrak{g}$ である．これは定理 2.10 のあとに注意したことであった．

定理 5.4 リー群 G のリー部分群 H_1, H_2 があり，いずれも連結成分の数がたかだか可算個とする．もし集合として $H_1=H_2$ であるならば，リー群として $H_1=H_2$ である．

証明 定理 5.2 によってこの定理の仮定のもとで H_1 と H_2 に対応するリー環は等しい．よって H_1, H_2 の単位元の連結成分はリー群として一致し [定理 5.1]，これを H^0 としよう．H^0 は H_1, H_2 の開部分群だから，H_1 から H_2 への恒等写像が単位元の近傍において実解析同型となる．したがって，この恒等写像はいたる所実解析同型であって，リー群として $H_1=H_2$ である．

(証終)

問 1 定理 5.2 は連結成分の数の可算性なしでは成立しない．その例をあげよ．

5.2 テイラーの展開定理

つぎの定理はリー群 G が $\mathbf{R}^n$ の場合には通常のテイラー(Taylor)の展開定理であって，その拡張と考えられる．

定理 5.5 f をリー群 G の 1 点 g の近傍での実解析関数とし，X を G のリー環 $\mathfrak{g}$ の元とするとき，つぎの級数展開がなりたつ．適当な $\varepsilon>0$ に対し $|t|<\varepsilon$ なる限り

$$f(g\exp tX)=\sum_{p=0}^{\infty}\frac{t^p}{p!}(X^p f)(g)$$

がなりたち，右辺の級数は絶対一様収束する級数である．ここに $X^0f=f$, $X^1f=Xf$, 一般に $X^pf=X(X^{p-1}f)$ とする．

証明 関数 $F(t)=f(g\exp tX)$ は $t=0$ の周囲で t の実解析関数であるから，$t=0$ を中心として絶対一様収束するベキ級数に展開され，このとき t^p の

係数は $F^{(p)}(0)/p!$ である．$F^{(p)}(0)=(X^pf)(g)$，すなわち

$$\frac{d^p}{dt^p}f(g\exp tX)\bigg|_{t=0}=(X^pf)(g)$$

を示せば定理の正しいことがわかる．ところで $p=1$ のときには，X は左不変ベクトル場であるからこれは明白であろう．この式がある p について成立すれば，

$$\begin{aligned}(X^{p+1}f)(g)&=(X^p(Xf))(g)\\&=\frac{d^p}{dt^p}(Xf)(g\exp tX)\bigg|_{t=0}\\&=\frac{d^p}{dt^p}\left(\frac{d}{du}f(g\exp(t+u)X)\bigg|_{u=0}\right)\bigg|_{t=0}\\&=\frac{d^{p+1}}{dv^{p+1}}f(g\exp vX)\bigg|_{v=0}\qquad(v=t+u)\end{aligned}$$

となり，帰納法によりすべての p についてなりたつ．　　　　(証終)

定理 5.6　G をリー群，$\mathfrak{g}$ を G のリー環とし，$X, Y\in\mathfrak{g}$ とする．このとき $\varepsilon>0$ を十分小さくとれば $|t|\leqq\varepsilon$ なる実数 t についてつぎの関係式がなりたつ．

(i)　$\exp tX\exp tY=\exp\{t(X+Y)+\frac{t^2}{2}[X, Y]+O(t^3)\}$,

(ii)　$\exp(-tX)\exp(-tY)\exp tX\exp tY=\exp\{t^2[X, Y]+O(t^3)\}$,

ただし，ここに $O(t^3)$ は $\mathfrak{g}$ に値をとる t のある関数で，$t=0$ の周囲で $1/t^3$ を乗じたものが有界な実解析関数となるものを示す．

証明　f を G の単位元 e の近傍における実解析関数とするとき，2実変数 t, s の関数 $f(\exp tX\exp sY)$ は $t=s=0$ において実解析的であり，その点を中心としてつぎのようにベキ級数に展開される．

$$f(\exp tX\exp sY)=\sum_{p,q=0}^{\infty}\frac{t^p}{p!}\frac{s^q}{q!}(X^pY^qf)(e).$$

なぜならば，前定理の証明中にみたところにより

$$\begin{aligned}\frac{\partial^{p+q}}{\partial t^p\partial s^q}f(\exp tX\exp sY)\bigg|_{t=s=0}&=\frac{d^p}{dt^p}(Y^qf)(\exp tX)\bigg|_{t=0}\\&=(X^pY^qf)(e)\end{aligned}$$

となるからである[(4.2)]．$t=s$ とおいてこれからつぎの式を得る．

$$f(\exp tX \exp tY)=\sum_{p,q=0}^{\infty}\frac{t^{p+q}}{p!\,q!}(X^pY^qf)(e). \tag{5.1}$$

この右辺で

$$t\ \text{の係数}=(Xf)(e)+(Yf)(e),$$

$$t^2\ \text{の係数}=\frac{1}{2}(X^2f)(e)+(XYf)(e)+\frac{1}{2}(Y^2f)(e)$$

であることに注意しておく．さて，t が十分 0 に近くて $\exp tX \exp tY$ が標準座標近傍に含まれるとき

$$Z(t)=\log(\exp tX \exp tY)$$

とおくならば，$Z(t)$ は $\mathfrak{g}$ に値をもつ t の関数で $t=0$ の周囲で実解析的，かつ $Z(0)=0$ である．ゆえに

$$Z(t)=tZ_1+t^2Z_2+O(t^3),\qquad Z_1, Z_2\in\mathfrak{g} \tag{5.2}$$

という形に展開される．ここに $O(t^3)$ は $Z(t)$ を(成分ごとに)ベキ級数展開し，t に関して 3 次以上の項の和をとっている．そこで，f として標準座標系の座標関数の一つをとり，定理 5.5 を用いれば

$$\begin{aligned}f(\exp tX \exp tY)&=f(\exp Z(t))\\&=f(\exp(tZ_1+t^2Z_2))+O'(t^3)\\&=\sum_{p=0}^{\infty}\frac{1}{p!}\{(tZ_1+t^2Z_2)^pf\}(e)+O'(t^3),\end{aligned}$$

ここに，$O'(t^3)$ は $t=0$ の近傍での実数値実解析関数であって，その $t=0$ を中心とするベキ級数展開は t の 2 次以下の項が 0 となるものを示す．ここでは

$$t\ \text{の係数}=(Z_1f)(e),$$

$$t^2\ \text{の係数}=(Z_2f)(e)+\frac{1}{2}(Z_1{}^2f)(e).$$

さて，f がこの座標関数の場合に $f(\exp tX \exp tY)$ の (5.1) を適用して得られるベキ級数展開と，ここに得られたその展開式を比較する．まず，t の係数をくらべて

$$((X+Y)f)(e)=(Z_1f)(e).$$

f は座標関数のどれでもよいから，これから $(X+Y)_e=(Z_1)_e$，したがって

$$X+Y=Z_1$$

がわかる．つぎに，t^2 の係数を比較すれば

$$\frac{1}{2}(X^2f)(e)+(XYf)(e)+\frac{1}{2}(Y^2f)(e)=(Z_2f)(e)+\frac{1}{2}(Z_1{}^2f)(e),$$

ここに $Z_1=X+Y$ を代入して整理すれば，$(1/2)([X, Y]f)(e)=(Z_2f)(e)$ となり，

$$\frac{1}{2}[X, Y]=Z_2$$

である．これらを (5.2) に代入して $Z(t)$ の定義に戻れば，

$$\exp tX\exp tY=\exp\left\{t(X+Y)+\frac{t^2}{2}[X, Y]+O(t^3)\right\}$$

を得る．これで（i）が証明された．

（ii）は（i）を繰返し用いてつぎのようにしてわかる．

$$\begin{aligned}&\exp(-tX)\exp(-tY)\exp tX\exp tY\\&=\exp t\left\{-(X+Y)+\frac{t}{2}[X, Y]+O(t^2)\right\}_1\\&\quad\times\exp t\left\{(X+Y)+\frac{t}{2}[X, Y]+O(t^2)\right\}_2\\&=\exp\left\{t(\{〃\}_1+\{〃\}_2)+\frac{t^2}{2}[\{〃\}_1, \{〃\}_2]+O(t^3)\right\}\\&=\exp(t^2[X, Y]+O(t^3)),\end{aligned}$$

ただし，ここに $\{〃\}_1$, $\{〃\}_2$ は前式の対応する項の略記である． （証終）

定理 5.7 前定理中と同じ記号のもとで，$|t|\leqq\varepsilon$ のとき

（i） $$\exp t(X+Y)=\lim_{p\to\infty}\left(\exp\frac{t}{p}X\exp\frac{t}{p}Y\right)^p,$$

（ii） $$\exp t^2[X, Y]=\lim_{p\to\infty}\left\{\exp\left(-\frac{t}{p}X\right)\exp\left(-\frac{t}{p}Y\right)\exp\frac{t}{p}X\exp\frac{t}{p}Y\right\}^{p^2}.$$

しかもいずれの場合にも $|t|\leqq\varepsilon$ において右辺の収束は一様である．すなわち，（i）についていえば G の単位元の近傍 W を任意に与えるとき，ある自然数

p_0 に対して $p \geqq p_0$ ならば

$$(\exp t(X+Y))W \ni \left(\exp\frac{t}{p}X\exp\frac{t}{p}Y\right)^p \qquad (|t| \leqq \varepsilon)$$

がなりたつ．

証明 前定理の公式（i）により $|t| \leqq \varepsilon$ のとき，

$$\exp\frac{t}{p}X\exp\frac{t}{p}Y = \exp\left\{\frac{t}{p}(X+Y)+\frac{t^2}{2p^2}[X, Y]+O\left(\frac{t^3}{p^3}\right)\right\},$$

ゆえに

$$\left(\exp\frac{t}{p}X\exp\frac{t}{p}Y\right)^p = \exp\left\{t(X+Y)+\frac{t^2}{2p}[X, Y]+pO\left(\frac{t^3}{p^3}\right)\right\}$$

がなりたつ．ここで右辺 $O(t^3/p^3)$ は $\mathfrak{g}$ に値をとる関数 $O(t^3)$ の t に t/p を代入したものを示す．右辺 { } 内は $p \to \infty$ のとき $|t|$ が有界な範囲で t に関して一様に $t(X+Y)$ に収束する．ただし，$\mathfrak{g}$ ではあるノルム $\| \ \|$ による距離を考えている．G の単位元 e の近傍 W に対して，$U^{-1}U \subset W$ となる e の近傍 U を選ぶ．$\mathfrak{g}$ の零元を中心とし半径が十分大きな閉球 K と G の開被覆 $\{gU; g \in G\}$ を考え，連続写像 $\exp: K \to G$ に補題 3.4 を適用する．すると，ある $\delta > 0$ が存在し，2点 $Z, Z' \in K$ が $\|Z-Z'\| < \delta$ なる限り，$\exp Z$ と $\exp Z'$ は同一の開集合 gU に含まれ，$(\exp Z)^{-1}\exp Z' \in U^{-1}U \subset W$ となる．この結果，上式左辺は $p \to \infty$ のとき，$|t| \leqq \varepsilon$ において一様に $\exp t(X+Y)$ に収束する G の点列であることがわかり，（i）が証明された．

（ii）は前定理の公式（ii）を用いて同様に証明される． （証終）

5.3 閉部分群と剰余空間

定理 5.8 G をリー群，H を G に付属する位相群の閉部分群とする．このとき，H にはそれが G のリー部分群となるような多様体構造が導入され，しかも，この H の位相は G の部分空間としての位相に等しい．（端的にいえば，リー群の閉部分群は閉リー部分群である．）

なお，G が連結ならば H の連結成分の数はたかだか可算個である．

証明 G のリー環 $\mathfrak{g}$ の部分集合 $\mathfrak{h}$ を

$$\mathfrak{h}=\{X\in\mathfrak{g};\ \exp tX\in H\,(t\in\mathbf{R})\}$$

とおいて定め，$\mathfrak{h}$ が $\mathfrak{g}$ のリー部分環となることを示す．明らかに $X\in\mathfrak{h}$, $c\in\mathbf{R}$ のとき $cX\in\mathfrak{h}$ である．つぎに $X, Y\in\mathfrak{h}$ のとき，実数 t に対して

$$\exp\frac{t}{p}X\exp\frac{t}{p}Y\in H$$

がすべての自然数 p について成立する．仮定により H は G の閉集合であるから，定理 5.7 の公式（i）により t が十分 0 に近ければ

$$\exp t(X+Y)=\lim_{p\to\infty}\left(\exp\frac{t}{p}X\exp\frac{t}{p}Y\right)^{p}\in H$$

である．よって，$X+Y\in\mathfrak{h}$ がわかる．同じ定理の公式（ii）によれば

$$\exp t^2[X, Y]=\lim_{p\to\infty}\left\{\exp\left(-\frac{t}{p}X\right)\exp\left(-\frac{t}{p}Y\right)\exp\frac{t}{p}X\exp\frac{t}{p}Y\right\}^{p^2}$$

であり，これを用いて上と同様に $X, Y\in\mathfrak{h}$ のとき

$$\exp s[X, Y]\in H \qquad (s\geqq 0)$$

を知る．H は部分群だから，この場合 $\exp(-s[X, Y])=(\exp s[X, Y])^{-1}\in H$ $(s\geqq 0)$ となり $[X, Y]\in\mathfrak{h}$ がわかった．よって $\mathfrak{h}$ は $\mathfrak{g}$ のリー部分環である．

いま，$\mathfrak{g}$ の部分ベクトル空間 $\mathfrak{m}$ を

$$\mathfrak{g}=\mathfrak{h}+\mathfrak{m}, \qquad \mathfrak{h}\cap\mathfrak{m}=\{0\}$$

となるように選ぶ．$\mathfrak{g}$ の 0 の近傍 N をその上で指数写像 exp が N と G の単位元の近傍 $\exp N$ の間の実解析同型を与えるものとする．また，補題 4.24 を用い $\mathfrak{h}$, $\mathfrak{m}$ の 0 の近傍 N_1, N_2 を，対応 $X+Y\to\exp X\exp Y$ が N_1+N_2 と G の単位元の近傍の間の実解析同型をひきおこすように選ぶ．$N_1\subset N$, $N_2\subset N$ としてよい．

そこで，$\mathfrak{g}$ の 0 の近傍 $L\subset N$ を適当にとるとき，

$$H\cap\exp L\subset\exp N_1 \tag{5.3}$$

がなりたつことを示す．これは H に G の部分空間位相を考えるとき，$\exp N_1\subset H$ が H の単位元 e を内点に含むことを主張している．もし (5.3) が成立しないとすれば，$\mathfrak{g}$ における 0 の一つの基本近傍系 $\{L_p;\ p=1,2,\cdots\}$ に対して

$$H\cap\exp L_p\not\subset\exp N_1 \qquad (p=1,2,\cdots)$$

であるから，H の点列 h_p であって $h_p \to e$，かつ $h_p \notin \exp N_1$ となるものがとれる．この h_p は

$$h_p = \exp X_p \exp Y_p, \qquad X_p \in N_1,\ \ Y_p \in N_2$$

と表わされているとしてよい．明らかに，$p\to\infty$ のとき $X_p \to 0$，$Y_p \to 0$ である．必要ならば h_p の代りに $(\exp X_p)^{-1}h_p$ をとることにして，はじめから

$$h_p = \exp Y_p, \qquad Y_p \neq 0,\ \ Y_p \to 0\ (p\to\infty)$$

であるとしてよい．ベクトル空間 $\mathfrak{m}$ に座標を入れて，通常のノルム $\|Y\|$ ($Y\in\mathfrak{m}$) を考えるとき，$Y_p \to 0$ だからすべての p について $\|Y_p\|<1$ であると仮定することができる．各 Y_p に対して $\|r_pY_p\|\leqq 1$，$\|(r_p+1)Y_p\|>1$ となるように正の整数 r_p をとる．$p\to\infty$ のとき $Y_p\to 0$ だから $r_p\to\infty$ となる．$\mathfrak{m}$ の閉単位球 $\{Y\in\mathfrak{m};\|Y\|\leqq 1\}$ はコンパクトだから，必要ならば部分列に移ることにより点列 r_pY_p は1点 Y に収束すると仮定してよい．容易にわかるように，このとき $\|Y\|=1$ である．ところで，$Y\in\mathfrak{h}$ を示そう．これがわかれば $\mathfrak{h}\cap\mathfrak{m}=\{0\}$ だから，$Y=0$ となり $\|Y\|=1$ に矛盾し (5.3) が証明される．任意に与えた有理数 a/b ($a, b\in\mathbf{Z}$, $b>0$) に対して整数列 $\{s_p\}$，$\{t_p\}$ を

$$ar_p = bs_p + t_p, \qquad 0\leqq t_p < b$$

によって定めれば，$0\leqq t_p/b<1$ だから $(t_p/b)Y_p \to 0$ である．すると

$$\begin{aligned}\exp\frac{a}{b}Y &= \lim_{p\to\infty}\exp\frac{ar_p}{b}Y_p \\ &= (\lim_{p\to\infty}\exp s_pY_p)\left(\lim_{p\to\infty}\exp\frac{t_p}{b}Y_p\right) \\ &= \lim_{p\to\infty}(\exp Y_p)^{s_p}\in H\end{aligned}$$

となる．ここで仮定「H が G の閉集合」を用いた．$\exp tY$ の t に関する連続性により，このとき $\exp tY\in H$ ($t\in\mathbf{R}$) がなりたつから $Y\in\mathfrak{h}$ である．これで (5.3) が証明された．$\mathfrak{h}=\{0\}$ の場合には，この結果 H は G の離散部分群(0次元リー群)となり定理がなりたつ．以下，$\mathfrak{h}\neq\{0\}$ とする．

いままでの議論の L, N_1, N_2 をそれぞれ $\mathfrak{g}$, $\mathfrak{h}$, $\mathfrak{m}$ における零元0のより小さい適当な近傍でとり直して，はじめから $L=N_1+N_2$ であるとすることがで

きる．しかも，$\mathfrak{g}$ の座標 $x_1, \cdots, x_m, x_{m+1}, \cdots, x_n$ ($n=\dim\mathfrak{g}$) を

$$\mathfrak{h}=\{X\in\mathfrak{g};\ x_i(X)=0\ (m+1\leqq i\leqq n)\},$$

$$\mathfrak{m}=\{X\in\mathfrak{g};\ x_i(X)=0\ (1\leqq i\leqq m)\}$$

となるようにとり，これに関して L, N_1 は適当な $a>0$ により

$$L=\{X\in\mathfrak{g};\ |x_i(X)|<a\ (1\leqq i\leqq n)\},$$

$$N_1=\{X\in\mathfrak{h};\ |x_i(X)|<a\ (1\leqq i\leqq m)\}$$

と表わされているとしてよい．いま

$$W=\exp L, \qquad U=\exp N_1$$

とおく．$x_1, \cdots, x_n$ によって G の単位元の近傍 $\exp N$ には標準座標系が与えられ，これらをまた $x_1, \cdots, x_n$ で示すこととすれば，

$$W=\{g\in\exp N;\ |x_i(g)|<a\ (1\leqq i\leqq n)\},$$

$$U=\{g\in W;\ |x_i(g)|<a\ (1\leqq i\leqq m),\ x_i(g)=0\ (m+1\leqq i\leqq n)\}$$

である．したがって U は対応

$$h\to(x_1(h), \cdots, x_m(h))$$

により $\mathbf{R}^m$ の原点の立方体近傍と同相である．さて，(5.3) により $H\cap W\subset U$ であるが，明らかに $H\cap W\supset U$ だから

$$H\cap W=U$$

がなりたつ．H に G の部分空間位相を考えて H を位相群とみるとき，これは U が H の単位元の近傍であることを示している．いま，$0<b<a$ なる b に対して

$$V=\{h\in U;\ |x_i(h)|<b\ (1\leqq i\leqq m)\}$$

とおくとき，これは U の開集合ゆえ H の単位元の近傍である．b を十分小さくとれば $V^{-1}V\subset U$ がなりたち，$h, k\in V$ のとき

$$x_i(h^{-1}k)=f_i(x_1(h), \cdots, x_m(h), 0, \cdots, 0, x_1(k), \cdots, x_m(k), 0, \cdots, 0)$$

である ($1\leqq i\leqq n$)．ここに f_i はリー群 G の演算 $(g, g')\to g^{-1}g'$ を W で局所座標系 $x_1, \cdots, x_n$ に関して表現するところの $2n$ 変数実解析関数である．これによって H は局所実解析的な位相群[§4.4]であることが示された．ゆえに H にはリー群の構造が定義され，(U; $x_1, \cdots, x_m$) はその単位元の局所座標近

傍である[定理 4.27]. この場合, G の単位元の近傍 W への包含写像 $U\to W$ は, 包含写像 $N_1\to L$ を指数写像で移したものにほかならない. このことから, 包含写像 $H\to G$ が単位元の近傍 U において正則な実解析写像であることは明らかである. ゆえに, H は G のリー部分群である.

最後の主張は, 第2可算公理は部分空間に伝わることと H の各連結成分が開集合であることに注意すれば, 定理 4.16 から容易にわかる. (証終)

例 1 リー群 G の中心 Z とは群 G の中心をいう. Z は G の閉集合だから, この定理によって G のリー部分群である.

リー群の閉部分群をリー部分群とする方法は連結成分の数がたかだか可算個なる限り上の定理に述べた方法に限る. すなわち, つぎの定理がなりたつ.

定理 5.9 リー群 G の閉部分群 H において, H を連結成分の数がたかだか可算個のリー部分群とするような多様体構造が存在すれば, それは一意的に定まり, その位相は G の部分空間としての位相に等しい.

証明 H を G の閉部分群と見るとき, 前定理により H には一つのリー群構造であって, その位相は G の部分空間位相に等しいものが存在する. このリー群を H_1 と表わす. いま H に定理の条件をみたすリー群構造があれば, 集合としては $H=H_1$ であるが, リー部分群の位相は一般に G の部分空間としての位相より強いから, H から H_1 への恒等写像は連続である. このとき, H の各連結成分は H_1 の一つの連結成分に含まれるから, H_1 の連結成分の個数もたかだか可算個である. したがって, 定理 5.4 により $H=H_1$ である. これで主張が証明された. (証終)

剰余空間 位相群 G とその閉部分群 H があるとき, 剰余空間 G/H が定義されて, 射影 $\pi:G\to G/H$ が連続開写像となり, また H が G の正規部分群の場合にはこの G/H は位相群となる[§1.7]. ここでは, G がリー群構造をもつときには, G/H に多様体構造が定義できて類似の結果の成立することを述べる. G をリー群とし, H をたかだか可算個の連結成分をもつ G の閉リー部分群とする. H の位相は G の部分空間位相である[定理 5.9]. G のリー環を $\mathfrak{g}$, H に対応する部分環を $\mathfrak{h}$ とし, $\mathfrak{g}$ において $\mathfrak{h}$ の余空間 $\mathfrak{m}$ を選び

$$\mathfrak{g}=\mathfrak{m}+\mathfrak{h}, \qquad \mathfrak{m}\cap\mathfrak{h}=\{0\}$$

とする．$\mathfrak{m}$, $\mathfrak{h}$ の零元 0 の十分小さな近傍 N_1, N_2 をとるとき，対応 $X+Y \to \exp X \exp Y$ は $\mathfrak{g}=\mathfrak{m}+\mathfrak{h}$ の零元 0 の近傍 N_1+N_2 から G の単位元の近傍への実解析同型を定義し，また $\exp N_2$ は H の単位元の近傍となる．H は G の部分空間だから，$\exp N_2=V\cap H$ と表わされる．ここに V は G の e の近傍である．さて，$\mathfrak{m}$ の零元 0 を内点に含むコンパクト集合 $C\subset N_1$ を $(\exp C)^{-1}\exp C\subset V$ となるように選ぶとき，指数写像は連続だから，exp は C から $\exp C$ への同相写像をひきおこす．そして射影 $\pi: G\to G/H$ はその像 $\exp C$ の上では単射である．なぜならば，$X_1, X_2\in C$ に対し $\pi(\exp X_1)=\pi(\exp X_2)$ とすれば，$(\exp X_1)^{-1}\exp X_2\in V\cap H=\exp N_2$ だから，$Y\in N_2$ により

$$\exp X_2=\exp X_1 \exp Y$$

となり，表示の一意性により $X_1=X_2$, $Y=0$ となるからである．$\mathfrak{g}$ の零元 0 は $C+N_2$ の内点であるから $\exp C \exp N_2$ は G の単位元 e を内点にもち，π は開写像であるから，$\pi(\exp C)=\pi(\exp C \exp N_2)$ は G/H の点 $x_0=\pi(e)$ を内点に含むこととなる．結局，合成写像 $\pi\circ\exp$ はコンパクト集合 C から $\pi(\exp C)$ への同相写像 φ を定義し，これによる $\mathfrak{m}$ の零元 0 の像 x_0 は $\pi(\exp C)$ の内点であることが示された．容易にわかるようにこのとき $\mathfrak{m}$ の零元 0 の近傍 $N\subset C$ を十分小さくとれば，$U=\varphi(N)$ は G/H において点 x_0 の近傍となり，φ は N と U の間の同相写像を定義する．

$\pi(\exp N)=\varphi(N)=U$ であるから $\pi^{-1}(U)=(\exp N)H$ である．したがって $g\in\pi^{-1}(U)$ は

$$g=(\exp X)h \qquad (X\in N,\ h\in H) \tag{5.4}$$

と表わされるが，この表示は一意的である．なぜならば，$\pi(g)=\pi(\exp X)=\varphi(X)$ となり，$X=\varphi^{-1}(\pi(g))$ は g によって定まり，したがって h も g によって定まるからである．この X を g の関数とみて得られる写像

$$\chi: \pi^{-1}(U)\to N$$

は実解析的である．実際，$W=\exp N \exp N_2$ とし，$g\in W$ のときには g の近

傍で写像 χ が実解析的であることは N_1, N_2 のとり方により明らかである．一般に，$g\in\pi^{-1}(U)$ が (5.4) の形に表わされるとき，h^{-1} による G の右移動 $R_{h^{-1}}$ は実解析的であり $R_{h^{-1}}(g)\in W$ だから $\chi\circ R_{h^{-1}}$ は g の近傍で実解析的である．ところが定義により $\chi\circ R_{h^{-1}}=\chi$ だから，χ は $\pi^{-1}(U)$ 上いたる所実解析的であることが示された．

さて，剰余空間 G/H での元 $g\in G$ の作用を T_g とし，G/H の任意の点 $T_g x_0$ の近傍 U_g を $U_g=T_g(U)$ とする．U_g で定義され N に値をとる写像 ψ_g を

$$\psi_g(p)=\varphi^{-1}(T_g{}^{-1}(p))\qquad(p\in U_g)$$

とおいて定義すれば，ψ_g は U_g と $\mathfrak{m}$ の開集合 N との間の同相写像である．実ベクトル空間 $\mathfrak{m}$ をその一つの基底を用いて $\mathbf{R}^r$ ($r=\dim\mathfrak{m}$) と同一視するとき，$\{(U_g,\psi_g);\,g\in G\}$ は位相空間 G/H に多様体の構造を定義する．実際，G/H は明らかに $U_g\,(g\in G)$ の和集合であり，$p\in U_{g_1}\cap U_{g_2}\,(g_1,g_2\in G)$ のときには

$$p=T_{g_1}\pi(\exp\psi_{g_1}(p))=T_{g_2}\pi(\exp\psi_{g_2}(p)),$$

したがって，ある元 $h(p)\in H$ を用いて，

$$(g_2{}^{-1}g_1)\exp\psi_{g_1}(p)=(\exp\psi_{g_2}(p))h(p)\in\pi^{-1}(U)$$

なる関係がなりたつ．すると

$$\psi_{g_2}(p)=\chi(g_2{}^{-1}g_1\exp\psi_{g_1}(p))$$

となり，χ は実解析的だから，$\psi_{g_2}(p)$ の座標は $\psi_{g_1}(p)$ の座標に実解析的に依存することとなる．よって G/H に多様体の構造が定義された．

この G/H の上で G の各元 g の作用 T_g が実解析同型であることは明らかであろう．また G の e の近傍 $\pi^{-1}(U)$ においては $\pi=\varphi\circ\chi$ であるから，π は実解析的である．すると $\pi=T_g\circ\pi\circ L_g{}^{-1}$ により，π は G 上いたる所実解析的である．いま，写像 $\sigma: U\to G$ を

$$\sigma(p)=\exp\varphi^{-1}(p)\tag{5.5}$$

とおいて定義すれば，これは実解析写像であって $\pi(\sigma(p))=p\,(p\in U)$ がなりたつ．これを用いれば，$p\in U_{g_0}$ のとき

$$T_g(p)=\pi(gg_0\sigma(T_{g_0}{}^{-1}(p))$$

であり，$T_g(p)$ を (g,p) の関数とみるとき実解析写像 $G\times(G/H)\to G/H$ が定義されていることがわかる．

最後に，H が正規閉リー部分群の場合には剰余群 G/H はこのように導入された多様体構造に関してリー群となっていることを示す．G/H の群演算が実解析的であることを示せばよい．G/H の開集合 U_{g_0} に点 q が属するとき，$g(q)=(g_0\sigma(T_{g_0^{-1}}(q)))^{-1}$ とおけば $q\to g(q)$ は実解析写像 $U_{g_0}\to G$ を定義し，$\pi(g(q))=q^{-1}$ だから

$$q^{-1}p=T_{g(q)}(p)\qquad(p\in G/H)$$

と表わされる．ゆえに $(q,p)\to q^{-1}p$ は積多様体 $(G/H)\times(G/H)$ から G/H への実解析写像であって，G/H がリー群である．明らかに，射影 $\pi:G\to G/H$ はリー群の準同型写像である．

以上の結果をまとめて

定理 5.10　G をリー群，H をその閉リー部分群であって連結成分の個数がたかだか可算個なるものとする．このとき，位相群 G の閉部分群 H による剰余空間 G/H にはつぎの条件をみたす実解析多様体の構造が存在する．射影 $\pi:G\to G/H$ および G の作用によって定まる写像 $G\times(G/H)\to G/H$ はいずれも実解析写像である．

さらに，H が正規部分群であるならば，剰余群 G/H はこの多様体構造によってリー群となり，射影 $\pi:G\to G/H$ は準同型写像である．

例 2　球面，スティフェル多様体，グラスマン多様体は実解析多様体の構造をもつ．実際，これらは $GL(n,\mathbf{C})$ の閉部分群の剰余空間となるからである．

この定理の後半の場合に得られるリー群 G/H を**リー剰余群**という．

この定理の仮定のもとで $(G,G/H,\pi)$ は H をファイバーとするファイバー空間である．実際，(5.5) により定義した写像 $\sigma:U\to G$ は $\pi(\sigma(p))=p$ ($p\in U$) となり，§3.2 例題1によってこの主張がわかる．この結果，この例題のあとに述べたように，G が $GL(n,\mathbf{C})$ の閉部分群，H が G の閉部分群の場合に，$(G,G/H,\pi)$ はファイバー空間となる[定理 5.8]．

5.4 随伴表現とその応用

G をリー群とする．G の自己同型全体は群をつくりこれを $\mathrm{Aut}(G)$ で表わす．つぎに，$\mathfrak{g}$ を G のリー環とし，$\mathfrak{g}$ の自己同型全体を $\mathrm{Aut}(\mathfrak{g})$ とすれば，これは $\mathfrak{g}$ の一般一次変換群 $GL(\mathfrak{g})$ の部分群である．さて，$\sigma \in \mathrm{Aut}(G)$ に対してその微分 $d\sigma$ は $\mathfrak{g}$ の自己同型である．実際，$\tau, \sigma \in \mathrm{Aut}(G)$ のとき

$$d(\tau \circ \sigma) = d\tau \circ d\sigma$$

がなりたつから，$d(\sigma^{-1})$ は $d\sigma$ の逆写像を与えている．この関係式はまた写像 $\sigma \to d\sigma$ が群 $\mathrm{Aut}(G)$ から群 $\mathrm{Aut}(\mathfrak{g})$ への準同型写像であることを示している．なお，σ と $d\sigma$ はつぎの関係で結ばれていることを想起しておこう［定理 4.19］．

$$(5.6) \qquad \sigma(\exp X) = \exp(d\sigma(X)) \qquad (X \in \mathfrak{g}).$$

補題 5.11 リー群 G が連結であれば，$\mathrm{Aut}(G)$ から $\mathrm{Aut}(\mathfrak{g})$ への準同型写像 $\sigma \to d\sigma$ は単射である．

証明 $d\sigma$ が $\mathrm{Aut}(\mathfrak{g})$ の単位元の場合，(5.6) により $\sigma(\exp X) = \exp X$ $(X \in \mathfrak{g})$ である．連結リー群 G は $\exp X$ なる形の元で生成される［定理 4.21］．ゆえに，σ は $\mathrm{Aut}(G)$ の単位元となり，準同型写像 $\sigma \to d\sigma$ は単射である．

（証終）

リー群 G の元 g が定義するリー群 G の内部自己同型を A_g とする［定理 4.13］．すなわち

$$A_g(h) = ghg^{-1} \qquad (h \in G).$$

写像 $g \to A_g$ は群 G から群 $\mathrm{Aut}(G)$ への準同型写像であって，その核は G の中心 Z に一致する．ゆえに，$g \to dA_g$ によって群 G から $\mathrm{Aut}(\mathfrak{g})$ への準同型写像が定義され，上の補題により G が連結ならばその核はまた Z である．

定義 ここに得られた準同型写像 $g \to dA_g$ を G から $\mathfrak{g}$ の一般一次変換群 $GL(\mathfrak{g})$ への写像と見て，G の**随伴表現**とよびこれを Ad で示す．すなわち

$$\mathrm{Ad}(g) = dA_g \qquad (g \in G).$$

群 G の元 g による G の左移動，右移動をそれぞれ L_g, R_g とするとき $A_g = R_{g^{-1}} \circ L_g$ であるから

$$\mathrm{Ad}(g)(X) = dA_g(X) = dR_{g^{-1}}(X) \qquad (X \in \mathfrak{g}) \tag{5.7}$$

がなりたつことに注意しておく．

リー環 $\mathfrak{g}$ の一般一次変換群 $GL(\mathfrak{g})$ は $\mathfrak{g}$ の基底を選ぶとき自然に実一般線型群 $GL(n, \mathbf{R})$ $(n = \dim \mathfrak{g})$ と同型となり，したがってリー群構造をもつ．この構造は $\mathfrak{g}$ の基底の選び方によらず，一意的に定まる[§4.4 例 3]．

定理 5.12　リー群 G の随伴表現 Ad は G からリー群 $GL(\mathfrak{g})$ への実解析準同型写像である．

証明　Ad は準同型写像だからそれが実解析写像であることを示せば十分である．$\mathfrak{g}$ の基底 $\{X_1, \cdots, X_n\}$ によって $GL(\mathfrak{g})$ と $GL(n, \mathbf{R})$ を同一視することにする．$g \in G$ に対して

$$\mathrm{Ad}(g)X_j = \sum_{i=1}^{n} a_{ij}(g)X_i \qquad (1 \leqq j \leqq n)$$

のとき，$\mathrm{Ad}(g)$ を表わす行列は $(a_{ij}(g))$ である．(5.6) によれば，このとき

$$g(\exp tX_j)g^{-1} = \exp(t\,\mathrm{Ad}(g)X_j) = \exp\left(t \sum_{i=1}^{n} a_{ij}(g)X_i\right) \qquad (t \in \mathbf{R})$$

がなりたつ．リー群における群演算の実解析性により，この左辺を g の関数とみれば G から G の中への実解析写像である．さて，$\mathfrak{g}$ の基底 $\{X_1, \cdots, X_n\}$ に関する G の標準座標近傍 $(U; x_1, \cdots, x_n)$ を考える．G の 1 点 g_0 に対して $t > 0$ を十分小さく選んでおくとき，g が g_0 のある近傍にある限り $g(\exp tX_j)g^{-1} \in U$ となる．そして上式から

$$x_i(g(\exp tX_j)g^{-1}) = ta_{ij}(g) \qquad (1 \leqq i, j \leqq n)$$

がなりたつ．これは $ta_{ij}(g)$，したがって $a_{ij}(g)$ が g_0 の近傍で g の実解析関数となることを示している．g_0 は G の任意の点であったから，これで $g \to \mathrm{Ad}(g)$ が実解析写像であることが証明された．　（証終）

リー群 G の随伴表現 $\mathrm{Ad}: G \to GL(\mathfrak{g})$ の微分として得られるリー環 $\mathfrak{g}$ の表現 $d(\mathrm{Ad})$ を考えよう．これはリー環 $\mathfrak{g}$ からリー群 $GL(\mathfrak{g})$ のリー環 $\mathfrak{gl}(\mathfrak{g})$ へ

の準同型写像である．§4.5 例題 2 のあとに述べたように，$\mathfrak{gl}(\mathfrak{g})$ は $\mathfrak{g}$ の一次変換全体のつくるリー環と同一視することができる．この同一視の仕方により $X\in\mathfrak{gl}(\mathfrak{g})$ に対する $\exp X$ は，X を（$\mathfrak{g}$ の一つの基底により）行列とみたとき行列 $\exp X$ が表わす一次変換である．

定義　任意に与えられたリー環 $\mathfrak{g}$ において，$X\in\mathfrak{g}$ は

$$\mathrm{ad}(X)Y=[X, Y] \qquad (Y\in\mathfrak{g})$$

により $\mathfrak{g}$ の一次変換 $\mathrm{ad}(X)$ を定義する．ヤコビ恒等式により

$$\mathrm{ad}([X, Y])=\mathrm{ad}(X)\mathrm{ad}(Y)-\mathrm{ad}(Y)\mathrm{ad}(X) \qquad (X, Y\in\mathfrak{g})$$

であるから，$X\to\mathrm{ad}(X)$ は準同型写像 $\mathrm{ad}\colon\mathfrak{g}\to\mathfrak{gl}(\mathfrak{g})$ を定義する．これをリー環 $\mathfrak{g}$ の**随伴表現**という．

そこでリー群 G の随伴表現の微分は G のリー環 $\mathfrak{g}$ の随伴表現であることを証明する．このために必要なつぎの定理の証明は次節で与える．

定理 5.13　G をリー群，$\mathfrak{g}$ をそのリー環とする．$X, Y\in\mathfrak{g}$ に対して

$$\lim_{t\to 0}\frac{1}{t}\{\mathrm{Ad}(\exp tX)Y-Y\}=\mathrm{ad}(X)Y$$

である[*]．

さて，リー群 G の随伴表現 Ad について

$$\mathrm{Ad}(\exp tX)=\exp td(\mathrm{Ad})(X) \qquad (X\in\mathfrak{g})$$

がなりたつ[定理 4.19]．この式と定理 5.13 により

$$d(\mathrm{Ad})(X)Y=\lim_{t\to 0}\frac{1}{t}\{\mathrm{Ad}(\exp tX)Y-Y\}$$
$$=\mathrm{ad}(X)Y \qquad (X, Y\in\mathfrak{g})$$

を得る．第 1 の等式は $\alpha\in M_n(\mathbf{R})$ のとき $(d/dt)(\exp t\alpha)|_{t=0}=\alpha$ がなりたつからである．これでつぎの定理が証明された(後半は定理 4.19 による)．

定理 5.14　リー群 G の随伴表現 Ad の微分は G のリー環 $\mathfrak{g}$ の随伴表現 ad である．したがって，

---

*)　有限次元実ベクトル空間 $\mathfrak{g}$ の位相は，$\mathfrak{g}$ の一つの基底により $\mathfrak{g}$ と $\mathbf{R}^n$ とを同一視して定義され，この位相は $\mathfrak{g}$ の基底のとり方によらない．多様体構造についても同様である．

$$\mathrm{Ad}(\exp tX)=\exp t\,\mathrm{ad}(X)\qquad (X\in\mathfrak{g})$$

がなりたつ．

以下，この定理の応用を述べよう．

定理 5.15　G を連結リー群，$\mathfrak{g}$ を G のリー環とする．G の連結リー部分群 H があり，H に対応する $\mathfrak{g}$ のリー部分環を $\mathfrak{h}$ とするとき，H が G の正規部分群となるのは $\mathfrak{h}$ が $\mathfrak{g}$ のイデアルとなるとき，かつそのときに限る．

証明　G, H は連結であるからそれぞれ $\{\exp X;\ X\in\mathfrak{g}\}$，$\{\exp Y;\ Y\in\mathfrak{h}\}$ によって生成される[定理 4.21]．定理 5.14 により $X, Y\in\mathfrak{g}$, $s, t\in\mathbf{R}$ とするとき，

$$(5.8)\qquad \exp tX\exp sY\exp tX^{-1}=\exp(s\,\mathrm{Ad}(\exp tX)\,Y)$$
$$=\exp(s(\exp t\,\mathrm{ad}(X))\,Y)$$

がなりたつ．そして

$$(\exp t\,\mathrm{ad}(X))\,Y=\sum_{p=0}^{\infty}\frac{t^p}{p!}\mathrm{ad}(X)^pY$$

である．さて，$Y\in\mathfrak{h}$ とする．$\mathfrak{h}$ がイデアルならば，$\mathrm{ad}(X)^pY\in\mathfrak{h}$ であるから，$(\exp t\,\mathrm{ad}(X))Y\in\mathfrak{h}$ となり (5.8) の左辺が H に属することになる．証明のはじめの注意によってわかるように，この場合には H は G の正規部分群である．逆に H が G の正規部分群ならば，$X\in\mathfrak{g}$, $Y\in\mathfrak{h}$ のとき (5.8) の右辺が H に属する．したがって $(\exp t\,\mathrm{ad}(X))Y\in\mathfrak{h}$ である[定理 5.2]．すると，

$$[X, Y]=\mathrm{ad}(X)\,Y=\lim_{t\to 0}\frac{1}{t}\{(\exp t\,\mathrm{ad}(X))\,Y-Y\}\in\mathfrak{h}$$

となり，これは $\mathfrak{h}$ がイデアルであることを示している．　(証終)

定理 5.16　G をリー群，$\mathfrak{g}$ をそのリー環とする．$\mathfrak{g}$ の2元 X, Y に対して $[X, Y]=0$ となるためには，つぎの条件が必要十分である．

$$\exp tX\exp sY=\exp sY\exp tX\qquad (s, t\in\mathbf{R}).$$

証明　前定理の証明中の (5.8) を用いて同じようにしてわかる．すなわち，$[X, Y]=0$ ならば (5.8) の右辺は $\exp sY$ となるから定理の条件は必要である．逆に，この定理の条件のもとでは (5.8) の左辺は $\exp sY$ に等しく，s は

任意だから (5.8) の両辺の 1 パラメータ部分群の定める $\mathfrak{g}$ の元が等しく $Y=\exp t\,\mathrm{ad}(X)Y$ を得る．したがって

$$[X, Y]=\mathrm{ad}(X)Y=\lim_{t\to 0}\frac{1}{t}\{(\exp t\,\mathrm{ad}(X))Y-Y\}=0$$

を得て，定理の条件の十分性がわかった． (証終)

定理 5.17 連結リー群 G の中心 Z は G のリー環 $\mathfrak{g}$ の中心 $\mathfrak{z}$ が対応する閉リー部分群である．ここに，リー環 $\mathfrak{g}$ の中心 $\mathfrak{z}$ とは

$$\mathfrak{z}=\{Y\in\mathfrak{g};\ [X, Y]=0(X\in\mathfrak{g})\}$$

によって定義される．

証明 Z は連結リー群 G の閉部分群ゆえ連結成分がたかだか可算個のリー部分群となり[定理 5.8]，Z に対応するリー部分環は $\{Y\in\mathfrak{g};\ \exp tY\in Z\ (t\in\mathbf{R})\}$ である[定理 5.2]．連結リー群 G は $\exp X\ (X\in\mathfrak{g})$ によって生成されるから，$\exp tY\in Z$ はすべての $X\in\mathfrak{g}$ について $\exp sX\exp tY=\exp tY\exp sX$ $(t, s\in\mathbf{R})$ がなりたつことと同値となり，前定理によりこの条件は $[X, Y]=0$ がなりたつことである．ゆえに，Z に対応するリー部分環は $\mathfrak{g}$ の中心 $\mathfrak{z}$ に等しい． (証終)

定理 5.18 連結リー群 G が可換群であるために必要かつ十分な条件はリー環 $\mathfrak{g}$ が可換となることである．この場合，指数写像 $\exp:\mathfrak{g}\to G$ はベクトル空間 $\mathfrak{g}$ から G の上への準同型写像であり，その核は $\mathfrak{g}$ の離散部分群である．ただし，$\mathfrak{g}$ はその一つの基底により $\mathbf{R}^n$ と同一視してリー群とみている．

証明 群 G が可換とは群 G がその中心と一致することといえるから，前半は前定理によりすぐわかる．可換リー群 G では $(\exp tX)(\exp tY)\ (t\in\mathbf{R})$ は任意の $X, Y\in\mathfrak{g}$ に対して G の 1 パラメーター部分群となり，それは $X+Y\in\mathfrak{g}$ を定義することが容易にわかる．ゆえに，

$$\exp t(X+Y)=\exp tX\exp tY.$$

ここで $t=1$ とすれば指数写像 $\exp:\mathfrak{g}\to G$ が群の間の準同型写像であることがわかる．exp は実解析写像だから，これはリー群の準同型写像である．しかも $\mathfrak{g}$ の零元 0 の適当な近傍 N は exp によって G の単位元の近傍 U の上に

写る[定理 4.20]. G が連結だから G は U によって生成され，また $\exp(\mathfrak{g})$ は U を含む G の部分群だから，$G=\exp(\mathfrak{g})$ である．他方，準同型写像 exp の核 Γ は $\Gamma\cap N=\{0\}$ だから，$\mathfrak{g}$ の離散部分群である．　　（証終）

この定理はすべての連結可換リー群 G を見出す方法を与えている．すなわち，G はある次元の $\mathbf{R}^n$ の離散部分群 Γ による剰余群として得られる（換言すれば，G は $\mathbf{R}^n$ を普遍被覆群としている）．ここに n は G の次元である．ところで §1.4 例題5にみたように Γ は $\mathbf{R}^n$ の適当な基底 $\{X_1,\cdots,X_n\}$ を選ぶとき，そのはじめのいくつか $\{X_1,\cdots,X_m\}$ によって生成される $\mathbf{R}^n$ の部分群である．このことからつぎの定理は明らかといってよいであろう．

定理 5.19　可換な n 次元連結リー群 G は m 次元トーラス群 T^m とリー群 $\mathbf{R}^{n-m}$ の直積に同型である．ただし，$0\leqq m\leqq n$ である．

5.5 マウレル・カルタン方程式

この節の目標はリー群 G の単位元 e の近傍の構造は G のリー環 $\mathfrak{g}$ によって一意的に決定されることを示すことである．まず，e の局所座標近傍 $(U; x_1,\cdots,x_n)$ を選び，便宜上，$x_i(e)=0\ (1\leqq i\leqq n)$ としておく $(n=\dim G)$．また，U の点 g と $(x_1(g),\cdots,x_n(g))\in\mathbf{R}^n$ とを同一視して U を $\mathbf{R}^n$ の原点の近傍とみなすことにしよう．すると，群 G の乗法は e の十分小さな近傍では $2n$ 変数実解析関数 $f_1,\cdots,f_n$ によって定義される．すなわち，つぎの関係式がなりたつ．

(5.9)　$$x_i(yx)=f_i(y,x)=f_i(y_1,\cdots,y_n,\ x_1,\cdots,x_n)\qquad(1\leqq i\leqq n),$$

これらの関数 $f_1,\cdots,f_n$ は $|y_i|<a,\ |x_i|<a\ (1\leqq i\leqq n)$ のときに定義されているとしてよい(a は適当な正数)．そこで $f_1,\cdots,f_n$ がある種の微分方程式系の解であることを示そう．

このために G のリー環 $\mathfrak{g}$ の基底 $\{X_1,\cdots,X_n\}$ を定め，U において

(5.10)　$$X_i=\sum_j u_i{}^j\frac{\partial}{\partial x_j}\qquad(1\leqq i\leqq n)$$

とおく．(本節では $\sum$ 記号を用いたとき，断らない限り $\sum$ 記号の下に書かれ

た文字は 1 から n まで動くものとする). U 上の関数 $u_i{}^j$ は実解析関数である．また，$\{X_1, \cdots, X_n\}$ は U の各点で接ベクトル空間の基底を与えるから

$$\frac{\partial}{\partial x_i}=\sum_j v_i{}^j X_j \qquad (1 \leqq i \leqq n) \tag{5.11}$$

がなりたつ．ここに $v_i{}^j$ は U 上の関数で，各点 $x \in U$ で行列 $(v_i{}^j(x))$ は $(u_i{}^j(x))$ の逆行列となるから，$v_i{}^j$ は実解析関数である．いま，e の十分近くの元 y を固定して y による G の左移動 L_y の微分 dL_y を (5.11) の両辺に施こせば，

$$dL_y\left(\frac{\partial}{\partial x_i}\right)_x=\sum_j v_i{}^j(x)(X_j)_{yx} \qquad (1 \leqq i \leqq n).$$

ところが，$\left(dL_y\left(\dfrac{\partial}{\partial x_i}\right)\right)x_k=\dfrac{\partial f_k}{\partial x_i}(y, x)$ であるから

$$\begin{aligned} dL_y\left(\frac{\partial}{\partial x_i}\right)_x &=\sum_k\left(\frac{\partial f_k}{\partial x_i}(y, x)\right)\left(\frac{\partial}{\partial x_k}\right)_{yx} \\ &=\sum_{k,j}\left(\frac{\partial f_k}{\partial x_i}(y, x)\right)v_k{}^j(yx)(X_j)_{yx} \end{aligned}$$

である．したがって，$f(y, x)=(f_1(y, x), \cdots, f_n(y, x))$ として

$$\sum_k \frac{\partial f_k}{\partial x_i}(y, x) v_k{}^j(f(y, x))=v_i{}^j(x) \qquad (1 \leqq i, j \leqq n). \tag{5.12}$$

がなりたつ．一方，$ye=y$ により

$$f_i(y_1, \cdots, y_n, 0, \cdots, 0)=y_i \tag{5.13}$$

である．これによって $f_1, \cdots, f_n$ は y を固定したとき，x の関数として連立微分方程式 (5.12) の解で初期条件 (5.13) をみたすものであることがわかった．この微分方程式 (5.12) を**マウレル・カルタン(Maurer-Cartan)方程式**という．この方程式に現われる補助関数 $v_i{}^j(x)$ をリー環 $\mathfrak{g}$ の構造から求めることができ，しかもこの方程式が解けたとすれば，$\mathfrak{g}$ をリー環とするリー群 G の局所的構造が $\mathfrak{g}$ により決定されるというわけである．この方針を念頭において考えれば，これからの議論は理解し易いであろう．

まず (5.11) によって定義される補助関数 $v_i{}^j(x)$ のみたす関係式を導く．$\mathfrak{g}$

の基底 $\{X_1, \cdots, X_n\}$ に関して

$$(5.14)\qquad [X_i, X_j]=\sum_k c_{ij}{}^k X_k \qquad (1\leqq i, j\leqq n)$$

とする. (4.16) および問題 4.6 の関係式を用い (5.10), (5.11) より

$$\begin{aligned}0&=\left[\frac{\partial}{\partial x_i}, \frac{\partial}{\partial x_j}\right]\\&=\sum_{k,l}\{v_i{}^k(X_k v_j{}^l)X_l-v_j{}^l(X_l v_i{}^k)X_k+v_i{}^k v_j{}^l[X_k, X_l]\}\\&=\sum_{k,l,p}\left\{v_i{}^k u_k{}^p\frac{\partial v_j{}^l}{\partial x_p}X_l-v_j{}^l u_l{}^p\frac{\partial v_i{}^k}{\partial x_p}X_k+c_{kl}{}^p v_i{}^k v_j{}^l X_p\right\}\\&=\sum_k\left(\frac{\partial v_j{}^k}{\partial x_i}-\frac{\partial v_i{}^k}{\partial x_j}\right)X_k+\sum_{k,l,m}c_{lm}{}^k v_i{}^l v_j{}^m X_k\end{aligned}$$

がわかる. ゆえに

$$(5.15)\qquad \frac{\partial v_i{}^k}{\partial x_j}-\frac{\partial v_j{}^k}{\partial x_i}=\sum_{l,m}c_{lm}{}^k v_i{}^l v_j{}^m \qquad (1\leqq i, j, k\leqq n)$$

を得た. これはマウレル・カルタン方程式の積分可能条件を与えることが知られている*).

以下, $u_i{}^j(e)=(X_i)_e x_j=\delta_{ij}\ (1\leqq i, j\leqq n)$ となるように局所座標系 $(x_1, \cdots, x_n)$ が選ばれているとする. たとえば $\mathfrak{g}$ の基底 $\{X_1, \cdots, X_n\}$ に関する標準座標系はこの条件を満足する. この仮定のもとでは $v_i{}^j(e)=\delta_{ij}$ であり, ゆえに (5.15) から,

$$(5.16)\qquad \frac{\partial v_i{}^k}{\partial x_j}(e)-\frac{\partial v_j{}^k}{\partial x_i}(e)=c_{ij}{}^k \qquad (1\leqq i, j, k\leqq n)$$

がなりたつ.

つぎの補題は以後の議論に基本的役割を果すものである.

補題 5.20 G をリー群, $\mathfrak{g}$ をそのリー環とする. 平面 $\mathbf{R}^2$ の領域 D において定義され, G に値をとる実解析写像 $g(s,t)$ が与えられたとする. $g(s,t)$ の t を固定して s を動かせば, G の曲線が得られるが, この曲線の点 $g(s,t)$

---

*) この点については巻末 参考書 [2] 第 10 章を見よ. そこには本節のはじめに述べた方針が微分方程式論に基づいて一般的に展開されている. なお, ここの議論は主として [11] を参考にして述べた.

における接ベクトルを $\dfrac{\partial g}{\partial s}(s,t)$ とする．同様に，接ベクトル $\dfrac{\partial g}{\partial t}(s,t)$ を定める．そして，これらを用いて D から $\mathfrak{g}$ への写像 $X(s,t)$, $Y(s,t)$ をつぎの式によって定義しよう．

$$(5.17)\qquad \begin{cases} X(s,t)_e=(dL_{g(s,t)})^{-1}\left(\dfrac{\partial g}{\partial s}(s,t)\right), \\ Y(s,t)_e=(dL_{g(s,t)})^{-1}\left(\dfrac{\partial g}{\partial t}(s,t)\right). \end{cases}$$

このとき，これらは D から実ベクトル空間 $\mathfrak{g}$ への実解析写像であって，

$$(5.18)\qquad \frac{\partial X}{\partial t}(s,t)-\frac{\partial Y}{\partial s}(s,t)=[X(s,t),\ Y(s,t)]$$

がなりたつ．ここに $X(s,t)$, $Y(s,t)$ の偏導関数はベクトル空間 $\mathfrak{g}$ に値をもつ関数の偏導関数として実関数に対すると同様に定義されている．

証明 $X(s,t)$, $Y(s,t)$ が (s,t) について実解析的であることはそれらの定義 (5.17) から容易にわかる．さて，(5.18) は (s,t) を固定して証明すればよいから，$(s,t)=(0,0)$ としてさしつかえない．さらに，$g(0,0)=e$ として一般性を失わない．なぜならば，これがいえれば $g(s,t)$ の代りに $h(s,t)=g(0,0)^{-1}g(s,t)$ をとったとき定理の主張がなりたつが，$h(s,t)$ と $g(s,t)$ は同一の $X(s,t)$, $Y(s,t)$ を定義するから，一般にも主張の証明されたことになるのである．

$g(0,0)=e$ と仮定したから，(s,t) が $(0,0)$ の近くにあるとき，$g(s,t)$ の成分

$$g_i(s,t)=x_i(g(s,t))\qquad (1\leqq i\leqq n)$$

が考えられる．

$\mathfrak{g}$ の基底 $\{X_1,\cdots,X_n\}$ に関する $X(s,t)$ の表示を求めよう．(5.11) により

$$\begin{aligned}\frac{\partial g}{\partial s}(s,t)&=\sum_i\frac{\partial g_i}{\partial s}(s,t)\left(\frac{\partial}{\partial x_i}\right)_{g(s,t)}\\ &=\sum_{i,k}\frac{\partial g_i}{\partial s}(s,t)v_i{}^k(g(s,t))(X_k)_{g(s,t)}.\end{aligned}$$

したがって，定義 (5.17) により

$$X(s,t)=\sum_{i,k}\frac{\partial g_i}{\partial s}(s,t)v_i{}^k(g(s,t))X_k, \tag{5.19}$$

とくに，$v_i{}^k(e)=\delta_{ki}$ であったから，

$$X(0,0)=\sum_k a_kX_k,\quad ここに\quad a_k=\frac{\partial g_k}{\partial s}(0,0)$$

がなりたつ．同様にして，

$$Y(0,0)=\sum_k b_kX_k,\quad ここに\quad b_k=\frac{\partial g_k}{\partial t}(0,0)$$

を知る．さて (5.19) より

$$\begin{aligned}\frac{\partial X}{\partial t}(0,0)&=\sum_k\left\{\sum_i\frac{\partial^2 g_i}{\partial t\partial s}(0,0)v_i{}^k(e)\right.\\&\qquad\left.+\sum_{i,j}\frac{\partial g_i}{\partial s}(0,0)\frac{\partial g_j}{\partial t}(0,0)\frac{\partial v_i{}^k}{\partial x_j}(e)\right\}X_k\\&=\sum_k\left\{\frac{\partial^2 g_k}{\partial t\partial s}(0,0)+\sum_{i,j}a_ib_j\frac{\partial v_i{}^k}{\partial x_j}(e)\right\}X_k.\end{aligned}$$

同様に

$$\frac{\partial Y}{\partial s}(0,0)=\sum_k\left\{\frac{\partial^2 g_k}{\partial s\partial t}(0,0)+\sum_{i,j}a_ib_j\frac{\partial v_j{}^k}{\partial x_i}(e)\right\}X_k$$

が得られる．辺々相減じて (5.16) を用いれば

$$\begin{aligned}&\frac{\partial X}{\partial t}(0,0)-\frac{\partial Y}{\partial s}(0,0)\\&=\sum_{i,j,k}a_ib_j\left(\frac{\partial v_i{}^k}{\partial x_j}(e)-\frac{\partial v_j{}^k}{\partial x_i}(e)\right)X_k\\&=\sum_{i,j,k}a_ib_jc_{ij}{}^kX_k\\&=\sum_{i,j}a_ib_j[X_i,X_j]\\&=[X(0,0),\ Y(0,0)].\end{aligned}$$

これが証明すべき式であった．　　(証終)

この補題を用いてまず前節で証明を保留した定理 5.13 を証明する．

定理 5.13 の証明　$X, Y\in\mathfrak{g}$ とし，$(s,t)\in\mathbf{R}^2$ に対して

$$g(s,t)=\exp sY(\exp tX)^{-1}$$

とおくと，$g(s,t)$ は $\mathbf{R}^2$ から G への実解析写像である．これに前補題を適用しよう．

$$\begin{aligned}\frac{\partial g}{\partial s}(s,t)&=dR_{(\exp tX)^{-1}}\left(\frac{d}{ds}\exp sY\right)\\&=dR_{(\exp tX)^{-1}}(Y_{\exp sY})\\&=(\mathrm{Ad}(\exp tX)Y)_{g(s,t)}.\end{aligned}$$

ここで，$dR_{g^{-1}}(Y)=dR_{g^{-1}}(dL_g(Y))=\mathrm{Ad}(g)Y\ (g\in G)$ を用いた．したがって前補題の $X(s,t)$ はこの場合

$$X(s,t)=\mathrm{Ad}(\exp tX)Y$$

である．つぎに

$$\begin{aligned}\frac{\partial g}{\partial t}(s,t)&=dL_{\exp sY}\left(\frac{d}{dt}\exp(-tX)\right)\\&=dL_{\exp sY}(-X_{\exp(-tX)})\\&=-X_{g(s,t)},\end{aligned}$$

よって

$$Y(s,t)=-X.$$

前補題の公式

$$\frac{\partial X}{\partial t}(0,0)-\frac{\partial Y}{\partial s}(0,0)=[X(0,0),\ Y(0,0)]$$

をこの場合にかくと，

$$\frac{d}{dt}\mathrm{Ad}(\exp tX)Y\Big|_{t=0}=[Y,-X]=[X,Y].$$

これで定理 5.13 が証明された． (証終)

定理 5.21 リー環 $\mathfrak{g}$ において曲線 $X(t)\ (|t|<\varepsilon)$ があるとき

$$(dL_{\exp X(t)})^{-1}\left(\frac{d}{dt}\exp X(t)\right)=(\Phi(-\mathrm{ad}(X(t)))X'(t))_e.$$

ただし，この右辺において $X'(t)$ はベクトル空間 $\mathfrak{g}$ に値をとる関数 $X(t)$ の導関数を示し，また Φ は

$$\Phi(x)=\sum_{p=1}^{\infty}\frac{1}{p!}x^{p-1} \quad (=(\exp x-1)/x)$$

によって与えられる実係数ベキ級数を示す*).

証明 $(s,t)\in\mathbf{R}^2$ に対して G に値をもつ実解析関数

$$g(s,t)=\exp sX(t)$$

を考え，補題 5.20 を用いる.

$$\frac{\partial g}{\partial s}(s,t)=X(t)_{g(s,t)}$$

であるから，この補題に現われた $X(s,t)$ はこの場合

$$X(s,t)=X(t)$$

である．一方，$Y(s,t)$ は

$$Y(s,t)_e=(dL_{\exp sX(t)})^{-1}\frac{\partial}{\partial t}\exp sX(t)$$

によって定義されている．補題 5.20 の公式はこの場合には

$$X'(t)-\frac{\partial Y}{\partial s}(s,t)=[X(t),\ Y(s,t)]$$

とかかれる．t を固定して $Y(s)=Y(s,t)$，$X=X(t)$，$X'=X'(t)$ とおけば，上式は $Y(s)$ が $\mathfrak{g}$ の値をとる関数であって微分方程式

$$\frac{dY}{ds}=X'-\mathrm{ad}(X)Y$$

の初期条件 $Y(0)=0$ のもとの解となっていることを示す．ベキ級数 $\Phi(x)$ の収束半径は $\exp x$ と同じく ∞ となることに注意すれば，この解は s に関して収束するベキ級数の和

$$Y(s)=s\Phi(s(-\mathrm{ad}(X)))X'=\sum_{p=1}^{\infty}\frac{s^p}{p!}(-\mathrm{ad}(X))^{p-1}X'$$

によって与えられる．$\mathfrak{g}$ に座標を入れて成分ごとに考えれば明らかなように，この右辺は s について項別微分可能だからである．$s=1$ として

*) ベキ級数 $\Phi(x)$ の x に一次変換 T を代入して得られる一次変換 $\Phi(T)$ については §2.2 末尾参照.

$$Y(1,t)=\Phi(-\mathrm{ad}(X(t)))X'(t)$$

がなりたつ．$Y(1,t)$ の定義により，これは求める関係式である．（証終）

注意 この定理を用いればマウレル・カルタン方程式の補助関数 $v_i{}^j$ が，G の標準座標系については，リー環 $\mathfrak{g}$ から計算できることを示しておく．$\mathfrak{g}$ の基底 $\{X_1,\cdots,X_n\}$ に関する G の標準座標系を $(x_1,\cdots,x_n)$ とし，関数 $v_i{}^j$ を (5.11) で定義する．$X=\sum_i x_i X_i$ を $\mathfrak{g}$ の零元の近くの元とするとき，各 i に対して $X(t)=X+tX_i$ として定理の公式を計算し，$x=\exp X$ とおけば

$$\sum_j v_i{}^j(x)(X_j)_e=(\Phi(-\mathrm{ad}(X))X_i)_e \qquad (1\leqq i\leqq n)$$

がなりたつ．ゆえに x が $\{X_1,\cdots,X_n\}$ に関する標準座標近傍にあり，$x=\exp X$ のときには行列 $(v_i{}^j(x))$ は $\mathfrak{g}$ の一次変換 $\Phi(-\mathrm{ad}(X))$ を基底 $\{X_1,\cdots,X_n\}$ に関して表現したものである．

つぎの定理はわれわれの目標としたマウレル・カルタン方程式の解を座標に無関係に与えているものと考えてよい．

定理 5.22 G をリー群，$\mathfrak{g}$ をそのリー環とする．$X,Y\in\mathfrak{g}$ が零元 0 の十分小さい近傍にあるとき，

$$\log(\exp X\exp Y)=X+\int_0^1\psi[(\exp\mathrm{ad}(X))(\exp t\,\mathrm{ad}(Y))]Y\,dt$$

がなりたつ．ただし，ψ は，収束半径 1 のベキ級数

$$\Psi(x)=(1+x)\sum_{p=1}^{\infty}\frac{(-1)^{p-1}}{p}x^{p-1}$$

を用いて，$GL(\mathfrak{g})$ の単位元 1_n の近傍で定義され $\mathrm{End}(\mathfrak{g})$ に値をとる関数 $\psi(\alpha)=\Psi(\alpha-1_n)$ を示す．

証明 $\mathfrak{g}$ の零元 0 の近傍 N を十分小さく，しかも凸状にとれば，$X,Y\in N$ のとき，$-\varepsilon<t<1+\varepsilon$ なる t に対し $\mathfrak{g}$ の曲線

$$\Gamma(t)=\log(\exp X\exp tY)$$

が定義される．対数写像 log の定義により

$$\exp\Gamma(t)=\exp X\exp tY$$

がなりたち，

$$\frac{d}{dt}\exp\Gamma(t)=dL_{\exp X}\left(\frac{d}{dt}\exp tY\right)$$

$$=dL_{\exp X}(Y_{\exp tY})=dL_{\exp\Gamma(t)}(Y_e)$$

である．したがって

$$(dL_{\exp\Gamma(t)})^{-1}\frac{d}{dt}\exp\Gamma(t)=Y_e.$$

この左辺は前定理によって計算されている．その結果を用いれば，この式は $\mathfrak{g}$ に値をもつ t の関数 $\Gamma(t)$ に関するつぎの微分方程式となる．

$$\Phi(-\mathrm{ad}\,\Gamma(t))\frac{d}{dt}\Gamma(t)=Y. \tag{5.20}$$

これを解いて $\Gamma(t)$ を求めるために，まず $\Phi(-\mathrm{ad}\,\Gamma(t))^{-1}$ の(存在と)表示を考える．$\Gamma(t)$ の定義から順次に

$$\mathrm{Ad}(\exp\Gamma(t))=(\mathrm{Ad}(\exp X))(\mathrm{Ad}(\exp tY)),$$
$$\exp\mathrm{ad}(\Gamma(t))=(\exp\mathrm{ad}(X))(\exp t\,\mathrm{ad}(Y))$$

を得る[定理 5.14]．$\mathfrak{g}$ の一次変換すべてのつくる $\mathbf{R}$ 代数 $\mathrm{End}(\mathfrak{g})$ を $\mathbf{R}$ 代数 $M_n(\mathbf{R})$ $(n=\dim\mathfrak{g})$ と同一視しそこに一つの完備ノルムを導入するとき，近傍 N が十分小さくて $X, Y\in N$ のときには $\|\mathrm{ad}(\Gamma(t))\|<\log 2$ $(0\leqq t\leqq 1)$ であり，しかも

$$\|(\exp\mathrm{ad}(X))(\exp t\,\mathrm{ad}(Y))-1_n\|<1/2 \qquad (0\leqq t\leqq 1)$$

であるとしてさしつかえない．すると，上の関係式から

$$\mathrm{ad}(\Gamma(t))=\log[(\exp\mathrm{ad}(X))(\exp t\,\mathrm{ad}(Y))] \tag{5.21}$$

が導かれる[補題 2.7 の証明]．ところで，ベキ級数

$$G(x)=\sum_{p=1}^{\infty}\frac{(-1)^{p-1}}{p}x^p$$

は収束半径 1 のベキ級数であって，実数 u が $|u|<1$ のときには $\log(1+u)=G(u)$ である．この u について $\Phi(x)$ の定義から

$$\Phi(-\log(1+u))=\{\exp(-\log(1+u))-1\}/(-\log(1+u))$$
$$=u/\{(1+u)\log(1+u)\}$$

である．他方，$\Psi(x)$ の定義により

$$\Psi(u)=(1+u)\log(1+u)/u$$

となるから，$|u|<1$ なる範囲で

$$\Phi(-\log(1+u))\Psi(u)=1$$

である．この式からベキ級数として

$$\Phi(-G(x))\Psi(x)=1$$

がなりたつことがわかる[(2.2)]．さらに，この関係式は $\|\beta\|<1$ なる $\mathfrak{g}$ の一次変換 β を代入しても成立する[定理 2.3, 2.5]．ゆえに，$\alpha=1_n+\beta$ とすれば $\|\alpha-1_n\|<1$ なる α に対して

$$\Phi(-\log\alpha)\Psi(\alpha-1_n)=1_n,$$

$$\Phi(-\log\alpha)\psi(\alpha)=1_n$$

がなりたつ．この式と (5.21) をあわせて，つぎの関係が導かれた．

$$\Phi(-\mathrm{ad}\,\Gamma(t))\psi[(\exp\mathrm{ad}(X))(\exp t\,\mathrm{ad}(Y))]=1_n.$$

これで $\Phi(-\mathrm{ad}\,\Gamma(t))^{-1}$ がわかった．

微分方程式 (5.20) はこの結果を用いれば

$$\frac{d}{dt}\Gamma(t)=\psi[(\exp\mathrm{ad}(X))(\exp t\,\mathrm{ad}(Y)]Y$$

とかくことができる．$\Gamma(0)=X$ であるから，これから

$$\Gamma(1)=X+\int_0^1\psi[(\exp\mathrm{ad}(X))(\exp t\,\mathrm{ad}(Y))]Y\,dt$$

を得る．これは定理の公式にほかならない． (証終)

注意 定理 5.22 と同じ記号のもとで，X, Y が $\mathfrak{g}$ の零元の十分近くにあるとき，

$$\log(\exp X\exp Y)=X+Y+\frac{1}{2}[X,Y]+\frac{1}{12}[X,[X,Y]]+\frac{1}{12}[Y,[Y,X]]+\cdots$$

という形の級数展開がなりたつことが知られており，これをハウスドルフの公式という．関数 $\psi(\alpha)$ の級数展開に α として $A(t)=(\exp\mathrm{ad}(X))(\exp t\,\mathrm{ad}(Y)$ の級数展開を代入して，$\psi(A(t))Y$ の級数展開を求め，つぎにこの結果を項別積分することによって定理 5.22 の公式右辺の積分を実行し，ハウスドルフの公式をこの定理から形式的に導くことはできるが，この「証明」の正当性を保証するのは容易ではない．ハウスドルフの公式の厳密な証明は巻末の参考書 [9]，[10] または [12] Chap. 2 を参照されたい．

5.6 リー部分群とリー部分環

すでに述べたように，リー群の連結リー部分群はそれに対応するリー部分環

によって一意的に定まり[定理 5.1]，連結リー群の間の準同型写像はその微分として対応するリー環の間の準同型写像によって一意的に決定される[定理 4.22]．ここでは，さらにリー群のリー環の部分環はすべて連結リー部分群に対応し，リー群のリー環の間の準同型写像はリー群の間の(局所)準同型写像の微分となることを示す．

定理 5.23 G をリー群，$\mathfrak{g}$ を G のリー環とする．$\mathfrak{g}$ の任意のリー部分環 $\mathfrak{h}$ は G の一つの連結リー部分群に対応する．したがって，G の連結リー部分群と $\mathfrak{g}$ のリー部分環の間に自然な全単射が得られる．

証明 $\mathfrak{h}=\{0\}$ のときには $\mathfrak{h}$ は G の自明な部分群 $\{e\}$ に対応する．よって $m=\dim\mathfrak{h}>0$ としてよい．$\mathfrak{g}$ の基底 $\{X_1, \cdots, X_m, X_{m+1}, \cdots, X_n\}$ を $\{X_1, \cdots, X_m\}$ が $\mathfrak{h}$ を張るように選んで，これに関する G の標準座標近傍を $(U; x_1, \cdots, x_n)$ とする．$\mathbf{R}^n$ の中で $a>0$ に対して

$$Q_a{}^n=\{(u_1, \cdots, u_n)\in\mathbf{R}^n;\ |u_i|<a\ (1\leqq i\leqq n)\}$$

とおくとき，U は写像

$$g\to(x_1(g), \cdots, x_n(g))$$

によりある $\varepsilon>0$ に対する $Q_\varepsilon{}^n$ と同相であると仮定することができる．一般に，$0<a<\varepsilon$ のとき

$$U_a=\{g\in U;\ |x_i(g)|<a\ (1\leqq i\leqq n)\}$$

とすると，U_a は $Q_a{}^n$ と同相であり，$\{U_a; 0<a<\varepsilon\}$ は G の単位元 e の基本近傍系を与える．一方，

$$V=\{h\in U;\ x_k(h)=0\ (m+1\leqq k\leqq n)\},$$
$$V_a=V\cap U_a$$

とおく．これらの V, V_a はそれぞれ $Q_\varepsilon{}^m$, $Q_a{}^m$ に同相である．ここで，$Q_a{}^m\subset\mathbf{R}^m$ は $Q_a{}^n$ と同様に定義されている．この同相写像により V と $Q_\varepsilon{}^m$ を同一視して，V を $\mathbf{R}^m$ の開部分多様体とみなすこととしよう．明らかに，V は G の開部分多様体 U の中に部分多様体として含まれ，その位相は G の部分空間としての位相に等しく，また $\{V_a; 0<a<\varepsilon\}$ は V における e の基本近傍系を与えている．さらに，$x_i(g^{-1})=-x_i(g)\ (g\in U, 1\leqq i\leqq n)$ だから，G の

部分集合として $U_a^{-1}=U_a$, $V_a^{-1}=V_a$ $(0<a<\varepsilon)$ がなりたっていることに注意しておこう．

さて，$a>0$ を十分小さくとるならばつぎの条件がなりたつことを証明する．

(5.22) $$V_aV_a\subset V$$

であって，しかも $Q_a{}^m\times Q_a{}^m$ において定義された m 個の実解析関数

$$f_j(u_1,\cdots,u_m,v_1,\cdots,v_m)\qquad(1\leqq j\leqq m)$$

が存在して，$h,l\in V_a$ のときには

(5.23) $$x_j(h^{-1}l)=f_j(x_1(h),\cdots,x_m(h),x_1(l),\cdots,x_m(l))\qquad(1\leqq j\leqq m)$$

がなりたつ．まず，$\{U_a;\,0<a<\varepsilon\}$ は G の e の基本近傍系であるから，$a>0$ が小さいとき

$$V_aV_a\subset U_aU_a\subset U$$

がなりたつことは明らかである．この a を十分小さくとり，$N_a=\log U_a$ とするとき，$X,Y\in N_a$ ならば定理 5.22 の公式

(5.24) $$\log(\exp X\exp Y)=X+\int_0^1\psi[(\exp\mathrm{ad}(X))(\exp t\,\mathrm{ad}(Y))]Ydt$$

がなりたつものとしよう．いま，V_a の任意の2元をとり $\exp X$, $\exp Y$ $(X,Y\in N_a)$ と表わす．すると $x_k(\exp X)=x_k(\exp Y)=0$ $(m+1\leqq k\leqq n)$ だから，$X,Y\in\mathfrak{h}$ である．仮定により $\mathfrak{h}$ は $\mathfrak{g}$ のリー部分環だから，$\mathrm{ad}(X)$, $\mathrm{ad}(Y)$ は $\mathfrak{h}$ を $\mathfrak{h}$ 自身に写し，したがって $\exp\mathrm{ad}(X)$, $\exp t\,\mathrm{ad}(Y)$ についても同様である．すると

$$\psi[(\exp\mathrm{ad}(X))(\exp t\,\mathrm{ad}(Y))]$$

もまた $\mathfrak{h}$ を $\mathfrak{h}$ 自身に写す $\mathfrak{g}$ の一次変換となり，$Y\in\mathfrak{h}$ だから (5.24) に現われた被積分関数は $\mathfrak{h}$ に値をとることがわかる．積分の定義によりこの積分値もまた $\mathfrak{h}$ の元であり，$X\in\mathfrak{h}$ だから，結局

$$\log(\exp X\exp Y)\in\mathfrak{h}$$

である．これは

$$x_k(\exp X\exp Y)=0\qquad(m+1\leqq k\leqq n)$$

を示し，$\exp X\exp Y\in V$ がわかった．$\exp X$, $\exp Y$ は V_a の任意の2元だか

ら，これで (5.22) が成立することが証明された．つぎに，G において演算 $(h,l)\to h^{-1}l$ は実解析的であるから，$Q_a{}^n\times Q_a{}^n$ における n 個の実解析関数 $F_1,\cdots,F_n$ が存在して，$h,l\in U_a$ のとき

$$x_i(h^{-1}l)=F_i(x_1(h),\cdots,x_n(h),x_1(l),\cdots,x_n(l)) \qquad (1\leqq i\leqq n)$$

がなりたつ．いま，$Q_a{}^m\times Q_a{}^m$ 上で

$$f_j(u_1,\cdots,u_m,v_1,\cdots,v_m)=F_j(u_1,\cdots,u_m,0,\cdots,0,v_1,\cdots,v_m,0,\cdots,0) \qquad (1\leqq j\leqq m)$$

とおくならば，$f_1,\cdots,f_m$ は明らかに (5.23) をみたす実解析関数である．

以下 $a>0$ はここに述べた性質をもつものとして任意に 1 つ固定し，群 G において V_a から代数的に生成された部分群を H とする．$V_a{}^{-1}=V_a$ だから H は V_a の有限個の元の積すべての集合である．さて，$\mathcal{V}=\{V_b;\,0<b<a\}$ は群 H の単位元の基本近傍系の公理をみたす．すなわち，定理 1.5 にあげたつぎの 5 条件を満足する．

（1）　$\bigcap_{0<b<a} V_b=\{e\}$,

（2）　$V_b,V_c\in\mathcal{V}\Rightarrow \exists\, V_d\in\mathcal{V};\ V_d\subset V_b\cap V_c$,

（3）　$V_b\in\mathcal{V}, x\in V_b\Rightarrow \exists\, V_c\in\mathcal{V};\ xV_c\subset V_b$,

（4）　$V_b\in\mathcal{V}\Rightarrow \exists\, V_c\in\mathcal{V};\ V_c{}^{-1}V_c\subset V_b$,

（5）　$V_b\in\mathcal{V}, h\in H\Rightarrow \exists\, V_c\in\mathcal{V};\ V_c\subset hV_bh^{-1}$.

実際（1），（2）は明白である．$x\in V_b$ のとき G における演算の連続性により，適当な U_c をとれば $xU_c\subset U_b$ となる．すると，(5.22) により $xV_c\subset U_b\cap V=V_b$. これで（3）がわかった．（4）も $V_c{}^{-1}=V_c$ に注意すれば同じように証明される．（5）を示そう．このために，まず（4）によれば $V_d{}^3\subset V_a\subset V$ なる $V_d\subset V_a$ が存在する．必要ならば V_d を改めて V_a とすれば，はじめから $V_a{}^3\subset V$ とすることができる．すると，いま $h\in V_a$ の場合には，与えられた $V_b=V\cap U_b$ に対して適当な U_c をとれば $U_c\subset hU_bh^{-1}$ がなりたつ．ところが $h^{-1}\in V_a$, $V_a{}^3\subset V$ だから $(hU_bh^{-1})\cap V_a=h(U_b\cap h^{-1}V_ah)h^{-1}\subset h(U_b\cap V)h^{-1}=hV_bh^{-1}$ となり，$V_c=U_c\cap V_a\subset(hU_bh^{-1})\cap V_a\subset hV_bh^{-1}$. h が H の一般元のときにも $h=h_1h_2\cdots h_r$ $(h_i\in V_a)$ と表わされるから r に関

する帰納法で容易に（5）が証明される．

定理 1.6 によれば H には $\mathcal{V}$ を単位元の基本近傍系とする位相であって，それに関して H が位相群となるものが存在する．この H は連結位相群である．なぜならば，H の単位元の連結成分 H^0 は連結な位相群であって，V_a を単位元の近傍として含む．定理 1.16 により H^0 は V_a によって生成され，したがって $H^0=H$, ゆえに H は連結である．

この証明のはじめに述べたように，V_a は自然に $Q_a{}^m$ と同一視される．V_b を $V_b{}^2\subset V_a$ なるものとすれば $(h,l)\to h^{-1}l$ による写像 $V_b\times V_b\to V_a$ は座標関数 $x_1,\cdots,x_m$ を用いて (5.23) によって表わされる．このことは定義により H が局所実解析的な位相群であることを示し，定理 4.14 によれば H に多様体構造を導入して H をリー群とすることができる．そして $(V_a; x_1,\cdots, x_m)$ はこのリー群 H の単位元の局所座標近傍となる．したがって，このリー群 H から G への包含写像は V_a において実解析写像であり，しかもその各点で正則となることは明らかであろう．ゆえに，H は G のリー部分群である．最後に，H に対応する $\mathfrak{g}$ のリー部分環を $\mathfrak{h}'$ とすれば，容易にわかるように G の単位元での接ベクトル空間の中に $\mathfrak{h}'$ と $\mathfrak{h}$ は同一の部分空間を定義するから，$\mathfrak{h}'=\mathfrak{h}$ である．これで $\mathfrak{h}$ が対応する G の連結リー部分群 H の存在が証明された．

定理の最後の主張はこの結果と定理 5.1 から明らかである．（証終）

この定理を用いて，リー群の準同型写像の像がリー部分群であることがわかる．より精密につぎの定理がなりたつ．

定理 5.24 連結リー群 G からリー群 G' への準同型写像 ρ が与えられているとし，その微分として得られるリー環 $\mathfrak{g}$ から $\mathfrak{g}'$ への準同型写像を $d\rho$ とする．ここに，$\mathfrak{g}, \mathfrak{g}'$ はそれぞれ G, G' のリー環である．このとき

（i） ρ の核 N は G の正規閉リー部分群であって，N に対応する $\mathfrak{g}$ のイデアルは $d\rho$ の核 $\mathfrak{n}$ に等しい．

（ii） ρ の像 $\rho(G)$ は G' のリー部分群であって，それに対応する $\mathfrak{g}'$ のリー部分環は $d\rho$ の像 $d\rho(\mathfrak{g})$ に等しい．

証明　(i)　N は明らかにリー群 G の正規閉部分群だから G のリー部分群である[定理 5.8]．また N に対応する $\mathfrak{g}$ のリー部分環を $\mathfrak{n}'$ とすれば $\mathfrak{n}'$ は $\mathfrak{g}$ のイデアルである[定理 5.15]．$X\in\mathfrak{g}$ が $\mathfrak{n}'$ に属するために必要かつ十分な条件は $\exp tX\in N\ (t\in\mathbf{R})$ となること，すなわち，

$$\exp t d\rho(X)=\rho(\exp tX)=e' \qquad (t\in\mathbf{R})$$

となることである[定理 5.2]．ここに e' は G' の単位元である．この条件は $X\in\mathfrak{n}$ と同値だから，$\mathfrak{n}=\mathfrak{n}'$ である．これで (i) が証明された．

(ii)　連結リー群 G は $\{\exp X;\ X\in\mathfrak{g}\}$ によって生成される[定理 4.21]．ゆえに $\rho(G)$ は群 G' の中で $\{\rho(\exp X);\ X\in\mathfrak{g}\}$ によって生成される部分群である．一方，$\mathfrak{g}'$ のリー部分環 $d\rho(\mathfrak{g})$ は前定理により G' の一つの連結リー部分群 H' に対応する．このリー群 H' は $\{\exp Y;\ Y\in\rho(\mathfrak{g})\}$ によって生成される[定理 4.21]．$X\in\mathfrak{g}$ のとき $\rho(\exp X)=\exp d\rho(X)$ であるから，$\rho(G)$ と H' は同じ生成元をもち，$\rho(G)=H'$ である．ゆえに $\rho(G)$ はリー部分環 $d\rho(\mathfrak{g})$ が対応する G' の連結リー部分群である．　(証終)

この定理を用いてリー剰余群 G/N [定理 5.10] のリー環を定めることができる．まず一般にリー環 $\mathfrak{g}$ のイデアル $\mathfrak{n}$ があるとき，剰余ベクトル空間 $\mathfrak{g}/\mathfrak{n}$ で交換子積を

$$[X+\mathfrak{n},\ Y+\mathfrak{n}]=[X,\ Y]+\mathfrak{n} \qquad (X,\ Y\in\mathfrak{g})$$

によって矛盾なく定義でき，$\mathfrak{g}/\mathfrak{n}$ をリー環とすることができる．これを $\mathfrak{g}$ のイデアル $\mathfrak{n}$ による**リー剰余環**という．射影 $\mathfrak{g}\to\mathfrak{g}/\mathfrak{n}$ は明らかに準同型写像である．

例題 1　リー群 G とその正規閉リー部分群 N があり，N の連結成分の個数はたかだか可算個とする．G のリー環を $\mathfrak{g}$，N に対応するイデアルを $\mathfrak{n}$ とする[定理 5.15]．このとき，リー剰余群 G/N のリー環はリー剰余環 $\mathfrak{g}/\mathfrak{n}$ に同型である．

解　射影 $\pi: G\to G/N$ はリー群の準同型写像で全射であり，π の核は N である．ゆえに，$d\pi$ は $\mathfrak{g}$ から G/N のリー環 $\mathfrak{g}'$ の上への準同型写像でその核は $\mathfrak{n}$ に等しい[定理 5.24]．このとき，$d\pi$ から自然に $\mathfrak{g}/\mathfrak{n}$ から $\mathfrak{g}'$ への同

型写像がひきおこされる．（以上）

定理 5.25 G を連結で単連結なリー群，G' を連結リー群とし，$\mathfrak{g}$, $\mathfrak{g}'$ をそれぞれ G, G' のリー環とする．このとき，リー環 $\mathfrak{g}$ から $\mathfrak{g}'$ への準同型写像

$$\Delta : \mathfrak{g} \to \mathfrak{g}'$$

に対して，G から G' への準同型写像 ρ を適当にとれば $\Delta = d\rho$ がなりたつ．したがって，リー群 G から G' への準同型写像 ρ にその微分 $d\rho$ を対応させれば，G から G' への準同型写像全体とリー環 $\mathfrak{g}$ から $\mathfrak{g}'$ への準同型写像全体との間の全単射が得られる．

証明　前半が証明されれば，定理 4.22 により $\Delta = d\rho$ なる ρ は一意的に定まるから，後半がわかる．さて，与えられた Δ を用いて，リー環の直和 $\mathfrak{g}+\mathfrak{g}'$ の中で

$$\mathfrak{k} = \{(X, \Delta(X)) ;\ X \in \mathfrak{g}\}$$

とおく．すぐにわかるように $\mathfrak{k}$ は $\mathfrak{g}+\mathfrak{g}'$ のリー部分環である．ところで，$\mathfrak{g}+\mathfrak{g}'$ はリー群の直積 $G \times G'$ のリー環と考えられる．定理 5.23 により部分環 $\mathfrak{k}$ は $G \times G'$ の連結リー部分群 K に対応する．いま，$G \times G'$ から直積因子 G, G' への射影をそれぞれ π, π' とすれば，容易にわかるようにその微分 $d\pi$, $d\pi'$ は $\mathfrak{g}+\mathfrak{g}'$ から直和因子 $\mathfrak{g}$, $\mathfrak{g}'$ への射影である．ところが，$d\pi$ の $\mathfrak{k}$ への制限は全単射であるから，π の K への制限 π_K は K を G の上に写す準同型写像であって，その核は離散部分群である［定理 5.24］．ゆえに π_K は局所同型写像となり，G の単位元のある近傍 U から K への局所同型写像 σ であって $\pi_K(\sigma(x)) = x$ $(x \in U)$ なるものが存在する．仮定により G は単連結であるから §3.3 に述べたように σ は準同型写像 $G \to K$ に拡大することができる．G は U によって生成されるから $\pi_K(\sigma(g)) = g$ $(g \in G)$ がなりたち，このことから容易にわかるように σ はリー群 G と K の間の同型写像であって，π_K は σ の逆写像である．すると $d\sigma$ も $d\pi_K$ を逆写像にもつ同型写像となるから $d\sigma(X) = (X, \Delta(X))$ $(X \in \mathfrak{g})$ がなりたつ．そこで $\rho = \pi' \circ \sigma$ とおく，ρ はリー群 G から G' への準同型写像であって，$d\rho = \Delta$ である．実際

$$d\rho(X) = d\pi'(d\sigma(X)) = d\pi'(X, \Delta(X)) = \Delta(X) \qquad (X \in \mathfrak{g})$$

となるからである．よって ρ は求める準同型写像を与えている． (証終)

この定理で G の単連結であるという仮定は必要である(G が円周群，G' が実数の加法群 $\mathbf{R}$ の場合を考察してみよ)．しかし，一般に G が連結リー群のときにも，G からリー群 G' への局所準同型写像の全体(そこでは G の単位元のある近傍で等しいものは同じものとみなす)とリー環 $\mathfrak{g}$ から $\mathfrak{g}'$ への準同型写像全体の間に自然な全単射が存在する．なぜならば，G の普遍被覆群 $(\tilde{G},\pi)$ を考えるとき，G から G' への局所準同型写像 ρ に対して $\rho\circ\pi$ は準同型写像 $\tilde{G}\to G$ に拡大される[§3.3 末尾]．$\tilde{G}$ と G は局所同型だから，任意の準同型写像 $\tilde{G}\to G'$ はこのように G から G' への局所準同型写像から得られ，しかも上の意味でこの局所準同型写像は一意的である．また，$\tilde{G}$ のリー環は $d\pi$ により $\mathfrak{g}$ と同型だから，主張は定理 5.25 から導かれる．

定理 5.26 2つの連結リー群 G, G' があり，それらのリー環 $\mathfrak{g}, \mathfrak{g}'$ が同型であれば，G と G' の間に局所同型が存在する．とくに，G, G' が単連結ならば，G と G' は同型である．

証明 G, G' の普遍被覆群はまた $\mathfrak{g}, \mathfrak{g}'$ をリー環にもつ連結リー群である．したがって G, G' が単連結である場合に $\mathfrak{g}\cong\mathfrak{g}'$ ならば $G\cong G'$ となることを示せばよい．$\Delta:\mathfrak{g}\to\mathfrak{g}'$ を同型写像とし，前定理により準同型写像 ρ, σ を $d\rho=\Delta$, $d\sigma=\Delta^{-1}$ となるようにつくれば $\sigma\circ\rho$ は G から G への準同型写像であってその微分 $d(\sigma\circ\rho)=d\sigma\circ d\rho$ は $\mathfrak{g}$ の恒等写像である．ゆえに $\sigma\circ\rho$ は G の恒等写像である[定理 4.22]．同様に $\rho\circ\sigma$ は G' の恒等写像を与え，ρ は σ を逆写像とする G から G' への同型写像であることがわかる． (証終)

問 1 局所同型な連結リー群のリー環は同型となることを証明せよ．

上の定理は連結リー群の局所同型なものの類はこれに対応するリー環によって特徴づけられることを示している．

定理 5.27 G を連結で単連結なリー群，$\mathfrak{g}$ をそのリー環とする．$\mathfrak{n}$ を $\mathfrak{g}$ のイデアルとするとき，もしリー剰余環 $\mathfrak{g}/\mathfrak{n}$ をリー環とする連結リー群 G' が存在すれば，$\mathfrak{n}$ は G の連結で単連結な閉正規リー部分群 N に対応するリー部分環である．

証明 必要ならば G' の代りに G' の普遍被覆群をとり，G' は単連結であるとしてよい．まず，$\mathfrak{g}$ から $\mathfrak{g}/\mathfrak{n}$ への自然な準同型写像 $\varDelta$ は準同型写像 ρ: $G\to G'$ により $\varDelta=d\rho$ と表わされる[定理 5.25]. $d\rho(\mathfrak{g})=\mathfrak{g}/\mathfrak{n}$ だから ρ は全射であり，ρ の核 N は G の閉リー部分群でこれには $\mathfrak{n}$ が対応する[定理 5.24]. $\mathfrak{n}$ がイデアルだから，N は G の正規部分群である[定理 5.15]. N が連結であることを示す．N の単位元の連結成分 N^0 は G の閉正規部分群であって，N/N^0 は G/N^0 の離散正規部分群である．剰余群 $(G/N^0)/(N/N^0)$ は $G/N\cong G'$ と同相となり単連結である．G/N^0 の中で単位元 e と N/N^0 の任意の元とを結ぶ道 α を考えれば，その剰余群への像は零ホモトープである．すると，被覆ホモトピー定理[定理 3.8]を用いてわかるように，$\alpha(1)$ は N/N^0 に含まれる道で単位元と結ばれる．N/N^0 は離散集合だから，これは $\alpha(1)=e$ を示し，$N=N^0$ が証明され，N は弧状連結である[補題 3.12]. 射影 $\pi: G\to G/N$ によって N をファイバーとするファイバー空間が生まれるが[§5.3 末尾]，ここに定理 3.10 を用いれば，$G, G/N$ が単連結だから，N も単連結であることがわかる． (証終)

この定理で仮定したところの $\mathfrak{g}/\mathfrak{n}$ をリー環とするリー群はつねに存在する．実際，任意の実リー環は，リー群のリー環となり得ることが証明できるからである．

5.7 弧状連結部分群

この節ではつぎの定理を証明しその応用について述べる．連結リー部分群はそれ自身弧状連結であり[補題 3.12]，部分空間位相でもそうなるから，この定理は連結リー部分群を特徴づけている．

定理 5.28 (**山辺の定理**) リー群 G の部分集合 H が群 G の部分群であり，また G の部分空間として弧状連結であれば，H は適当な多様体構造によ り G のリー部分群となる*).

---

*) 山辺英彦(1923—1960)による．ここの証明は後藤守邦氏(Proc. Amer. Math. Soc. 20 (1969))によった．

この定理の証明のために，2つの補題を用意しよう．

補題 5.29　H を弧状連結な位相群とする．U を H の単位元 e の任意の近傍とするとき，U の e を含む弧状連結成分 C は群 H を生成する．

証明　H の元 h を任意に選ぶ．e と h を結ぶ道 α をとる．与えられた U に対して整数 m を十分大きくとれば，$|t-t'|<1/m$ $(0\leqq t,\ t'\leqq 1)$ のとき $\alpha(t')^{-1}\alpha(t)\in U$ とすることができる．実際 V を $V^{-1}V\subset U$ なる e の近傍とし，H の開被覆 $\{hV;\ h\in H\}$ と $\alpha: [0,1]\to H$ に補題 3.4 を適用すれば，$|t-t'|<1/m$ のとき $\alpha(t),\ \alpha(t')$ は同一の hV に含まれるように整数 m が見出される．このとき $\alpha(t)^{-1}\alpha(t')\in V^{-1}V\subset U$ である．いま，各 $i=1,\cdots,m$ について

$$\alpha_i(t)=\alpha\left(\frac{i-1}{m}\right)^{-1}\alpha\left(\frac{i-1+t}{m}\right)\qquad(0\leqq t\leqq 1)$$

とおくと，$\alpha_i(t)$ は e を始点とする U の中の道であり，その終点 $h_i=\alpha_i(1)\in C$ である．$h=h_1h_2\cdots h_n$ だから，h は C から生成された部分群に含まれる．ゆえに，C は H を生成している．　　(証終)

補題 5.30　$I=[-1,1]$ とし，連続写像 $f: I^n\to\mathbf{R}^n$ が $\|f(x)-x\|\leqq 1/2$ $(x\in I^n)$ をみたすとする．ここに $\|x\|$ は $\mathbf{R}^n$ の通常のノルム，すなわち $x=(x_1,\cdots,x_n)$ のとき $\|x\|^2=\sum_{i=1}^{n}x_i{}^2$ とする．このとき，$f(I^n)$ は $\mathbf{R}^n$ の原点 o を内点として含む．

証明　$a\in\mathbf{R}^n$ を $\|a\|\leqq 1/2$ なる点とし

$$g(x)=x-f(x)+a\qquad(x\in I^n)$$

とおく．$g: I^n\to\mathbf{R}^n$ は連続写像であって

$$\|g(x)\|\leqq\|x-f(x)\|+\|a\|\leqq 1$$

である．ゆえに g は I^n をそれ自身の中に写す連続写像である．ブロウエル (Brouwer) の不動点定理の主張するところによれば，この g に対して $g(x_0)=x_0$ なる点 $x_0\in I^n$ が存在せねばならない．すると，$f(x_0)=a$ である．a は $\|a\|\leqq 1/2$ なる任意の点だから，$f(I^n)$ が原点 o を中心とする半径 1/2 の球を含むこととなり，補題が証明された．

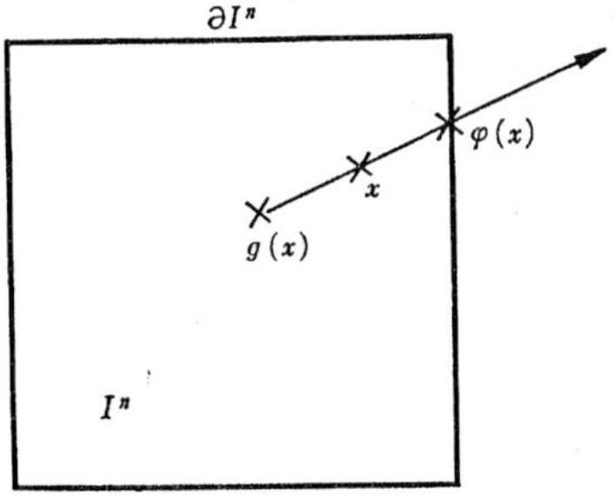

図 5.1

ここに用いたブロウエルの不動点定理の証明について一言述べておく．もし，すべての $x\in I^n$ に対して $g(x)\neq x$ とすれば，$\mathbf{R}^n$ の中で $g(x)$ を始点とし x を通る半直線を考えるとき，これは I^n の境界 ∂I^n とただ1点 $\varphi(x)$ において交わる．これによって連続写像

$$\varphi : I^n \to \partial I^n$$

が定義され，$x\in\partial I^n$ のときには $\varphi(x)=x$ である．$n=1$ のとき I は連結，$\varphi(I)=\partial I$ は不連結集合だから矛盾である．$n\geqq 2$ のときには $\Phi : \partial I^n\times[0,1]\to\partial I^n$ を

$$\Phi(x,s)=\varphi((1-s)x) \qquad (x\in\partial I^n)$$

とおいて定義するならば，$\Phi(x,0)=x$, $\Phi(x,1)=\varphi(o)$ であるから ∂I^n は可縮な位相空間とならねばならない．ところが可縮な位相空間については，それに付属したホモトピー群と呼ばれる群がすべての次元で自明となることがわかっており，一方，∂I^n は $(n-1)$ 次元球面に同相であってその $(n-1)$ 次ホモトピー群は自明でないことが知られているから，これは矛盾である．事実，$n=2$ の場合には1次ホモトピー群とは基本群のことであり，∂I^2 が可縮であることから $\pi_1(\partial I^2)=\{e\}$ [§3.1 例題1] となり，また ∂I^2 が円周と同相だから $\pi_1(\partial I^2)\cong\mathbf{Z}$ [§3.3 例題1] となって矛盾が生じている． （証終）

定理 5.28 の証明 G, H を定理の主張の中のものとし，$\mathfrak{g}$ を G のリー環とする．$\mathfrak{g}$ の部分集合 $\mathfrak{h}$ をつぎの条件をみたすところの元 $X\in\mathfrak{g}$ の集合とす

る．G の単位元 e の任意の近傍 V に対して，H の中に e を始点とする道 α: $[0,1]\to H$ であって

$$(5.25)\qquad \alpha(t)\in(\exp tX)V \qquad (0\leqq t\leqq 1)$$

をみたすものが存在する．以下，証明を3段階に分けて第1段で $\mathfrak{h}$ が $\mathfrak{g}$ のリー部分環となること，第2，3段で H が $\mathfrak{h}$ に対応する連結リー部分群と集合として等しいことを証明しよう．

第1段　$\mathfrak{h}$ は $\mathfrak{g}$ のリー部分環である．

まず，V を G の e の近傍，K を G のコンパクト部分集合とするとき，$\bigcap_{a\in K} a^{-1}Va$ は e の近傍 U を含む．事実，各 $a\in K$ に対して $aa^{-1}=e$ だから a の近傍 W_a と e の近傍 U_a を

$$V\supset W_aU_aW_a^{-1}$$

と選ぶことができる．K がコンパクトだから $a_1,\cdots,a_r\in K$ をとって $K\subset W_{a_1}\cup\cdots\cup W_{a_r}$ とするとき $U=U_{a_1}\cap\cdots\cap U_{a_r}$ は求める性質をもつことは明らかであろう．さて，$X\in\mathfrak{h}$ に対して $K=\{\exp tX;\ 0\leqq t\leqq 1\}$ として，任意に与えられた V に対してこの U をつくれば

$$(\exp tX)^{-1}V\supset U(\exp tX)^{-1} \qquad (0\leqq t\leqq 1)$$

である．$X\in\mathfrak{h}$ だから，H の中に e を始点とする道 α を $\alpha(t)\in(\exp tX)U^{-1}$ となるように選ぶことができる．すると

$$\alpha(t)^{-1}\in(\exp tX)^{-1}V=(\exp t(-X))V \qquad (0\leqq t\leqq 1)$$

である．ここで $t\to\alpha(t)^{-1}$ は e を始点とする H の道だから，これで $-X\in\mathfrak{h}$ が証明された．

つぎに，$X\in\mathfrak{h}$ のとき $sX\in\mathfrak{h}\,(0<s<1)$ である．実際，V, $\alpha(t)$ を条件(5.25)のものとするとき，各 s に対し $\beta(t)=\alpha(st)$ とおくならば $\beta(t)\in(\exp t(sX))V$ であり，$sX\in\mathfrak{h}$ である．また，$X\in\mathfrak{h}$, m が正の整数のとき，$mX\in\mathfrak{h}$ となることを証明しよう．G の単位元の近傍 V が任意に与えられたとき，近傍 V_1 を $g_i\in(\exp t_iX)V_1\,(0\leqq t_i\leqq 1,\ 1\leqq i\leqq m)$ ならば

$$g_1g_2\cdots g_m\in(\exp(t_1+\cdots+t_m)X)V$$

となるように選ぶことができる．たとえば $m=2$ のとき

$$(\exp t_1X)V_1(\exp t_2X)V_1=(\exp(t_1+t_2)X)\{(\exp t_2X)^{-1}V_1(\exp t_2X)\}V_1$$

とかかれるから，与えられた V に対してまず e の近傍 V' を $V'V'\subset V$ となるように選び，つぎに e の近傍 V_1 をすべての $(\exp t_2X)V'(\exp t_2X)^{-1}$ $(0\leqq t_2\leqq 1)$ に含まれるように見出せばよい（このような V_1 の存在ははじめにみた通りである）．$m>2$ のときにも同様に V_1 の存在がわかる．さて，$X\in\mathfrak{h}$ だから，この V_1 に対して H の中に e を始点とする道 β で

$$\beta(t)\in(\exp tX)V_1 \qquad (0\leqq t\leqq 1)$$

となるものがある．[　] は整数部分を示すこととして

$$\alpha(t)=\beta(1)^{[tm]}\beta(tm-[tm]) \qquad (0\leqq t\leqq 1)$$

とおくとき，α は e を始点とする H の道で V_1 のとり方により，

$$\alpha(t)\in(\exp([tm]+tm-[tm])X)V=(\exp tmX)V$$

がなりたつ．ゆえに，$mX\in\mathfrak{h}$ である．任意の実数は正整数 m と $0<s\leqq 1$ により $\pm ms$ と表わされるから，これまでの結果をまとめれば $X\in\mathfrak{h}$ のとき X の任意の実数倍はまた $\mathfrak{h}$ に属することがわかった．

つぎに，$X, Y\in\mathfrak{h}$ のとき $X+Y\in\mathfrak{h}$ を示す．すでに証明したところにより，このことは X, Y が十分 0 に近いときに証明すれば十分である．定理 5.7 により，このとき

$$\exp t(X+Y)=\lim_{p\to\infty}\left(\exp\frac{tX}{p}\exp\frac{tY}{p}\right)^p \qquad (0\leqq t\leqq 1)$$

がなりたち，ここに収束は t に関して一様収束である．いま，G の単位元 e の近傍 V を任意に与え，e の近傍 W を $WW\subset V$ となるようにとる．これに対して整数 m を

$$\left(\exp\frac{tX}{m}\exp\frac{tY}{m}\right)^m\in(\exp t(X+Y))W \qquad (0\leqq t\leqq 1)$$

となるようにとることができる．つぎに e の近傍 W_1 を

$$g\in\left(\exp\frac{tX}{m}\right)W_1, \qquad h\in\left(\exp\frac{tY}{m}\right)W_1$$

$$\Rightarrow (gh)^m\in\left(\exp\frac{tX}{m}\exp\frac{tY}{m}\right)^m W \qquad (0\leqq t\leqq 1)$$

となるように選ぶ．この可能性ははじめに V に対して V_1 を選ぶことができたのと同じ理由による．$X, Y \in \mathfrak{h}$ だから，H の中で e を始点とする道 α, β であって

$$\alpha(t) \in \left(\exp\frac{tX}{m}\right)W_1, \qquad \beta(t) \in \left(\exp\frac{tY}{m}\right)W_1 \qquad (0 \leqq t \leqq 1)$$

となるものが存在する．$\gamma(t)=(\alpha(t)\beta(t))^m$ とおくとき，γ は H の中の e を始点とする道であり，

$$\gamma(t) \in \left(\exp\frac{tX}{m}\exp\frac{tY}{m}\right)^m W \subset (\exp t(X+Y))WW \subset (\exp t(X+Y))V$$

である．これで $X+Y \in \mathfrak{h}$ が証明された．$X, Y \in \mathfrak{h}$ のとき $[X, Y] \in \mathfrak{h}$ となることも，

$$\exp t[X, Y] = \lim_{p\to\infty}\left(\exp\frac{-\sqrt{t}}{p}X\exp\frac{-\sqrt{t}}{p}Y\exp\frac{\sqrt{t}}{p}X\exp\frac{\sqrt{t}}{p}Y\right)^{p^2}$$

の一様収束性[定理 5.7]を用いて同様に証明できる．第1段が証明された．

第2段　H' をリー部分環 $\mathfrak{h}$ に対応する連結リー部分群とする[定理 5.23]．すると，$H' \supset H$ である．

リー環 $\mathfrak{g}$ の部分空間 $\mathfrak{m}$ を選んで

$$\mathfrak{g}=\mathfrak{h}+\mathfrak{m}, \qquad \mathfrak{h}\cap\mathfrak{m}=\{0\}$$

とする．つぎに，$\mathfrak{g}$ にノルム $\|X\|$ を適当に定義し，これについてつぎのように仮定することができる．整数 $p \geqq 1$ のおのおのに対して

$$N_p=\{X\in\mathfrak{h};\ \|X\|<1/p\},$$
$$M_p=\{Y\in\mathfrak{m};\ \|Y\|<1/p\}$$

とおくとき，N_p+M_p の元 $X+Y$ に $\exp X\exp Y$ を対応させると $\mathfrak{g}$ の開集合 N_p+M_p と G の単位元の近傍 U_p の間の実解析同型が得られている[補題 4.24]．さて，C_p を $H\cap U_p$ の単位元を含む弧状連結成分とするとき，適当な p について $C_p\subset H'$ となることを証明する．これがいえれば，H は C_p によって生成されるから[補題 5.29] $H\subset H'$ がわかり，第2段の主張が証明される．

どの p についても $C_p \not\subset H'$ としよう．このとき C_p の元

$$a_p = \exp X_p \exp Y_p, \qquad X_p \in N_p, \quad Y_p \in M_p$$

であって，$Y_p \neq 0$ なるものが存在する．$p \to \infty$ のとき $X_p \to 0$，$Y_p \to 0$ である．r_p を $\|r_p Y_p\| \leqq 1$ となる最大の正整数とすれば，$Y_p \to 0$ だから $r_p \to \infty$ がわかる．$\mathfrak{m}$ の閉球 $\{Y \in \mathfrak{m};\, \|Y\| \leqq 1\}$ はコンパクトだから，点列 $r_p Y_p$ は $\mathfrak{m}$ の1点 Y に収束する部分列を含む．場合により部分列をとることにより $r_p Y_p \to Y$ と仮定してよい．この Y は $\|Y\| = 1$ であり，$Y \neq 0$ である．$Y \in \mathfrak{h}$ を証明しよう．これがいえれば，$\mathfrak{h} \cap \mathfrak{m} = \{0\}$ だから矛盾が生ずるわけである．

まず，p を固定して考えることとし，G の任意に与えられた e の近傍 W に対して $H \cap U_p{}^3$ の中の道 β であって

$$\beta(0) = e, \qquad \beta(1) \in (\exp Y_p) W$$

をみたすものが存在することを示す．e の近傍 $W' \subset U_p$ を $W' a_p \subset a_p W$ となるように選ぼう．$X_p \in \mathfrak{h}$ であるから，H の中に e を始点とする道 γ で

$$\gamma(t) \in (\exp(-tX_p)) W' \qquad (0 \leqq t \leqq 1)$$

をみたすものがある．つぎに，C_p の中の道 δ を

$$\delta(0) = e, \qquad \delta(1) = a_p$$

となるようにとり，

$$\beta(t) = \gamma(t)\delta(t) \qquad (0 \leqq t \leqq 1)$$

とおく．すると，$\beta(0) = e$ かつ

$$\beta(1) = \gamma(1)\delta(1) \in (\exp(-X_p)) W' a_p \subset (\exp(-X_p)) a_p W = (\exp Y_p) W$$

となり，

$$\beta(t) \in H \cap U_p W' C_p \subset H \cap U_p{}^3 \qquad (0 \leqq t \leqq 1)$$

であるから道 β は条件をみたしている．

この議論で W を十分小さくとって $\beta(1) \in (\exp Y_p) W$ は

$$\|Y_p - Y_p'\| < \frac{1}{r_p{}^2}, \qquad Y_p' \in N_p + M_p$$

なる Y_p' により $\beta(1) = \exp Y_p'$ と表わされているとしてよい．$p \to \infty$ のとき $r_p Y_p \to Y$ だから $r_p Y_p' \to Y$ である．

各 p についてここにつくった β を β_p とかく．β_p は $H \cap U_p{}^3$ の中で e

と $\exp Y_p'$ を結ぶ道である．そして

$$\alpha_p(t)=\beta_p(1)^{[tr_p]}\beta_p(tr_p-[tr_p]) \qquad (0\leqq t\leqq 1)$$

とおく．α_p は H の中の道であって

$$\begin{aligned}\alpha_p(t)&=(\exp[tr_p]Y_p')\beta_p(tr_p-[tr_p])\\&=(\exp tr_pY_p')(\exp(-(tr_p-[tr_p])Y_p'))\beta_p(tr_p-[tr_p])\\&\in(\exp tr_pY_p')U_pU_p^3\\&=(\exp tr_pY_p')U_p^4.\end{aligned}$$

いま，任意に与えられた e の近傍 V に対して，m を十分大きくとり $U_m^5\subset V$ とする．ところで，tr_pY_p' は $p\to\infty$ のとき $0\leqq t\leqq 1$ において一様に tY に近づく $\mathfrak{g}$ の点列である．すると，定理 5.7 の証明中に用いた論法により，$\exp tr_pY_p'$ は $p\to\infty$ のとき $0\leqq t\leqq 1$ において一様に $\exp tY$ に収束する G の点列となることがわかる．ゆえに，ある $p>m$ をとり

$$\exp tr_pY_p'\in(\exp tY)U_m \qquad (0\leqq t\leqq 1)$$

とすることができる．すると

$$\alpha_p(t)\in(\exp tr_pY_p')U_p^4\subset(\exp tY)U_m^5\subset(\exp tY)V.$$

したがって $Y\in\mathfrak{h}$ となり，第 2 段が証明された．

第 3 段　$H=H'$.

$\mathfrak{h}$ の基底 $\{X_1,\cdots,X_m\}$ を適当に選んで

$$(t_1,\cdots,t_m)\to\exp t_1X_1\cdots\exp t_mX_m$$

が $\mathbf{R}^m$ の開集合 $Q_2^m=\{(t_1,\cdots,t_m);\ |t_j|<2\}$ と H' の単位元の近傍の間の実解析写像を定義するようにする．ここで $(t_1,\cdots,t_m)$ は $\mathfrak{g}$ の基底 $\{X_1,\cdots,X_m, X_{m+1},\cdots,X_n\}$ に関する第 2 種標準座標系 $(t_1,\cdots,t_m,t_{m+1},\cdots,t_n)$ の一部と考えてよい．この近傍をも Q_2^m とかきその点を $(t_1,\cdots,t_m)$ で表わす．$\bar{Q}_1^m=\{(t_1,\cdots,t_m);\ |t_j|\leqq 1\}$ とする．このとき，G の e の近傍 U を適当にとれば $\bar{Q}_1^m(H'\cap U)^0\subset Q_m^2$ とできることを証明しよう．ここに $(H'\cap U)^0$ は G の部分空間 $H'\cap U$ の単位元の弧状連結成分を示す．$\bar{Q}_1^m$ はリー部分群 H' のコンパクト集合で $\bar{Q}_1^m\subset Q_2^m$ だから，H' の e の近傍 U' で $\bar{Q}_1^mU'\subset Q_2^m$ をみ

たすものが存在することが容易にわかる．ところが，H' は連結リー部分群であるから，定理 5.2 の証明中の議論で明らかなように，G の単位元の近傍 U を十分小さくとれば，$(H'\cap U)^0\subset U'$ がなりたつ．この U は $\bar{Q}_1{}^m(H'\cap U)^0\subset Q_2{}^m$ をみたしている．この U に対して G の e の近傍 V を適当にとれば，任意の $g_j\in(\exp t_jX_j)V\ (-1\leqq t_j\leqq 1, 1\leqq j\leqq m)$ に対して

$$g_1\cdots g_m\in(\exp t_1X_1\cdots\exp t_mX_m)U$$

がなりたつ．この証明は第1段の中ほどと同様である．つぎに，同じ論法によりこの V に対して G の e の近傍 V_1 を $V_1{}^{-1}=V_1\subset(\exp tX_j)^{-1}V(\exp tX_j)$ $(1\leqq j\leqq m,\ 0\leqq t\leqq 1)$ となるように選ぶ．さて，各 $j=1,\cdots,m$ に対して $X_j\in\mathfrak{h}$ だからこの V_1 に対して H の道 α_j で $\alpha_j(0)=e$, $\alpha_j(t)\in(\exp tX_j)V_1\ (0\leqq t\leqq 1)$ となるものがある．この α_j を $\alpha_j(t)=\alpha_j(-t)^{-1}\ (-1\leqq t\leqq 0)$ とおいて連続写像 $\alpha_j\colon[-1,1]\to H$ に拡張する．

$$\alpha_j(-t)^{-1}\in V_1{}^{-1}(\exp tX_j)^{-1}\subset(\exp tX_j)^{-1}V\qquad(0\leqq t\leqq 1)$$

だから，

$$\alpha_j(t)\in(\exp tX_j)V\qquad(-1\leqq t\leqq 1)$$

がなりたつ．すると V の選び方により，$-1\leqq t_j\leqq 1\ (1\leqq j\leqq m)$ とするとき，

$$\alpha_1(t_1)\cdots\alpha_m(t_m)\in(\exp t_1X_1\cdots\exp t_mX_m)U$$

である．左辺は H の元であり，第2段によって $H\subset H'$ だから

$$(\exp t_1X_1\cdots\exp t_mX_m)^{-1}\alpha_1(t_1)\cdots\alpha_m(t_m)\in H'\cap U \tag{5.26}$$

である．この左辺は G への写像として $(t_1,\cdots,t_m)$ に関して連続であり，$t_1=\cdots=t_m=0$ のとき単位元となるから，実は $(H'\cap U)^0$ に属し，したがって

$$\alpha_1(t_1)\cdots\alpha_m(t_m)\in\bar{Q}_1{}^m(H'\cap U)^0\subset Q_2{}^m$$

となる．ゆえに，

$$\alpha_1(t_1)\cdots\alpha_m(t_m)=\exp f_1X_1\cdots\exp f_mX_m$$

と表わすことができる．ここで $f_j=f_j(t_1,\cdots,t_m)$ は $\bar{Q}_m{}^1$ で定義された関数で，第3段のはじめに述べた G の第2種標準座標系に関する $\alpha_1(t_1)\cdots\alpha_m(t_m)$ の第 j 座標だから $(t_1,\cdots,t_m)$ に関して連続であって，$|f_j(t_1,\cdots,t_m)|<2$ をみたしている$(1\leqq j\leqq m)$．

いま，

$$f(t)=(f_1(t),\cdots,f_m(t)),\qquad t=(t_1,\cdots,t_m)\in\bar{Q}_1{}^m$$

とおくとき，はじめに選んだ U を十分小さくとれば，

$$\|f(t)-t\|<1/2\qquad (t\in\bar{Q}_1{}^m) \tag{5.27}$$

とすることができることを示す．ここに，ノルムは $Q_2{}^m\subset\mathbf{R}^m$ とみて，$\mathbf{R}^m$ の通常のノルムである．$Q_2{}^m$ の点 g と $\delta>0$ に対して

$$S_\delta(g)=\{g'\in Q_2{}^m;\ \|g-g'\|<\delta\}$$

とおく．最初の U のとり方と (5.26) により $\bigcap g^{-1}S_{1/2}(g)$ (g は $\bar{Q}_1{}^m$ の上を動く)が H' の e の近傍 U' を含むことを示せばよい．これを否定すれば，e に収束する点列 $\{h_p\}$ と $\bar{Q}_1{}^m$ の点列 $\{g_p\}$ があって，$g_ph_p\notin S_{1/2}(g_p)$．$\bar{Q}_1{}^m$ はコンパクトだから，g_p は点 $g_0\in\bar{Q}_1{}^m$ に収束すると仮定してよい．すると g_ph_p も g_0 に収束する．$S_{1/4}(g_0)$ にはある g_ph_p, g_p がともに含まれることとなり，$g_ph_p\notin S_{1/2}(g_p)$ に矛盾する．さて，(5.27) は $f(t)$ が補題 5.30 の仮定をみたすことを示し，この補題により $\{\alpha_1(t_1)\cdots\alpha_m(t_m);\ |t_j|\leqq 1\}$ は H' の単位元の近傍を含むこととなる．すると，H' は連結だから $H'\subset H$ となり，第2段とあわせて $H=H'$ である．H はリー群 G のリー部分群の構造をもつことが示された．　(証終)

定理 5.31　G をリー群，H を G の連結リー部分群，K を G の部分群とする．$h\in H$, $k\in K$ の交換子とは $hkh^{-1}k^{-1}\in G$ のこととし，H の元と K の元の交換子から生成される G の部分群を $[H,K]$ とすれば，$[H,K]$ は G の連結リー部分群である．

証明　$h\in H$, $k\in K$ とし $g=hkh^{-1}k^{-1}$ とする．H は弧状連結であるから，H の道 $h(t)$ $(0\leqq t\leqq 1)$ で $h(0)=e$, $h(1)=h$ となるものが存在する．すると $g(t)=h(t)kh(t)^{-1}k^{-1}$ $(0\leqq t\leqq 1)$ は e と g を結ぶ $[H,K]$ 内の道である．このとき，g^{-1} は $g(t)^{-1}$ によって e と結ばれる．$[H,K]$ の元はこの g, または g^{-1} という形の元の有限個の積 $g_1\cdots g_r$ である．e と g_i を $[H,K]$ の中で結ぶ道を $g_i(t)$ とすれば，$g_1(t)\cdots g_r(t)$ は e と $g_1\cdots g_r$ を $[H,K]$ の中で結ぶ道である．ゆえに，$[H,K]$ は弧状連結であって，前定理により G の連結リ

ー部分群である． （証終）

定理 5.32 G を連結リー群とするとき交換子群 $G'=[G,G]$ は G の連結リー部分群である．G のリー環 $\mathfrak{g}$ において $[G,G]$ に対応するリー部分環は $\{[X,Y];\ X,Y\in\mathfrak{g}\}$ によって張られた $\mathfrak{g}$ の実部分ベクトル空間 $[\mathfrak{g},\mathfrak{g}]$ に等しい．

証明 前半は前定理によって明らかである．リー部分群 G' に対応するリー部分環を $\mathfrak{g}'$ とする．G' は G の正規部分群だから，$\mathfrak{g}'$ は $\mathfrak{g}$ のイデアルである[定理 5.15]．以下，リー剰余環 $\mathfrak{g}/\mathfrak{g}'$ をリー環にもつリー群の存在を認めよう[§5.6 末尾]．また，定理の部分空間 $[\mathfrak{g},\mathfrak{g}]$ は明らかに $\mathfrak{g}$ のイデアルである．リー剰余環 $\mathfrak{g}/[\mathfrak{g},\mathfrak{g}]$ は可換リー環であって，$\mathbf{R}^n$ のリー環と考えられる $(n=\dim\mathfrak{g}/[\mathfrak{g},\mathfrak{g}])$．

さて，まず G が単連結な場合に証明する．G' は連結正規リー部分群だから閉部分群である[定理 5.28]．リー剰余群 G/G' は可換群であって，そのリー環は $\mathfrak{g}/\mathfrak{g}'$ である[§5.6 例題1]．すると $\mathfrak{g}/\mathfrak{g}'$ が可換リー環であり[定理 5.18]，$\mathfrak{g}'\supset[\mathfrak{g},\mathfrak{g}]$ とならねばならない．イデアル $[\mathfrak{g},\mathfrak{g}]$ が対応する連結リー部分群を N とすれば，N は G の閉正規部分群である．リー剰余群 G/N は可換リー環 $\mathfrak{g}/[\mathfrak{g},\mathfrak{g}]$ をリー環とするから，可換群である．すると $N\supset G'$ でなければならず，したがって $[\mathfrak{g},\mathfrak{g}]\supset\mathfrak{g}'$ である．これで $\mathfrak{g}'=[\mathfrak{g},\mathfrak{g}]$ が示された．

つぎに，一般の G について証明しよう．$\widetilde{G}$ を G の普遍被覆群とし，射影 $\pi:\widetilde{G}\to G$ を考える．π は全射でありかつ準同型写像だから $G'=\pi(\widetilde{G}')$ である．ただし，$\widetilde{G}'=[\widetilde{G},\widetilde{G}]$ である．一般に $\widetilde{H}$ が $\widetilde{G}$ の連結リー部分群とすれば，$\pi(\widetilde{H})$ は G のリー部分群である[定理 5.24]．π は局所同型写像だから，$\widetilde{G}$ と G のリー環は $d\pi$ によって同一視でき，このとき $\widetilde{H}$ と $\pi(\widetilde{H})$ とには同一のリー部分環が対応する．$\widetilde{H}=\widetilde{G}'$ の場合にこの結果を適用すれば，G' には $[\mathfrak{g},\mathfrak{g}]$ が対応することがわかる． （証終）

問　題　5

1. 連結リー群 G' からリー群 G への準同型写像 ρ があり，ρ の像 $\rho(G')$ が G の連結リー部分群 H に含まれているならば，ρ はリー群 G' からリー群 H への準同型写像であることを示せ．

2. 連結リー群 G が実解析多様体 M に作用し，この作用を定義する写像 $\Phi: G\times M\to M$ が実解析写像とする．このとき G のリー環 $\mathfrak{g}$ の元 X に対し，$X_p^*=(d/dt)\{\exp(-tX)p\}|_{t=0}$ $(p\in M)$ によって M 上のベクトル場 X^* を定義すれば，X^* は実解析ベクトル場で，$[X^*, Y^*]=[X, Y]^*$ となることを示せ．

3. 連結リー群 G から連結リー群 G' の上への準同型写像 ρ がある．その核を N とするとき，リー剰余群 G/N と G' とはリー群として同型であることを証明せよ．

4. A を有限次元実ベクトル空間でその2元 x, y に積 $x\cdot y\in A$ が定義され，$(x, y)\to x\cdot y$ は双一次写像 $A\times A\to A$ であるとする．A の正則一次変換 α で $\alpha(x\cdot y)=\alpha(x)\cdot\alpha(y)$ をみたすものを A の自己同型という．その全体 $\mathrm{Aut}(A)$ は $GL(A)$ の閉部分群であって，リー群となることを示せ．また，A の微分作用素 δ とは A の一次変換であって，$\delta(x\cdot y)=\delta(x)\cdot y+x\cdot\delta(y)$ をみたすものである．A のすべての微分作用素の集合 $D(A)$ は A の一次変換すべてのつくるリー環の部分環であって，$\mathrm{Aut}(A)$ のリー環に同型であることを証明せよ．

5. 前問の A として連結リー群 G のリー環 $\mathfrak{g}$ をとるとき，$D(\mathfrak{g})$ の中には $\mathrm{ad}(\mathfrak{g})=\{\mathrm{ad}(X);\,X\in\mathfrak{g}\}$ がイデアルとして含まれることを示せ．つぎに，リー群 $\mathrm{Aut}(\mathfrak{g})$ のリー部分群で $\mathrm{ad}(\mathfrak{g})$ に対応するものを $\mathrm{Int}(\mathfrak{g})$ とすれば，G の随伴表現はリー群 G から $\mathrm{Int}(\mathfrak{g})$ の上への準同型写像を定義することを証明せよ．

6. 連結リー群 G の正規リー部分群 N があり，G, N のリー環を $\mathfrak{g}, \mathfrak{n}$ とする．このときリー部分群 $[G, N]$ に対応する $\mathfrak{g}$ の部分リー環は $\{[X, Y];\,X\in\mathfrak{g}, Y\in\mathfrak{n}\}$ によって張られた $\mathfrak{g}$ の部分空間 $[\mathfrak{g}, \mathfrak{n}]$ に等しいことを示せ．

7. リー群 G が単純とは G の正規部分群でリー部分群となるものは G または離散部分群に限ることをいう．単純リー群 G が連結であれば，群 G の正規部分群 $N(\neq G)$ は G の中心に含まれる離散部分群に限ることを示せ．

問題解答のヒント

（解答容易なものは省略する.）

問題 1 (pp. 47—49)

1. V の一つの基底により V を $\mathbf{R}^n$ と同一視し，V の与えられたノルム $\|x\|$ と $\mathbf{R}^n$ の通常のノルム $|X|$ は $\|X\|\leqq M|X|$ $(M>0)$ をみたすことを示す．つぎに，$\mathbf{R}^n$ の球面がコンパクトを用いて，$\|X\|\geqq L|X|$ $(L>0)$ がなりたつことを導けばよい．

2. H の交換子群を $[H, H]$ で示すとき，$\overline{[H, H]}\supset[\bar{H}, \bar{H}]\supset[H, H]$ となる．

3. 閉集合族を用いたコンパクトの定義を用いる．

4. 閉包がコンパクトな単位元の近傍 V に対して，$g_i\in G$ $(1\leqq i\leqq m)$ をみつけて $\pi(g_1V\cup\cdots\cup g_mV)\supset C$ となるようにする．$g_1\bar{V}\cup\cdots\cup g_m\bar{V}$ の中で C の逆像をとればよい．

5. H の元 h に $hK\in G/K$ を対応させる準同型写像 ρ の像は閉部分群 HK/K である．$\rho: H\to HK/K$ は連続準同型写像だから，これが開写像となればよい．これには G の e の近傍 V に対して，$H\cap UK\subset V(H\cap K)$ をなりたたせる e の近傍 U があればよい．$h\in H\cap UK$, $h=uk$ $(u\in U, k\in K)$ とすれば $(U^{-1}=U$ として$)$ $k\in K\cap UH$. ゆえに W を $WW\subset V$ なる近傍とするとき，$U\subset W$ を $K\cap UH\subset W(H\cap K)$ となるように選べればよい．$K-W(H\cap K)\cap K$ はコンパクトで，H と交わらない．このとき $U\subset W$ を UH がこのコンパクト集合に交わらぬようにとれること示せばよい．

7. （1） G がハウスドルフ空間だから，e を含む連結成分は e を含む G の開かつ閉な集合すべての共通集合であることがわかる．$\bar{U}$ コンパクトとして証明すればよい．このとき $\bar{U}$ の境界がコンパクトだから，P の存在がわかる．（2） Q が開集合になることは P がコンパクトであることから，$G-Q$ が開集合となることは容易である．（3） $e\in P$ により $Q\subset P$, $Pe=P$ より $e\in Q$. ゆえに H は e を含むコンパクト集合，$h, h'\in H$ のとき，$h^{-1}, h'\in Q$ だから $h^{-1}h'\in Q$, $(h^{-1}h')^{-1}\in Q$ を知り，$h^{-1}h'\in H$.

8. （1） ρ の核は $c\mathbf{Z}(c\geqq0)$ という形だから仮定の場合 ρ は単射である．閉区間 $[-M, M]$ はコンパクトだから，ここで ρ はその像との同相写像をひきおこし，$\mathbf{R}$ 全体でそうである．（2） $G=\overline{\rho(\mathbf{R})}$ として証明すればよい．ρ に関する仮定から（1）により G の任意の開集合 U はある $t>0$ の $\rho(t)$ を含むこととなる．$V=V^{-1}$ を $\bar{V}$ がコンパクトな e の近傍とするとき，$U=gV$ としてこのことを用い，$g\in\rho(t)V$ $(t>0)$ を知る．$\bar{V}$ がコンパクトだから $\bar{V}$ は $\rho(t)V$ $(t>0)$ の有限個で被覆され，したがって $\bar{V}\subset\rho((0, T])V$ となる $T>0$ が存在する．$g\in G$ に対し $\tau\geqq0$ を $\rho(\tau)g^{-1}\in\bar{V}$ となる最

小値とすれば，$\rho(\tau)g^{-1}\in\rho(t)V$ $(0<t\leqq T)$，$\rho(\tau-t)g^{-1}\in V$ となり，$\tau-t<0$，$0\leqq\tau<t<T$ である．$g\in\bar{V}\rho(t)$ だから，$G=\bar{V}\rho([0,T])$ はコンパクトである．

10. （1）は容易．（2） $g, h\in G$，$gh\in W(C,U)$ とする．$ghC\subset U$，$hC\subset g^{-1}U$．X に関する仮定からその開集合 V を $hC\subset V$，$\bar{V}$ コンパクト $\subset g^{-1}U$ ととれる．$g'\in W(\bar{V},U)$，$h'\in W(C,V)$ とすれば，$g'h'\in W(C,U)$，これで G の積の連続性がわかる．$G\times X\to X$ の連続性も同様．（3） $g^{-1}\in W(C,U)$ のとき，$C\subset gU$，$X-C\supset g(X-U)$．ここで $X-C$ は開集合となるから，$W(X-U, X-C)$ は g の近傍で，その元 g' に対して $g'^{-1}\in W(C,U)$ である．

11. $G=GL(n,\mathbf{C})$ とおき，ここに §1.4 例1 の位相を考えたものを G_1，$\mathrm{Aut}(\mathbf{C}^n)$ の部分空間とみたものを G_2 とする．G_1 の位相は $\alpha=(a_{ij})\in G$ のノルムを $\|\alpha\|=(\sum_{i,j}|a_{ij}|^2)^{1/2}$，距離を $d(\alpha,\beta)=\|\alpha-\beta\|$ として定まる．$x\in\mathbf{C}^n$ に対し $\|x\|=(\sum_i|x_i|^2)^{1/2}$ とすれば $\|\alpha x\|\leqq\|\alpha\|\|x\|$ がわかる．これによって恒等写像 $G_1\to G_2$ の連続性が容易にわかる．$G_2\to G_1$ の連続性は G_1 の開集合 $\{\beta\in G_1;\ \|\alpha-\beta\|<\varepsilon\}$ は適当な $\delta>0$ に対する $W(e_1, S_\delta(\alpha e_1))\cap\cdots\cap W(e_n, S_\delta(\alpha e_n))$ を含むからである．ここに $\{e_1,\cdots,e_n\}$ は $\mathbf{C}^n$ の自然な基底であり，$S_\delta(z)$ は $\mathbf{C}^n$ の点 z の δ 近傍を示す．

問題 2 (pp. 86—87)

4. $m=1$ のとき左辺は $SO(2)$ に等しく行列 $\begin{pmatrix} a & -b \\ b & a \end{pmatrix}$ $(a, b\in\mathbf{R},\ a^2+b^2=1)$ からなる．この元に $(a+ib)\in U(1)$ を対応させて同型対応を得る．$m\geqq 2$ のときも，a, b が適当な m 次実行列として同様に同型対応が得られる．

5. 正則行列はジョルダンの標準形をもち，これは互いに交換可能な対角行列と対角元すべて1の上半三角行列の積となるから，指数写像の像に属する．

問題 3 (pp. 110—112)

1. 球面の基本群の計算[§3.1 例題2]と同様にやればよい．Z は単連結である．

2. （1） §3.2 例題1 の解をみよ．（3） 主ファイバー束 Y に対する $(U_\lambda, \phi_\lambda)$ を用いて $\psi_\lambda\colon U_\lambda\times F\to Z$ を $\psi_\lambda(x,z)=r(\phi_\lambda(x,e),z)$ とおけば，$\{(U_\lambda,\psi_\lambda)\}$ により (Z, X, q) はファイバー束となる．

3. 問題 2.3 (3)，§2.5 例 2 および §3.3 例題2 を参照．

4. 定理 3.5 を用いる．

5. （1） 定理 3.8 による．（2） k の2つのリフト $\tilde{k}_1, \tilde{k}_2$ に対して $\tilde{k}_2^{-1}\vee\tilde{k}_1$ は $k^{-1}\vee k\sim 0_{k(1)}$ のリフトである．ゆえに（1）により $\tilde{k}_1(1)=\tilde{k}_2(1)$．ここで k の代りに $k_s(t)=k(st)$ $(0\leqq s\leqq 1)$ を用いて同様にすれば，$\tilde{k}_1(s)=\tilde{k}_2(s)$ がわかる．（3） $k\sim l\Leftrightarrow k\vee l^{-1}\sim 0_{x_0}\Leftrightarrow\tilde{k}\vee\tilde{l}^{-1}\sim 0_{y_0}\Leftrightarrow\tilde{k}\sim\tilde{l}$．（4） $[k]\in p_*(\pi_1(Y,y_0))$ のとき，$k'\sim k$ で $\tilde{k}'$ が閉じた道となるものがある．（3）により $\tilde{k}'(1)=\tilde{k}(1)$ だから $\tilde{k}$ も閉じている．（5）（4）と同じ方法でわかる．

6. （i）⇒（ii）は第4問，第5問（4）を用い背理法でわかる．（ii）⇒（i）は §3.1

問1 を用いて同様.

7. 必要性は明らか. 十分性を示すには y_0' をとり直して $p_*(\pi_1(Y, y_0))=p_*'(\pi_1(Y', y_0'))$ としてよい. φ を定義するには y_0 と $y\in Y$ を道 $\tilde{k}$ で結び, $k=p\circ\tilde{k}$ とし $\tilde{k}$ の y_0' から始まるリフトを $\tilde{k}'$ とし $\tilde{k}'(1)=\varphi(y)$ とおく. この φ が道 k によらず一意的に定まり, 同相写像となることを験証すればよい.

8. 前半は第7問の解を用いればよい. ここの条件は明らかに第6問 (ii) のために十分である. 逆に, 第6問 (i) があれば第5問 (5) により剰余群と $p^{-1}(x_0)$ の間の全単射がある. 一方, 第7問により群 Φ は $p^{-1}(x_0)$ 上に推移的に作用し, しかも, $\varphi\in\Phi$ に $\varphi(y_0)$ を対応させて Φ と $p^{-1}(x_0)$ の間の全単射を得る. この2つの全単射の合成が求める群同型を与えることを示す.

問題 4 (p. 163)

1. φ の微分 $d\varphi_p$ を表わす行列がヤコビ行列である.

2. p の周囲の実解析関数にその p を中心とするベキ級数展開を対応させて $\mathfrak{F}(p)$ と収束ベキ級数の集合の間の全単射が生まれる. これが **R** 代数の演算を保つことを示せばよい.

3. G の各点 p での $X_1, \cdots, X_n$ の値は p での接ベクトル空間の基底である.

4. $\mathfrak{g}_r$ がリー環となることは $\mathfrak{g}$ と同様, $J(g)=g^{-1}$ による $J: G\to G$ は $\mathfrak{g}$ と $\mathfrak{g}_r$ の同型写像 dJ をひきおこし, $\rho(X)=-dJ(X)$ となる.

5. 定理 4.20 を用いよ.

6. 交換子積の定義にしたがって計算すれば容易.

問題 5 (p. 214)

1. $K=\rho(G')$ とおくと G の連結リー部分群である. K が H のリー部分群となればよい. G, K, H のリー環を $\mathfrak{g}, \mathfrak{k}, \mathfrak{h}$ とするとき $\mathfrak{k}\subset\mathfrak{h}$ [定理 5.2]. $\mathfrak{k}$ に対応する H の連結リー部分群 K^* は K と集合として一致し, $K=K^*$ である[定理 5.4].

2. X に対し $G\times M$ 上のベクトル場 X' を $X'_{(g,p)}=(d/dt)\{(\exp(-tX)g, p)\}|_{t=0}$ とおいて定義するとき, X' と X^* は Φ 関係にあることがわかる. X' は G 上の右不変ベクトル場 $dJ(X)$ $(J(g)=g^{-1})$ を自然に積多様体上 $G\times M$ 上に拡張したものだから, $X\to X'$ はリー環の準同型となり, これらを合わせて $X\to X^*$ は準同型写像である.

3. $\pi: G\to G/N$ とするとき, 定理 1.13 により連続同型写像 $\bar{\rho}: G/N\to G'$ で $\bar{\rho}\circ\pi=\rho$ なるものがある. 定理 5.10 により G/N の単位元の近傍 U では実解析写像 $\sigma: U\to G$ で π の逆写像を与えるものがある. ゆえに $\bar{\rho}=\rho\circ\sigma$ は U において, したがって G/N で実解析的であって, あとは定理 5.24 を用い正則性を示せばよい. 定理 1.13 と定理 4.26 を用いてもよい.

4. 前半は容易, 後半は定理 5.2 を用いる.

5. 前半は容易，後半は定理 5.24 を Ad に用いればよい．

6. 定理 5.32 の証明と同様．

7. $\{gng^{-1}n^{-1};\ g\in G,\ n\in N\}$ により生成される G の部分群を考察すればよい．

参　考　書

この本を書くのにおもに参考にした書物，および読者の今後の勉学のためすすめたい参考書をあげておく．なお，本シリーズの既刊書は大半これらを利用したので，殊更にここに書名を列記しないことをお断りしておく．

[1] C. Chevalley: Theory of Lie groups 1, Princeton University Press, 1946

[2] ポントリャーギン(柴岡泰光・杉浦光夫・宮崎功 共訳)：連続群論 上，下 2 巻，岩波書店，1958

[3] H. Cartan (高橋禮司訳)：複素関数論，岩波書店，1964

[4] N. Steenrod: The topology of fibre bundles, Princeton University Press, 1951

[5] 山内恭彦・杉浦光夫：連続群論入門(新数学シリーズ 18)，培風館，1960

[6] 松島与三：多様体入門，裳華房，1965

[7] J. F. Adams: Lectures on Lie groups, Benjamin, 1967

[8] A. Weil: L'intégration dans les groupes topologiques et ses applications, Hermann, 1939

[9] S. Helgason: Differential geometry and symmetric spaces, Academic Press, 1962

[10] G. Hochschild: The structure of Lie groups, Holden-Day, 1965

[11] M. Hausner and T. T. Schwartz: Lie groups; Lie algebras, Gordon and Breach Science Publishers, 1968

[12] N. Bourbaki: Groupes et algèbres de Lie, Chap. 1, Chap. 2 et 3, Chap. 4, 5 et 6, Hermann, 1960, 1972, 1968

[13] C. Chevalley: Théorie des groupes de Lie, Hermann, 1968

[14] S. Kobayashi and K. Nomizu: Foundations of differential geometry 1, 2, Interscience Publishers, 1963, 1969

[15] Séminaire Sophus Lie, École Normale Supérieure, 1954/55

[16] 松島与三：リー環論(現代数学講座 3-A)，共立出版，1956

[17] J. P. Serre: Algèbre de Lie semi-simple complexes, Benjamin, 1966

[18] H. Weyl: Classical groups, Princeton University Press, 1939

[19] E. Cartan: "Notice sur les travaux scientifiques", Selecta de M. Élie Cartan, Gauthier-Villars, 1939

これらについてここに簡単に解説しておく．最初の［1］，［2］は連続群論の入門書として定評ある名著であり，［3］，［4］はそれぞれ本書第2章，第3章を書くのに参考にしたのでここにあげた，［5］，［6］，［7］はリー群論への入門書として書かれている．［5］には本書では触れなかったところの群の表現論について巧みな解説があり，［6］は［1］を敷衍した形でのリー群の標準的入門書で最近英訳版も出版されたものである．［7］はコンパクト・リー群の表現論に関する講義録であるが，多様体の定義から始まってこの主題についての深い結果まで簡潔に紹介されている．

［8］以下は最後の［19］を除いて，いずれも本格的な専門書である．［8］は位相群について，［9］はリー群，対称空間およびその上の球関数などについて，それぞれ全般的に書かれていて，密度の高い本である．［10］にはリー群の構造とその行列表現に関する主要な結果の体系的叙述があり，［11］ではリー群とリー環の対応理論，複素半単純リー環論について巧緻な解説，および後半には実半単純リー環についての詳細な議論が見られる．［12］はまだ続章が現われるものと思われるが，第1章はリー環論への入門書として適切である．リー環論を学ぶのには［15］，［16］が標準的教科書であるが，［12］第1章に続いて［17］を読むのも結果を知り，その応用を目指す人には手近な方法であろう．［12］第2，3章はリー群論を高度に一般化した立場から取扱いその基礎づけを与えているが，第4，5章ではこれとは無関係に鏡映群理論およびその応用を述べ，第6章はルート系理論である．なお，はしがきに述べたように連続群論は現在では数学の各分野に応用されて多くの成果をあげている．その最たるものとしてはリー群論の微分幾何学への応用をあげられようが，この本格的学習には［14］をすすめる．いま一つの分野として代数群論があり，この古典的な教科書としては［13］がある．この［13］は［1］の続刊として2冊出ていたのが合本となって改版されたものである．古典といえば，典型群の表現論をくわしく論じたものとして少々難解ではあるが不滅の名著［18］をあげておく．

終りに，リー群論の歴史に興味を抱く人のために，［12］第3章の後に見事なノートがあることを注意したい．また，20世紀前半に発展した大域的なリー群論とその重要な応用は大半を天才的数学者エリー・カルタンの発見に負うといってよい．この間の事情はカルタン自身が［19］に語っており，これは読者に数学における創造の喜びを垣間見る思いをも与え価値あるものと思う．

索　引

ア　行

カ　行

サ　行

タ 行

著者略歴

村上信吾（むらかみしんご）

1927年　京都市に生れる
1948年　大阪大学理学部卒業
　　　　元大阪大学教授・理学博士

朝倉復刊セレクション
連続群論の基礎
基礎数学シリーズ20

定価はカバーに表示

1973年6月30日　初版第1刷
2019年12月5日　復刊第1刷
2021年5月25日　　　第2刷

著者　村上信吾
発行者　朝倉誠造
発行所　株式会社 朝倉書店
東京都新宿区新小川町6-29
郵便番号　162-8707
電話　03(3260)0141
FAX　03(3260)0180
http://www.asakura.co.jp

〈検印省略〉

中央印刷・渡辺製本

ISBN 978-4-254-11851-3 C 3341　Printed in Japan